HIGH SPEED ELEVATOR

INSPECTION AND DETECTION TECHNOLOGY

高速电梯
检验检测技术

苏万斌　江叶峰　李　科　张国斌　易灿灿　柴　敏◎著

U0211041

ZHEJIANG UNIVERSITY PRESS
浙江大学出版社
·杭州·

图书在版编目(CIP)数据

高速电梯检验检测技术/苏万斌等著. —杭州：
浙江大学出版社，2023.6
ISBN 978-7-308-23846-5

Ⅰ.①高… Ⅱ.①苏… Ⅲ.①高速电梯－检验 Ⅳ.
①TU857

中国国家版本馆 CIP 数据核字(2023)第 095172 号

高速电梯检验检测技术

苏万斌　江叶峰　李　科　张国斌　易灿灿　柴　敏　著

责任编辑	金佩雯　蔡晓欢
责任校对	潘晶晶
封面设计	雷建军
出版发行	浙江大学出版社
	（杭州市天目山路 148 号　邮政编码 310007）
	（网址：http://www.zjupress.com）
排　　版	杭州星云光电图文制作有限公司
印　　刷	广东虎彩云印刷有限公司绍兴分公司
开　　本	710mm×1000mm　1/16
印　　张	19
字　　数	361 千
版 印 次	2023 年 6 月第 1 版　2023 年 6 月第 1 次印刷
书　　号	ISBN 978-7-308-23846-5
定　　价	96.00 元

前　言

伴随城市化进程,特别是我国高层、超高层建筑进入蓬勃发展时期,我国对长行程、高速电梯的市场需求与日俱增。由于大城市土地价格的不断攀升,我国将大批兴建百米以上高层建筑,因此,高速电梯的市场需求日益增大。预计到 2030 年,我国高速电梯需求量将达到 3.71 万台。

高速电梯的自主研发和技术创新涉及多方面的内容,研究人员在新技术、新材料、新工艺方面不断取得突破,但这使得现有的检验检测技术难以满足其安全性需求。作为特种设备,高速电梯的设计集中体现了高可靠性、高安全性的特点,故其研发和创新需攻克理论研究、结构设计、设备研制及可靠性分析等方面的关键技术问题。作为耗能产品,在"双碳"经济的驱动下,高速电梯的研发和创新还需从动力设计、节能设计及智能制造等方面出发,寻求最佳的经济效益,保证低碳运行。作为公共运输载体,高速电梯还需考虑公共卫生问题。在半封闭的轿厢空间内开展清洁消毒措施,简单有效地切断细菌和病毒传播途径,这也是电梯轿厢优化设计的重点方向。因此,需要制定有针对性的高速电梯检验检测方法,弥补现有的不足。

本书从曳引驱动高速电梯的检验检测技术展开。第 1 章介绍了国内外高速电梯的新技术和发展方向;第 2 章分析了高速电梯关键部件的选型设计,从关键部件的选型基础理论、影响因素以及选型模型方面进行研究;第 3 章对高速电梯主要部件的结构特点及失效模式进行了分析,包括高速电梯轿厢系统、曳引主机系统、控制系统以及限速器安全钳等主要部件;第 4 章对高速电梯安全评估技术及方法进行分析,包括高速电梯安全评估理论概述、主要部件风险及故障分析,以及安全评估内容及方法;第 5 章分析了高速电梯整机及部件的寿命预测方法,包括基于信号分解的数据预处理方法、基于物理模型的电梯寿命预测方法、基于统计模型的电梯寿命预测方法,以及基于人工智能/深度学习的电梯寿命预测方法,为从事电梯故障检验检测的工作人员提供了一些方法和建议。本书旨在通过电梯的结构分析、故障分析和具体案例实现高速电梯检验检测技术的普遍适应性,从而促进国内电梯检验检测技术的发展和完善。

　　本书依据国家电梯新版标准,采用图文并茂、深入浅出、通俗易懂的方式编写,可作为理工类相关专业技术人才,尤其是特种设备电梯行业设计、制造、安装、检验检测、维护保养、使用单位相关技术人员的参考书。

　　由于作者水平有限且时间仓促,书中难免有不妥和错误之处,恳请读者批评指正,以便再版时改进。

目　录

第1章

绪　论

1.1　国内外高速电梯新技术分析

1.1.1　高速电梯的发展

高速电梯是服务于高层建筑运输的固定式升降设备。电梯具有运载乘客或物体的轿厢,其沿着刚性导轨做升降运动。轿厢的尺寸和结构应满足住户出行和运输货物的需求[1]。

随着城市的发展,人们对高层建筑的需求越来越大。30 层左右、高度接近100m 的建筑被称为高层建筑,100 层及以上、高度 300m 左右的建筑被称为超高层建筑。随着建筑高度和层数的增加,用于运载乘客的电梯的速度也越来越快。20世纪 80 年代,上海锦江饭店是具有代表性的高层建筑,其建筑高度约为 153m。到90 年代,随着建筑设计及施工技术的进一步发展,建筑高度又有了进一步的提高,比如当时的深圳地王大厦,建筑高度为 385.95m。不过这一纪录很快就被其他的建筑刷新。目前,迪拜哈利法塔的建筑高度为 828m;位于中国广州珠江新城的周大福金融中心,为广州最高的超高层综合建筑,地上 111 层,地下 5 层,地面高度为530m;位于中国上海陆家嘴的上海环球金融中心是目前世界上最高的平顶式大楼,建筑高度为 492m。

不断涌现的高层建筑对高速电梯提出了更高的要求,如何使乘客安全、舒适、迅速地抵达目的地,最大程度地降低能耗,是当前高速电梯发展的关键[2]。按照2013 年行业内的速度分类方法,电梯被分为低速电梯、中速电梯、高速电梯和超高速电梯。低速电梯是指额定速度小于 $1.0\text{m}\cdot\text{s}^{-1}$ 的电梯,中速电梯是指额定速度大于等于 $1.0\text{m}\cdot\text{s}^{-1}$ 且小于 $2.0\text{m}\cdot\text{s}^{-1}$ 的电梯,高速电梯是指额定速度大于等于 $2.0\text{m}\cdot\text{s}^{-1}$ 且小于 $5.0\text{m}\cdot\text{s}^{-1}$ 的电梯,超高速电梯是指额定速度大于等于 $5.0\text{m}\cdot\text{s}^{-1}$

1

的电梯。然而,随着电梯各方面技术的不断发展,电梯的运行速度也越来越高,划分低速、中速、高速电梯的速度值也在不断变化。

1.1.2 高速电梯的组成及原理

高速电梯是一个机电一体化的、比较复杂的机器设备,由机械和电控两大部分组成。按照行业习惯,可从用途、拖动方式、提升速度和控制方式几方面对其进行分类。不同类型的高速电梯按照建筑物本身需求,根据建筑物用途和客货流量来设计[3],其结构如图 1-1 所示。

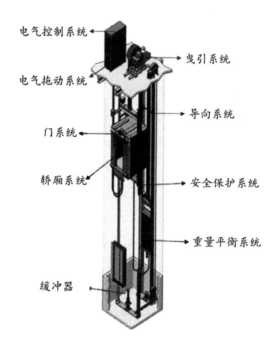

图 1-1　高速电梯结构

高速电梯采用曳引传动(无齿轮传动),中低速电梯一般采用齿轮传动。高速电梯的安全钳是渐进式的。区别于中低速电梯,高速电梯的导靴采用的是滚动导靴。为减少高速运行时产生的摩擦,高速电梯采用 2 个缓冲器以保证安全。高速电梯的重力保护装置由对重、补偿钢丝绳及张紧装置组成。

高速电梯通过轿厢运载乘客和货物。轿厢通过一根钢丝绳与对重连接,钢丝绳即是曳引绳,它缠绕在曳引轮和导向轮上,当曳引轮转动时,因曳引绳与曳引轮之间的摩擦力而产生牵引力,实现轿厢和对重的上下行运动。轿厢上安装有导靴以保证轿厢沿着导轨持续平稳运行,导靴可以沿着导轨持续稳定地做循环往复的升降运动,防止在电梯运行中轿厢偏移或者摆动。常闭块式制动器是曳引式电梯中极其重要的安全装置,能够帮助电梯在正常运行时停靠指定的层站,在故障时紧急迫停。对重与轿厢连接,以平衡轿厢的负载。补偿装置中的补偿绳一端与对重下部固定连接,另一端通过补偿绳张紧装置与轿厢的下部连接,补偿电梯上下行时曳引绳在轿厢和对重两边长短变化所产生的重量差,保持电动机功率稳定,确保电梯轿厢和对重侧重量平衡、稳定。控制系统承担控制电梯运行方向及运行过程中的停靠、测速及故障检测等工作。指示呼叫系统实时监控轿厢的运行状态。整体而言,高速电梯分为控制室部分、井道部分、轿厢部分、层站部分,如图 1-2 所示。

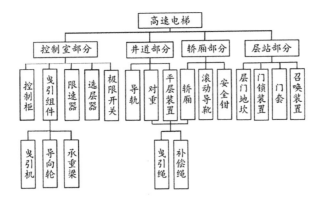

图 1-2　高速电梯的组成

1.1.3　国内外高速电梯新技术

我国超高层建筑的增加,使得超高速电梯的市场不断扩大。但是,几乎所有的超高层建筑,都选用了原装进口的超高速电梯。关于世界高层建筑的调查报告显示,在所有已经建成并已安装电梯的大厦中,电梯速度最快的是上海中心大厦,其由三菱电机公司设计的超高速电梯速度达到了 $20.5\mathrm{m\cdot s^{-1}}$。且这座大厦的电梯不仅保持着电梯速度之最的纪录,而且同时保持着电梯提升高度之最,其提升高度达到 $578.5\mathrm{m}$,约占整座大厦高度的 90%。在这样的速度下,从一层到达顶层仅需要 $55\mathrm{s}$。其次是广州周大福金融中心,台北 101 大厦紧随其后。它们分别采用了日本日立公司设计的速度达 $20\mathrm{m\cdot s^{-1}}$ 的电梯和日本东芝公司设计的速度达 $16.8\mathrm{m\cdot s^{-1}}$ 的电梯[4]。高速电梯主要系统、新技术及功能如表 1-1 所示。

表 1-1 高速电梯主要系统、新技术及功能

系统	新技术	功能
曳引系统	新型驱动电机	采用永磁同步电机,实现高转矩、高转速,在短时间内快速启动
	带能量反馈技术的驱动主机	矢量控制系统实现了高精度、高动态、大范围调速和定位;具有能量反馈功能的变频系统,能在电梯发电与制动的情况下,收集电梯产生的势能和动能
	耐磨耐热的制动器摩擦元件	采用多钳盘式制动器,摩擦片不仅用于基本静力制动,而且要符合动态制动可靠性的要求,制动摩擦片都采用耐磨和耐热的陶瓷材料
	主机速度监控功能	即行程终端的速度监控装置,该装置在轿厢到达端站前,检查电梯驱动主机的减速功能是否有效,如减速功能无效,监控装置应使轿厢减速
	减振	加装减振装置,减缓主机的振动
控制系统	大容量变频器	双(多)变频并联控制方式驱动
	控制柜按功能分组	分为主电路柜、信号控制柜,实现最优的派梯方案及最优能耗控制
轿厢系统	控制空气动力噪声	在轿厢的顶部和底部增加流线型的整流罩,轿壁采用双层封闭结构
	轿厢气压控制	轿厢内有气压调节系统,可控制轿厢气压变化率,减轻乘客耳鸣和耳疼感
	减小轿厢晃动	可自动补偿轿厢水平振动的主动控制型滚动导靴系统,通过一种带有减振功能的导靴吸收振动,从而减少振动向电梯轿厢内的传导
安全保护系统	安全钳	提高制动稳定性,采用新型钳体结构及楔块材料(耐高温、硬度高、摩擦系数低)
	限速器	适用于上、下运行速度不一样的特殊情况,配置满足可编程电子功能安全要求的双编码器
	缓冲器	减行程缓冲器的开发,自由高度可以减少 30%～40%
	张紧防跳装置	在底坑中增加张紧及防跳装置,确保钢丝绳的稳定运行
悬挂系统	钢丝绳的横摆对策	运行中的钢丝绳状态模拟技术/钢丝绳减振装置
	高强度钢丝绳/绳轮	特别开发的特殊独立金属钢丝绳芯的 A 种
井道系统	减少活塞效应	采用多电梯互通井道设计,通过适当增大井道的截面积或者维持一个合理的井道截面积与电梯地台面积的比率,减小井道风速,降低活塞效应
	减少烟囱效应	通过增加封闭门等对井道内外空气进行阻隔控制以降低烟囱效应
	减少摇摆效应	采用井道摇摆感应器来联动电梯钢丝绳及主要部件的摇摆控制模式,确保电梯在井道中运行的安全

1.1.4　国内外高速电梯的应用情况

（1）高速电梯市场概况

我国高速电梯市场占比并不高,之所以要重点布局高速电梯市场,是因为高速电梯代表了行业的前沿技术,而高速电梯配套的全方位技术解决方案对其他类型电梯的影响非常深远。在高端电梯的相关技术难点被攻克后,其某些功能可以拓展至中低端产品中,还可为其他领域做技术先导,达成多方共赢。安装高速电梯是个复杂的系统工程,只有一次机会,没有第二次尝试。如果没有长期经验积累,高速电梯项目是不可能成功的[5]。预计到 2030 年,我国高速电梯市场规模将达到300 亿元左右。

（2）高速电梯发展趋势

由于我国多用途、全功能的塔式建筑发展迅速,高速电梯继续成为重要研究方向。曳引式高速电梯的研究在采用超大容量电动机、高性能的微处理器、减振技术、新式滚轮导靴和安全钳、永磁同步电动机、轿厢气压缓解和噪声抑制系统等方面持续推进。同时,采用直线电机驱动的电梯也有较大的研究空间。未来,高速电梯的乘坐舒适度会有明显提高[6]。

2021 年,全球第一梯队电梯厂商主要有三菱电机、东芝、通力、日立,它们占有半数以上的市场份额;第二梯队厂商有富士通、奥的斯电梯公司、迅达等。从产品类型方面来看,额定速度为 $2.0\sim3.0\,\mathrm{m\cdot s^{-1}}$ 的高速电梯占有重要地位,预计现有的此速度范围的高速电梯市场占有率将达到 85%。

（3）高速电梯需求前景

由于大城市土地价格的不断攀升,我国将大批兴建百米以上高层建筑,高速电梯的市场需求日益巨大。预计到 2030 年,我国高速电梯需求量将达到 3.71 万台。

1.2　高速电梯技术发展方向研究

1.2.1　控制系统向集成化发展

计算机技术的出现使得高速电梯控制系统实现了自动化,经过多年的发展,高速电梯控制自动化已成为计算机应用领域的一个重要板块。对高速电梯控制系统安全性、可靠性、功能使用灵活性的要求一直都是电梯技术的难点所在,也是电梯厂商的竞争力所在。未来,高速电梯的控制系统将进一步实现集成化,以更好地适应市场发展的需求,而计算机技术在上述技术目标实现过程中将扮演重要角色。就目前相关技术发展水平来看,高速电梯控制系统将是以微型计算机为技术核心,综合运用计算机技术、自动控制技术、通信系统和转换技术的成果,是一个高度整合、关联性强的技术体系[7];与目前控制系统相较,其在适应性、稳定性、维护性等方面优势更为明显,必将成为高速电梯未来发展的基石。

1.2.2 速度向超高速化发展

随着城市化水平的提高,土地供应日益紧张,摩天大楼林立将成为未来城市的常态景象,这将对电梯的运行效率提出更高的要求,其重要指标之一便是电梯运行速度,由此可以预见的是,未来电梯将进一步向超高速化方向发展。在可预见的未来,为适应多用途、多功能的超高建筑发展,超高速电梯必将成为重点技术突破方向,大容量曳引电动机、减振、噪声抑制技术、轿内自动调压系统等相关技术也会得到更快研发[8]。

1.2.3 高速电梯节能环保发展

当前,节能环保等绿色材料在高速电梯上已经得到了初步的运用,例如非金属制的轿壁、导向轮、曳引轮等设备的应用;此外,永磁同步无齿轮曳引机、能量回馈装置等在提高电梯运行效率的同时也达到了节能减排的目的。信息技术的进步将为高速电梯更好地实现节能环保提供支撑,比如可采用直线电机驱动方式或者2台高速电梯共用同一井道的双子高速电梯运行模式等。高速电梯群控技术也将更加智能,从而帮助实现控制系统控制目标的多元化,使高速电梯的运行更加绿色环保。随着人们对生态保护的日益重视,在未来,绿色高速电梯必将更加普及[9]。

1.3 高速电梯检验检测技术

1.3.1 传统检验检测技术

高速电梯传统的检验检测基本采用最基础的检测方式,即人为目测检查。根据高速电梯的日常使用情况、电梯的外部装置以及运行状态,实现对高速电梯基本性能的检验与检测,判别电梯是否符合安全使用要求。采用目测检查,可对机房、井道、轿厢等区域的情况进行检验,最大限度找出相关位置的隐患,排除相关故障。此外,传统的检验检测方法还需对高速电梯的安全部件的位置、主要部件的尺寸进行测量,以判定高速电梯整机的安全性能。

高速电梯传统检验检测技术的依据为《电梯监督检验和定期检验规则——曳引与强制驱动电梯》(TSG T7001—2009)。电梯检验通常分为监督检验和定期检验。监督检验是指由国家市场监督管理总局核准的特种设备检验检测机构,对电梯安装、改造、重大维修过程进行的检验。定期检验是指检验机构根据检验规则要求,对在用电梯定期进行的检验。

检验的基本程序是:检验申请的受理—检验准备—现场检验—出具《特种设备检验意见通知书》(包括缺陷及其处理和检验结果汇总)—出具检验报告和《特种设备检验合格》标志—资料归档。

1.3.2 无损检测技术

无损检测(non-destructive testing,NDT)也叫无损探伤(non-destructive examination,NDE),是在不损害或不影响被检测对象使用性能的前提下,采用射线、超声、红外、电磁等原理和技术,并使用相应的仪器对材料、零件、设备的缺陷和物理参数进行检测的技术。

高速电梯的无损检测技术除了传统检验技术中的目测检查以外还有多种,如磁粉探伤、漏磁检测等。目测检查在国内外均有广泛应用。按照国际惯例,应先进行目测检查,以确认不会影响后面的检验,接着再进行其他常规检验。

高速电梯的无损检测技术主要针对电梯的钢丝绳。大部分电梯的悬挂是由钢丝绳来承担的,钢丝绳经过曳引轮、导向轮和反绳轮,在电梯运行的时候承受着单向弯曲的力,因此钢丝绳需要具备较高的强度、耐磨性等特性。然而在运行中各种应力、摩擦以及腐蚀会使钢丝绳出现疲劳、磨损甚至断丝的现象,当钢丝绳强度降低到一定程度时,就必须报废更换。在电梯钢丝绳的实际检验中,常常需先目测检查钢丝绳的外观。检验人员对钢丝绳进行检测时有其评定标准,通过目测和直接测量尺寸来做初步检验,只有当发现有磨损、生锈等不合格的外观缺陷时,才做其他深入的仪器检测。钢丝绳的无损检测技术为漏磁检测,即使钢丝绳穿过磁铁,利用检测仪器的传感器将钢丝绳问题部位的磁场与常规磁场进行比较,通过后续的信号处理等判定钢丝绳的内部磨损情况,以实现定量检测的目的。

1.3.3 便携式检验检测技术

随着科技手段的不断发展,电梯的检验检测领域诞生了很多新的便携式检测仪器,以取代传统的人工检测方法。便携式检测仪器具有检测精度高、方便携带等优势,其将定性和定量相结合,有利于综合判定电梯的安全性能,使检测人员对高速电梯的检验检测更精确。部分国外便携式检测仪器已相当成熟,并被各国专业电梯检测人员所采用。

便携式检验检测技术主要分为接触式和非接触式两种。接触式检验是指利用便携式检测仪器的传感器等相关部件与电梯上的主要部件相接触,通过采集装置采集运行中高速电梯的主要状态参数信号,经过放大及滤波处理之后导入计算机,用设计好的相关软件对数据进行分析,得出相关的结论,包括噪声、振动、速度、加速度等的波形图、变化曲线等。非接触式检验通常指通过激光、红外线等技术进行检测,采集运行中高速电梯的相关状态参数,以实现定量检测的目的。

现在常用的便携式高速电梯检测仪器有很多,功能各有不同。便携式电梯检测装置的特点是体积小,便于携带,检测参数较为全面,但不能对电梯进行长期连续监测并存储海量数据,仅适用于电梯的初装调试或人工定检。市面上较为常见的有高速电梯的综合性能检测仪器。比如美国物理测量技术公司生产的 EVA-625 电梯承运质量检测仪,可对轿厢加速度、噪声等参数进行检测。其特点如下。①数值精准。EVA-625 是为电梯工业设计的第一种测量系统,并且是首个符合国际标准 ISO 2631 的系统,可以精确反映人体所感受到的振动和噪声,具有频率响应为 0Hz 的宽带三向加速器,比国内同类产品精度更高。EVA-625 电梯承运质量检测仪的系统结构(数据收集和分析分体式的设计理念)确保其不会过时,不用担心产品淘汰,软件的升级服务保证系统始终保持最先进,并且功能处于电梯/扶梯分析领域的领先地位。②操作简便灵活,功能强大。EVA-625 的革新设计可移动三轴加速度测量模块(RSB)。可一次性完成噪声、速度、距离、加速度、加速度变化率等采集分析,采集效率高,除了可以一次测量 X、Y、Z 轴三向的数值以外,还可以放在 EVA 箱中做简单的乘运质量分析,甚至可将模块卸下,装在特定的电梯机械部件上,对滚轮导靴、电机和齿轮箱等部件进行独立测量。此外,EVA-625 具有功能强大的频谱分析工具,可实现故障诊断,找出故障源头。③质量可靠。EVA-625 是唯一被世界电梯/扶梯工业统一接受并认可的世界级标准检测设备,其质量可靠,使用寿命长,20 世纪 90 年代中国进口的一些产品至今依旧正常运行。国内也有很多综合检测仪器,比如,大连恒亚仪器设备有限公司的电梯综合检测仪能够对电梯运行中的三轴加速度、A95 加速度、最大加速度、A95 峰峰值、噪声、最大声压等级、限速器动作速度、运行速度、扶梯同步率和制停距离、环境因素(温湿度、照度)进行检测,防范电梯运行过程中各项指标不符合规定而造成的不安全因素。大连鸿傲电子科技有限公司的老旧电梯综合性能检测系统可完成电梯承运质量、限速器机械动作、速度、功率法平衡系数、功率、扶梯同步率、垂直度等多项常规安全性指标的在线快速检测；集成化工具箱的设计，使其便于携带及现场使用，故该系统是电梯检验及安全性能评估必备的常规检测仪器。德国一家公司开发的一套专门用来检测电梯设备的系统 ADIASYSTEM，能对电梯的制动距离、速度、钢丝绳受力、加(减)速度、压力、电梯门特征等多项特性参数进行测量，测得的数据经过计算机处理以曲线图的形式显示。国内也有很多专用检测仪器，比如电梯极限开关检测仪可实现对电梯限位、极限、缓冲器开关通断状态的检测，以满足检验规则对该项目的检验要求。

1.3.4　高速电梯远程监控技术

高速电梯远程监控技术是采用传感器采集电梯运行数据，通过微处理器进行非常态数据分析，实现高速电梯远程监控的技术。采集的数据经由 GPRS[①]网络传输、公用电话线传输、局域网传输与 485 通信传输多种方式进行传输，以实现电梯故障报警、困人救援、日常管理、质量评估、隐患防范等，以此实现高速电梯功能的综合性管理。

日本三菱在 20 世纪 80 年代使用了电梯远程监控技术，通过远程控制单元和通信控制器，实现电梯和服务终端的连接。远程控制单元具有检测、监控、诊断、数据存储以及控制功能，并能生成最优化的电梯日常维护保养(维保)计划表，为用户咨询服务提供依据。中国台北 101 大厦所使用的东芝电梯也采用了远程监控技术。东芝电梯在中国成立了相应的远程监控中心，实现了电梯远程监视、故障解析、远程操作等。

国内的一些企业和高等院校相继投入电梯远程监控技术方面的研究，开发具有中国特色的远程监控系统。但是我国目前的电梯远程监控技术仍然处于起步阶段，系统的功能还需要进一步完善和提高。这主要体现在以下 4 个方面：①电梯故障的早期诊断和预警功能还不够成熟，该功能可以实现防患于未然；②电梯远程调试和故障排除功能尚未完全实现，该功能可以在维修人员不能及时到达现场的情况下，进行电梯的调试和故障排除；③电梯运行与故障情况，如运行时间、停机时间及故障次数的数据库管理仍需完善；④同时监控的设备数量和数据传输的速度也需要提高。

---

① GPRS 为通用分组无线业务，使设备连接网络方便快捷，极大地减轻设备网络架设工作强度。

1.3.5 高速电梯安全评估技术

高速电梯安全评估技术通过对高速电梯设备、部件、人的行为、管理状况进行风险分析和风险评定,预测高速电梯系统中存在的潜在危险源及其分布和数量,提出应采取的降低风险的对策和措施,是对电梯潜在风险的预测,为电梯更新、改造、修理提供参考依据。

对高速电梯进行安全评估是确保电梯安全的必要手段,检测人员可以结合评估结果,给出电梯及其主要部件的风险项、风险概率,有针对性地进行整改。在安全评估方面,国家陆续出台了《电梯、自动扶梯和自动人行道风险评价和降低的方法》《电梯主要部件报废技术条件》等文件,填补了安全评估标准方面的空白,也使高速电梯的安全评估工作有了相应的依据。电梯的安全评估方法有基于风险的电梯安全评估方法、基于神经网络的安全评估方法,以及安全检查法、事故树分析法、层次分析法等。随着时间的推移,高速电梯中的电气及机械部件的可靠性会发生变化,使用年限越长则可靠性越低,及时、合理地对高速电梯进行安全评估至关重要。

1.3.6 高速电梯寿命预测技术

高速电梯的寿命预测是在传统检验检测和安全评估技术基础上的延伸,可以称为高速电梯的剩余服役寿命预测或者剩余使用寿命预测,是指在高速电梯设备及主要部件正常运行工况之下,对高速电梯整机及部件进行使用寿命的预测及分析。

传统的高速电梯寿命预测技术以电梯部件的失效数据为基础。通过监测、统计、分析获得大量的数据,并选择合适的统计模型分析失效数据,包括正态统计模型、威布尔统计模型等,确定电梯整机或者主要部件寿命的概率分布,从而进行寿命预测。以电梯曳引机工作寿命预测为例,该预测对影响曳引机工作寿命的关键因素钢丝绳打滑量数据进行统计分析,建立打滑量随时间变化的退化模型,从而实现对曳引机工作寿命的预测。

高速电梯如果在寿命临界点"带病"运行,一旦出现故障或者失效,就会造成严重的后果。对高速电梯寿命预测进行研究与分析,是未来检测技术的研究方向,可以弥补现有检验检测技术的不足。根据寿命预测结果,可调整高速电梯检验和维保周期,从而减少事故的发生次数,尽量避免人员伤亡。

第 2 章
高速电梯关键部件选型设计

2.1 高速电梯轿厢系统的选型设计

2.1.1 国内外轿厢系统选型研究现状

(1)高速电梯轿厢外缘的气体运动(气动)特性分析

高速电梯轿厢在井道内运动时,由于存在井道空间有限、轿厢外部结构和对重结构复杂、轿厢与对重高速交会等一系列原因,井道内尤其是轿厢外缘的空气流动极为复杂。轿厢外缘多变的气动特性会影响电梯的稳定运行。流场的主要问题包括高速电梯运行时轿厢前部的空气受瞬时压缩产生的气动阻力、轿厢与对重交会时的气流冲击,以及轿厢尾部的空气负压等,这些问题随着电梯运行速度的提高将愈发明显,使得轿厢所受气动载荷愈加复杂。以 $10\text{m} \cdot \text{s}^{-1}$ 的高速电梯为例,其运行过程中,由于较高的运行速度及井道空间结构限制,部分区域气流的相对速度可以超过 $30\text{m} \cdot \text{s}^{-1}$。在此状态下,轿厢的气动阻力、侧向压力脉动、流致振动、气动噪声等问题不容忽视,这些问题除了会导致电梯成本及能耗提高外,还会对电梯运行的安全性、可靠性、舒适性产生巨大影响。因此,对高速电梯的气动特性进行分析研究极为重要。

1)高速电梯井道内流场研究

流场分析是气动特性研究的基础,高速电梯井道内流场分析的前提是获取可靠的井道内流场数据。目前,相关研究一般采用实验和数值模拟相结合的方法。其中实验方法由于资金等问题限制,往往采用无量纲化方法搭建缩小简化的高速电梯试验台来获取流场数据。具体研究实例如:段颖等[10]对影响高速电梯气动特性的相关参数进行无量纲分析,以 1:30 的比例缩小了高速电梯结构,搭建了一套简化的试验设备,在不同阻塞比、开口比等参数条件下得到轿厢绕流的瞬时速度

11

场。Bai 等[11]也用类似方法搭建了一座超高速电梯试验平台,设置了 5 个监测点,在该电梯运行过程中测量了轿厢下降时所有监测点气流的平均压力、偏航力矩和瞬时速度等物理量。但该实验的方法存在一定局限性,通过传感器在监测点获得的流场数据是离散的,故目前实验数据往往仅能作为数值模拟方法的补充,用于判断模拟的准确度。

数值模拟方法能够获得完整的井道内流场,主要包括速度场、压力场、压力脉动等数据,可用于后续的流场分析及优化设计,目前已成为研究分析流场的重点。Pierucci 等[12]研究了井道内的流线型流场,分析了轿厢及其附属设备(框架、导轨、牵引绳等)产生的压力扰动以及减轻压力扰动的方法。唐萍等[13]通过仿真模拟得到了电梯运行时轿厢所受的空气阻力和压力分布数据,并以此为优化目标对井道结构进行了多目标优化设计。Takahashi 等[14]根据遗传算法(genetic algorithm,GA)加速问题提出了新的高速电梯轿厢气动特性仿真分析优化结果评价方法。还有不少研究涉及电梯设计参数对井道内流场的影响。Wang 等[15]模拟了 3 种不同阻塞比高速电梯模型的三维流场,研究了阻塞比对高速电梯气动性能(气动阻力及压力)的影响规律。刘志仁等[16]研究了电梯井道尺寸和轿厢速度等参数对井道流场的影响。Qiao 等[17]分析了轿厢运动时伯努利效应引起的非定常气流及一些关键参数对气流和井道通风率的影响。陈李桃等[18]研究了电梯轿厢与导轨连接的框架结构对轿厢气动特性的影响,结果表明该结构对流场影响较小。在高速电梯运行中,轿厢一对重交会时的流场突变是一个较为复杂的问题,获得了不少关注。郑有木[19]模拟分析了电梯轿厢一对重间距对轿厢所受瞬时气动载荷的影响,以及两者交会时流场的变化。崔瀚文[20]研究了在 2 部轿厢并联运行的通井道内,2 部轿厢交会时的气动特性及影响因素。可见,目前高速电梯流场模拟的相关研究比较成熟,可以指导后续研究的进行。

2)高速电梯振动特性研究

高速电梯运行时,轿厢振动主要分通过轿厢与附属结构刚性连接传导的振动,以及轿厢受气流扰动产生的流致振动。关于前者的研究较为广泛,研究方式主要是将电梯系统内的激励整合进一个动力学模型中以便综合分析。包继虎[21]应用广义哈密顿原理建立了轿厢提升系统的三向空间耦合自由振动模型,具体研究了导轨、曳引系统、运行参数等激励对轿厢受迫振动的影响。Ma 等[22]以轿厢一轿架一导轨一牵引绳系统为研究对象,通过设定约束与驱动,建立了一个垂直系统振动动力学模型。Santo 等[23]用纯立方杜芬方程弹簧代替电梯曳引系统,进而研究了导轨激励对系统的影响,发现对系统的影响较大的因素来自杜芬刚度中非线性项。Zhang 等[24]研究分析了高速电梯轮轨间的界面接触机理,将轿厢、滚轮、导轨视为一个统一系统,并且建立了该系统的横向振动动力学模型,研究其导轨结构参数的变化对横向振动特性的影响规律。由于流致振动方面的研究涉及气固交互式耦合问题,因此现有研究成果较少。刘杰[25]提出了一种时间离散化的气固交互式耦合分析方法,用于高速电梯的研究,同时建立了高速电梯井道气流—轿厢—导轨耦合系统的动力学模型,该模型可以适应不同阻塞比工况,并能够快速分析具体场景下的流致振动响应。

3)高速电梯噪声特性研究

由于市场对电梯舒适度的需求较高,噪声作为一个突出问题,在早期就受到了相当多的关注,其中,气动噪声作为噪声中的重要组成,已有一部分成熟的研究。Hisashi[26]通过仿真模拟分析得出,由于轿厢与气流的相互作用,电梯高速运行时会产生强烈的气动噪声,这种噪声甚至远大于机械噪声。周皓阳等[27]基于声振耦合理论,研究了高速电梯轿厢外压力脉动规律与轿厢内噪声特性的关系,并基于主动噪声控制理论,对比了 7 种次级声源的噪声控制系统的降噪性能。马英博等[28]提出了一种改进的 Correlation FxLMS 算法,解决了传统 FxLMS 算法因步长固定导致的稳态误差大/实时跟踪能力弱的问题,并将该算法应用到了高速电梯的噪声主动降噪仿真上。陈继文等[29]分析了轿厢外缘结构与气动噪声产生的联系,研究了将锥形整流罩和拱形整流罩安装在轿厢两端时,轿厢周围的流场与气动噪声特性以及整流罩对轿厢气动噪声的影响。

(2)高速电梯轿厢绕流减阻设计分析

高速电梯由于其应用场景受空气扰动影响较大,现为减小影响,使轿厢绕流场的气动特性得到进一步改善,需要对高速电梯轿厢气动外形进行流线型化设计,一般措施为给高速电梯轿厢加装导流罩。在轿厢未加装导流罩的情况下,迎风面通常为矩形平面,运行时会导致井道流场结构发生突变,使空气在轿厢前端与井道所构成的环形入口处形成强分离剪切层。之后,高速气流通过环形空间,并在轿厢尾端发生非周期性脱落,形成非定常涡流,从而使得尾端压力场复杂多变,这也是轿厢扰流阻力大、流致振动强的根源所在。因此,加装电梯导流罩来削弱井道内流场结构的突变以及涡旋脱落,可以有效降低轿厢所承受的不规则变化的气动载荷,从而减少能耗,同时减弱气流扰动导致的电梯振动及噪声。

1)高速电梯结构优化设计研究

高速电梯的结构优化设计是一个较为灵活的问题,优化目标根据应用场景的不同而变化,实现优化的可调整参数较多,现有成果比较丰富。郑有木[19]利用正交试验法选取情景,将高速电梯平稳性作为目标参数化,通过小环境演化繁殖后代实现了高速电梯平稳性性能指标优化。Qiao 等[30]建立了带通风孔的超高速电梯运行过程中的活塞风模型,并且提出了一些降噪措施。余明等[31]发现了在高速电梯的封闭井道侧壁开通风孔可以有效减小气动阻力。

高速电梯导流罩作为一种简单有效的优化设计,在高速电梯速度发展到一定阶段时即被应用到了高速电梯产品上。早期高速电梯结构优化设计方法主要是对导流罩的几何外形进行简单变形,对比改形前后的性能参数,综合分析得出较为通用的改型方法,并针对具体应用场景进行适应更改。段颖等[10]搭建了简化的高速电梯实验平台,利用数字粒子图像测速(digital particle image velocimetry,DPIV)技术得到了多种导流罩形状下的高速电梯运行时周围所产生的瞬时速度场,并分析了导流罩形状对轿尾气流分离情况的影响规律。李晓冬等[32]针对某一具体型号高速电梯,提出了多种导流罩外形结构方案,对比得出了最优方案。马烨[33]通过流场模拟,对比分析了不同导流罩形状和不加导流罩对高速电梯气动特性的影响。Cai等[34]研究了高速电梯导流罩的空气动力学优化方法,比较了多种形状导流罩的阻力系数。曾天[35]提出了一种椭球圆柱形导流罩,并探究了多工况运行时导流罩对轿厢气动特性的影响。然而,这种优化方法适用范围窄,且没办法获得复杂场景下高速电梯结构的最优解,具有很大的局限性。因此,近年来,开始有研究将其他领域的气动特性智能优化方法应用到了高速电梯领域。

2)气动特性智能优化设计研究

高速电梯导流罩结构设计是一个典型的多目标优化问题,通过智能优化设计方法,可以综合分析各设计参数与目标参数间的对应关系,进而调节轿厢所受气动载荷,使其达到最佳的平衡状态,改善高速电梯运行过程中的能耗、振动等问题,并提高高速电梯在运行过程中的安全性和舒适性。气动特性智能优化设计是将算法与传统优化方法结合,通过智能算法和近似模型等技术高效处理模拟数据,在较少的数据样本中提取所优化目标与相关参数的拟合关系,并构建最优气动结构的设计方法。这种设计方法在列车头型和机翼翼型优化等领域逐渐成熟,但在高速电梯领域还处于初期阶段,在采样方法、近似模型等问题上还需要进行深入研究。

在目前已有的研究中,于梦阁等[36]基于克里金(Kriging)近似模型对高速列车头型进行了多目标优化,有效降低了其气动阻力及轮重减载率;Qiu等[37]研究了一种降低高速电梯水平振动的设计参数优化方法,以最小值—最大值标准化方法求得了电梯优化问题的最优解;朱金成[38]基于改进的差异进化多目标优化算法,建立了高速电梯气动优化模型,重点优化了轿厢的振动及稳定性;王绪鹏[39]分析了高速电梯轿厢外缘气动特性,提出了基于自由变形技术的轿厢外缘流线减阻降噪优化设计方法,以及基于感性意象的高速电梯乘运性能神经认知评价方法;杨哲[40]提出了一种基于椭圆曲线法—最优拉丁超立方样本提取方法—径向基函数代理模型—NSGA-Ⅱ算法的高速电梯导流罩多目标优化设计方法。

目前,国内高速电梯结构优化领域的研究已有一定成果,但变形自由度普遍较低,与噪声/振动的耦合程度较薄弱,并未发展出相对成熟的导流罩设计研发体系。因此,在电梯气动外形的优化设计方法的发展上,可以参考其他领域较为成熟的优化设计方法。由于将智能气动特性优化方法应用到高速电梯领域仍存在一些问题,如模型的拟合精度、算法的预测精度不佳等,因此相关研究有待进一步发展。但不可否认的是,多目标优化设计可确定各种应用场景和运行工况下的最佳导流罩结构,并结合自动化原理设计能根据实际工况进行结构自适应调整的导流装置,是一个发展前景广阔的研究方向,能够有效推动我国高速电梯关键技术研究的发展。

2.1.2　轿厢系统选型基础理论

(1)轿厢系统的选型概述

一般情况下,轿厢结构主要包括轿厢体和轿厢框架。轿厢通过轿厢框架连接导靴并沿导轨滑行,同时通过曳引绳连接对重抵充部分轿厢重力,当轿厢内部载重变化时,置于井道顶端的主机给曳引绳施加动力以帮助轿厢平稳运行。对高速电梯而言,由于轿厢最高速度相较中低速电梯大大增加,其所受空气阻力也呈平方增长,同时各类涡流损失更加严重,普通的立方体结构无效能量损失较大,在系统效率低的同时还增加了电机等配套设备的成本,给高速电梯运行的安全性和舒适性带来较大的隐患。为了解决高速电梯运行过程中空气阻力的问题,需要对其轿厢结构采取一些特殊的优化设计,以满足高速电梯运行平稳、降噪、降压以及安全的设计要求。一般轿厢的结构优化设计包括流线型导流罩、轿壁的改进、通风孔以及气压补偿装置,其中使用流线型导流罩是改善风阻的最佳方法。

(2)典型工况气动特性选型理论

轿厢导流罩的设计需要参考实际应用场景,主要根据井道内轿厢、对重、井道布置情况,以及轿厢的运行速度、运行加减速度、轿厢内的气压变化幅值等因素而定。为了便于加工及提高通用性,常用的流线型导流罩根据外形分为 3 种:三角形导流罩、梯形导流罩和椭圆形导流罩,其形状如图 2-1 所示。这 3 种外形的导流罩对流场特性有一定的改善作用(详见第 2.1.3 节的内容),其具有不同的设计参数。以椭圆形导流罩为例,其外形是沿面对称的曲面,两端采用半椭球面形状,中间为椭圆柱形,将轿厢包裹在内部,具体的结构参数如图 2-2 所示。

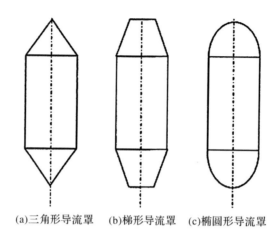

(a)三角形导流罩　(b)梯形导流罩　(c)椭圆形导流罩

图 2-1　流线型导流罩

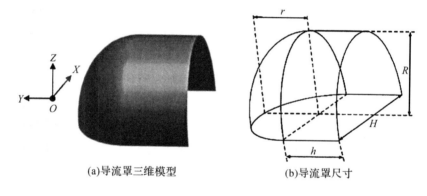

(a)导流罩三维模型　　　　　　(b)导流罩尺寸

图 2-2　椭圆形导流罩三维模型和尺寸

图 2-2 中,H 为导流罩宽度,h 为椭圆柱厚度,R 为椭圆的半长轴长度,r 为椭圆的半短轴长度。同时,$h+r$ 等于轿厢壁厚度,H 为轿厢宽度,即对于确定型号、确定尺寸的电梯,H 和 $h+r$ 为定值。通过参数化建模可将导流罩的外形简化为若干个设计参数,并调整 R 和 r 的数值,使轿厢能够适应不同应用情景及运行工况,改善轿厢外缘流场,优化高速电梯轿厢气动特性。由于轿厢在井道内上下运动,故轿厢导流罩结构是上下对称的。同理,可设置三角形导流罩高度 D、梯形导流罩高度 D、梯形导流罩上表面宽度 B 等结构参数,如图 2-3 所示。

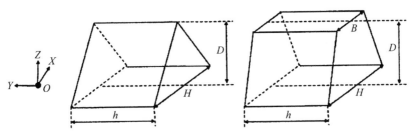

图 2-3 三角形导流罩和梯形导流罩三维尺寸

近年来,随着智能算法的进步,将智能算法结合到结构设计中的智能优化设计方法成为研究热点。这种方法能有效减少所需样本的数据量,提高寻优效率,可将具体结构参数化以构建结构参数的样本空间,并通过算法采样,选取特征突出的样本点,建立样本参数与优化目标参数的响应模型,再利用寻优算法就可得到针对特定目标的最佳结构,大大减少了冗余数据,缩短了寻优流程。具体优化选型流程将在第 2.1.4 节中详述。

2.1.3 轿厢外部气动特性数值分析

(1)气动基本方程

轿厢外部气动特性分析是研究空气扰动对电梯动力学响应影响的基础,其运动可用纳维—斯托克斯(Navier-Stokes,N-S)方程描述。N-S 方程包含连续方程和动量方程,其一般形式可表示为:

$$\frac{\partial \rho}{\partial t} + \nabla \cdot (\rho \boldsymbol{u}) = 0 \tag{2-1}$$

$$\frac{\partial \rho \boldsymbol{u}}{\partial t} + \nabla \cdot (\rho \boldsymbol{u} \otimes \boldsymbol{u}) = \nabla \cdot \boldsymbol{T} + \boldsymbol{f} \tag{2-2}$$

式中,ρ 是气体密度,$\boldsymbol{u} = (u, v, w)$ 是速度矢量,$\otimes$ 是张量积,张量 $\boldsymbol{T}$ 包含相界面外力的作用,而矢量 $\boldsymbol{f}$ 包含体积力的作用。对于空气这类黏性牛顿流体,$\boldsymbol{T}$ 可以表示为应变率的线性函数:

$$\boldsymbol{T} = (-p + \xi \nabla \cdot \boldsymbol{u}) \boldsymbol{I} + 2\mu \boldsymbol{S} \tag{2-3}$$

式中,p 是压力,ξ 是第二黏性系数,$\boldsymbol{I}$ 是单位张量,μ 是分子黏性系数,$\boldsymbol{S} = \frac{1}{2}(\nabla \boldsymbol{u} + \nabla \boldsymbol{u}^{\mathrm{T}})$ 表示应变率张量。

轿厢运动过程中,气体速度远小于声速,其密度的物质导数为零,有

$$\frac{\partial \rho}{\partial t} + \boldsymbol{u} \cdot \nabla \rho = 0 \tag{2-4}$$

故式(2-3)可进一步简化为

$$\nabla \cdot \boldsymbol{u} = 0 \tag{2-5}$$

这也意味着气体流动过程中体积不变,即为不可压缩流体。

若体积力只考虑重力,则将式(2-3)和式(2-5)代入式(2-2)可以得到不可压缩流体的动量方程:

$$\frac{\partial \boldsymbol{u}}{\partial t} + \boldsymbol{u} \cdot \nabla \boldsymbol{u} = -\frac{1}{\rho}\nabla p + \frac{1}{\rho}\nabla \cdot \left(\mu\left[\nabla \boldsymbol{u} + \nabla \boldsymbol{u}^{\mathrm{T}}\right]\right) + \boldsymbol{g} \tag{2-6}$$

高速电梯运行过程中轿厢外气体流动是复杂的三维问题,会产生湍流现象。目前计算流体力学对湍流的处理可分为 3 类,即雷诺平均的 N-S 模拟(Reynolds-averaged Navier-Stokes simulation, RANS)、大涡模拟(large eddy simulation, LES)和直接数值模拟(direct numerical simulation, DNS)。DNS 可解析系统内所有尺度而不引入封闭模型,但计算成本非常高,目前仅适用于低雷诺数问题。LES 通过对控制方程进行空间滤波来降低计算成本,仅对大于网格尺度的流体结构直接求解,而对小于网格尺度的湍流涡进行模拟。RANS 对控制方程进行了系综平均,因此该方法的计算成本最低,也是目前工业应用最广泛的方法。在平均过程中 RANS 会引入一个关于黏性应力张量的未封闭项,即所谓的雷诺应力项。为使方程封闭,需对该项进行模化,从而引入了各类封闭模型。

雷诺平均的 N-S 方程如下所示:

$$\frac{\partial \overline{u}_j}{\partial t} + \frac{\partial \overline{u}_i \overline{u}_j}{\partial x_i} = -\frac{1}{\rho}\frac{\partial \overline{p}}{\partial x_j} + \frac{\mu}{\rho}\frac{\partial^2 \overline{u}_j}{\partial x_i^2} - \frac{\partial}{\partial x_i}\overline{u'_i u'_j} \tag{2-7}$$

式中,$\overline{u'_i u'_j} = \overline{u_i u} - \overline{u}_i \overline{u}_j$ 表示雷诺应力项。常采用湍流黏度假设来封闭此项,即:

$$\overline{u'_i u'_j} = -2\nu_T \overline{S}_{ij} + \frac{2}{3}k\delta_{ij} \tag{2-8}$$

式中,ν_T 表示湍流黏度。结合高度电梯的运动特点,可采用经典的 k-ε 模型进行封闭:

$$\nu_T = C_\mu k^2 / \varepsilon \tag{2-9}$$

$$\frac{\partial(\rho k)}{\partial t} + \frac{\partial(\rho k u_i)}{\partial x_i} = \frac{\partial\left[\left(\mu + \frac{\mu_t}{\sigma_k}\right)\frac{\partial k}{\partial x_j}\right]}{\partial x_j} + G_k + G_b - \rho\varepsilon - Y_M + S_k \tag{2-10}$$

$$\frac{\partial(\rho\varepsilon)}{\partial t} + \frac{\partial(\rho\varepsilon u_i)}{\partial x_i} = \frac{\partial\left[\left(\mu + \frac{\mu_t}{\sigma_\varepsilon}\right)\frac{\partial\varepsilon}{\partial x_j}\right]}{\partial x_j} + C_{1\varepsilon}\frac{\varepsilon}{k}(G_k + C_{3\varepsilon} + G_b) - C_{2\varepsilon}\rho\frac{\varepsilon^2}{k} + S_\varepsilon \tag{2-11}$$

式中,C_μ 为常数,μ_t 为轿厢外气体黏性系数,G_k 为气体速度梯度的平均数对应的湍动能,G_b 为气体浮力对湍动能影响的变化值,Y_M 为可压缩湍流脉动膨胀对总耗散率的影响值,对于不可压缩流体其值为 0。同时,$C_{1\varepsilon}$、$C_{2\varepsilon}$、$C_{3\varepsilon}$、σ_k、σ_ε、S_k、S_ε 为常数。

k 代表湍动能，ε 代表湍动能耗散率，其定义为：

$$k = \frac{3}{2}(\bar{u}I)^2 \tag{2-12}$$

$$\varepsilon = C_\mu^{\frac{3}{4}} \frac{k^{\frac{3}{2}}}{l'} \tag{2-13}$$

式中，$\bar{u}$ 为湍流平均速度，I 为湍流强度，l' 为湍流特征长度。

（2）某型号高速电梯物理模型

实际的电梯模型结构除电梯轿厢及井道外，还包括电梯曳引系统、厅门、对重、轿架、导轨、导靴等，因此轿厢外部的气动特性非常复杂。如果完全按照实际电梯系统进行建模计算，在建模及网格划分的难度增大的同时，也会耗费大量的计算资源。因此，可忽略复杂而影响又小的结构，保留最核心的轿厢及井道，对电梯系统进行简化处理。某型号高速电梯的简化模型如图 2-4 所示，相应的尺寸参数及运行参数如表 2-1 所示。

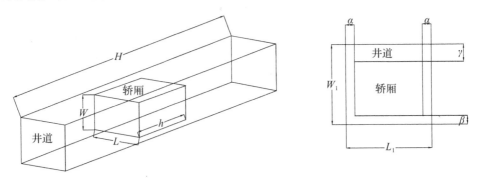

图 2-4　某高速电梯关键部件结构

表 2-1　某高速电梯关键部件结构参数取值

几何参数	参数值/mm
井道壁宽 W_1	2165
井道壁长 L_1	2800
井道高度 H	15000
轿厢宽度 L	1900
轿厢深度 W	1500
轿厢高度 h	2200
轿厢与井道左右两侧的距离 α	450
轿厢前侧与井道的距离 β	35
轿厢后侧与井道的距离 γ	630

（3）数值算法设置

网格划分是数值模拟结果的重要影响因素。为尽量贴合轿厢实际运行工况，引入动网格控制技术描述轿厢。动网格控制技术可以用来解决由边界运动导致的流量形状随时间改变的问题,根据设定好的迭代步的边界变化情况对网格自动更新,此时非结构网格对模型适应性好,故采用非结构网格以增加模拟的稳定性。由于壁面—空气相互作用非常复杂,故对轿厢表面进行网格加密。某时刻网格划分如图 2-5 所示。

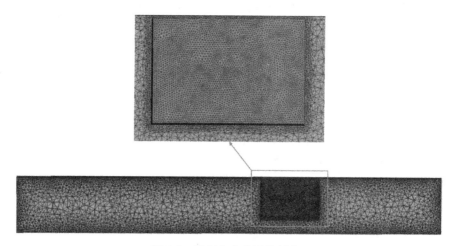

图 2-5　轿厢和井道网格划分

对于非结构网格的模拟,动网格模型有弹簧光顺法和局部重构法 2 种,其中弹簧光顺法的主要参数设置如下。

弹簧弹性系数(spring elastic coefficient)和边界节点松弛因子(boundary node relaxation factor)对网格变化影响较大,前者主要控制内部节点相对边界节点的位移变形,后者表示内部节点运动对变形边界节点移动影响的程度。弹簧弹性系数为 0.8,边界节点松弛因子为 0.3,收敛判据(convergence criterion)为 0.0001,最大迭代次数(maximum iteration)为 20。

局部重构法的主要参数设置如下。

最大长度尺寸(maximum length scale)为 0.035m,最小长度尺寸(minimum length scale)为 0.005m,最大畸变率(maximum distortion rate)为 0.7,尺寸重构间隔(size remesh interval)为 2。

边界条件方面,顶部通风口设置为压力入口,底部通风口设置为压力出口,表压为 0,重力设置为竖直向下方向,轿厢竖直向上运动,速度为 $6m \cdot s^{-1}$,创建轿厢为动网格区域并编写 profile 文件定义轿厢的运动状态。

求解器方面,选用了标准 $k\text{-}\varepsilon$ 湍流模型,求解速度压力耦合公式使用了 SIMPLE 算法,动量方程的离散使用了二阶迎风结构。

（4）未加装导流罩气动特性分析

当高速电梯运行于狭长的井道内时,轿厢外缘(井道内)的空气会产生非常复杂的流动现象。由于轿厢运动,其外壁面与空气存在明显的速度差,发生钝体绕流现象。未加导流罩的电梯轿厢外缘的流场分布如图 2-6 所示。运动轿厢迎风面(该算例中为轿厢上端面)推动静止的空气运动,故壁面、空气相互挤压,导致迎风面生成大面积的高压区域。空气对轿厢的反作用表现为阻挡轿厢运动,这也使得轿厢迎风面易受到较大冲击,特别是当轿厢处于加速阶段时,轿厢迎风面容易突发变形等问题。需要注意的是,未加导流罩时,轿厢棱边呈直角,较为尖锐,会显著改变流线方向,导致流体结构突变,形成漩涡,这增大了该区域的压力和速度梯度,同时也增加了局部动量损失。当空气流入电梯轿厢和井道壁形成的环形空间时,根据质量守恒定理,流速将剧烈增大,空气在出口处形成强分离剪切层,根据伯努利定理,压强相应减小,如图 2-6 所示,低压区主要分布在轿厢侧面和背风面。

由于轿厢在井道中是非对称布置的,即轿厢轿门一侧靠近井道壁,而另一侧则远离井道壁,同时由于轿厢轿门两侧与井道壁的间距不同,轿厢两侧的气体流速不相等而产生压力差。在间隙小的右侧,气流较平稳;在间隙大的左侧,气流较复杂。特别是当空气流过轿厢尾部时,由于轿厢结构突然改变,空气在尾部脱落,局部湍动能增加,形成漩涡。且尾部空气由于轿厢运行变得稀薄,从而形成低压区域,使得尾部区域的气流回旋速度剧烈增加,如图 2-6 中尾部区域速度分布所示。

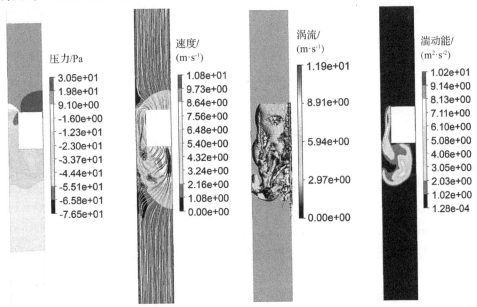

图 2-6　未加导流罩电梯轿厢外缘的流场分布

从涡量分布来看,涡主要分布在轿厢周围,且左侧井道壁面未受明显影响。大尺度的涡结构与湍动能分布一致,处于轿厢左侧区域,这不仅使得此处具有较大的气压梯度及流速梯度,而且使轿厢表面出现较为明显的局部压力降低现象。更重要的是,湍流强度增加,意味着轿厢尾部扰动加强,或将引起轿厢振动,给高速电梯运行稳定性带来不利的影响。

综合来看,高速电梯轿厢在井道内运行时受到的非稳态气流气动阻力主要是压差阻力。其成因为:轿厢运行过程中迎风面由于气流阻滞效应而产生高压区,尾部由于轿厢高速运动而产生低压区,使空气迅速回流;由于空气的黏性作用,空气回流不足以弥补低压区,进而造成轿厢上下产生压力差,形成了压差阻力。在未加装导流罩的工况中,极值压差为149Pa,瞬时阻力系数如图2-7所示,在初始时刻阻力系数振幅较大,在0.5s后则小幅度摆动呈动态稳定,对应的平均阻力系数为2.498。

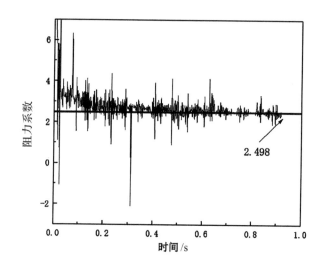

图2-7　未加导流罩电梯轿厢的阻力系数

压差阻力的本质成因是空气的黏性作用,若减小轿厢迎风面的高压区和尾部的回流区则能有效减小压差阻力。改进的思路是将轿厢迎风面设计成流线型,即通过加装合理的轿厢导流罩来改善轿厢表面的气流分布状况。

(5)加装导流罩气动特性分析

在同样的工况条件下,模拟得到加装三角形、梯形和椭圆形导流罩后轿厢外缘的气动特性。

压力分布方面,轿厢运动会分别在迎风面和尾部产生高压区和低压区,而加装导流罩的影响主要有2个部分:改变高低压区的极值和改变高低压区的面积。其中压力极值统计情况如表 2-2 所示。三角形和梯形这类在结构上存在奇点的导流罩虽减小了低压区的压力值,但也会增大高压区的压力值,故极值压差并无改善,甚至恶化,而加装椭圆形导流罩,极值压差降低了 36.58%。相比之下,加装导流罩能显著缩小高压区和低压区的面积。加装导流罩后迎风面高压区缩小,大大减小了轿厢受到的冲击力,且尾部区域的低压区得到改善,从而起到了缓冲气流、均匀压力的效果,如图 2-8 所示。这是导流罩有效降低气动阻力的主要原因。对比可知,椭圆形导流罩的表现最为突出。

表 2-2　不同导流罩对高低压区压力极值的影响

导流罩类型	压力最大值/Pa	压力最小值/Pa	极值压差/Pa	压差相对变化
无导流罩	30.52	−119.1	149.62	—
三角形导流罩	40.18	−131.1	171.28	14.48%
梯形导流罩	66.30	−76.68	142.98	−4.44%
椭圆形导流罩	48.29	−46.60	94.89	−36.58%

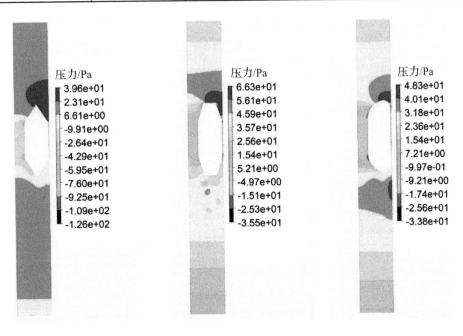

图 2-8　加装三角形、梯形和椭圆形导流罩后流场压力分布

速度分布方面,轿厢尾部的回流区速度较大。加装导流罩减小了回流区的面积,也降低了速度极值。如表 2-3 所示,三角形、梯形和椭圆形导流罩分别使回流

区的速度极值降低了 14.94％,17.90％和 21.49％。此外,加装导流罩能有效改善轿厢尾部的流线分布,使得速度分布更为均匀,尾流作用区域更大,流线更光滑。

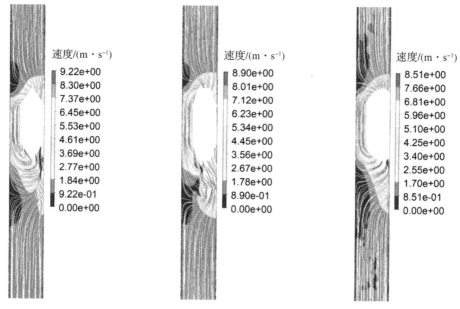

图 2-9　加装三角形、梯形和椭圆形导流罩后流场速度分布

表 2-3　不同导流罩对回流区速度极值的影响

导流罩类型	回流区最大速度/(m·s^{-1})	速度极值相对变化
无导流罩	10.84	—
三角形导流罩	9.22	-14.94%
梯形导流罩	8.90	-17.90%
椭圆形导流罩	8.51	-21.49%

涡结构和湍动能分布方面,加装导流罩可使涡分布更为细致密集,特别是在椭圆形导流罩工况中,涡结构紧贴在轿厢表面很薄的区域内,这与湍动能的结构相吻合,如图 2-10 和图 2-11 所示。加装三角形和梯形导流罩可改善轿厢迎风面的流形,降低轿厢侧面的湍动能分布,但由于在回流区导流罩存在奇点,故此处湍动能仍然较大。而椭圆形导流罩无明显的奇点存在,故局部损耗和沿程损耗都较低,湍动能显著降低。

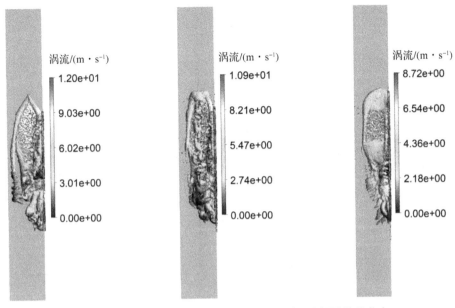

图 2-10　加装三角形、梯形和椭圆形导流罩后流场涡结构分布

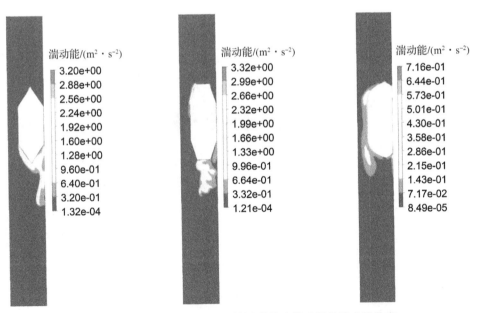

图 2-11　加装三角形、梯形和椭圆形导流罩后流场湍动能分布

在相同工况条件下,加装不同导流罩的阻力系数如图 2-12 所示,其平均阻力系数如表 2-4 所示。可见,加装导流罩能缓冲气流、均匀压力,减小由于气流的流动分离而产生的低压区,从而减小轿厢的阻力系数。其中,椭圆形导流罩的效果最

好,其减阻比例高达80.21%。由于轿厢布置不对称,因此也应考虑其对导流罩设计的影响,这涉及多设计参数、多目标参数的协调优化选型。

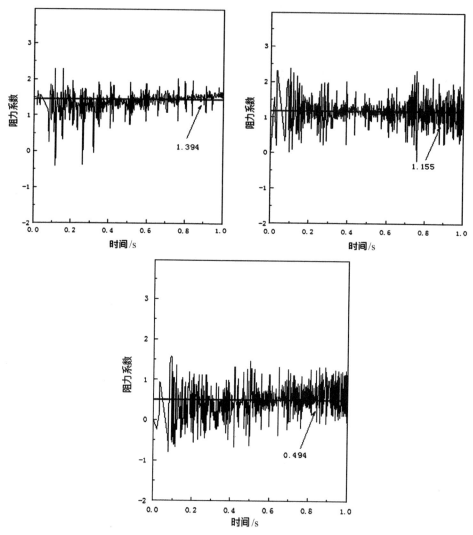

图 2-12   加装三角形、梯形和椭圆形导流罩后阻力系数统计

表 2-4   不同导流罩对阻力系数的影响

导流罩类型	平均阻力系数	减阻比例
无导流罩	2.498	—
三角形导流罩	1.394	44.19%
梯形导流罩	1.155	53.78%
椭圆形导流罩	0.494	80.21%

2.1.4　轿厢外部导流罩优化选型

一个典型的多目标参数优化周期包括关键参数分析、参数化建模、采样点设计、数据获取、代理模型构建、最优解分析等环节,如图 2-13 所示。下文以导流罩为设计对象,对上述环节做简单介绍。数据获取环节由实验或数值计算提供,在第2.1.3 节中已做阐述,本节不再展开。

(1)关键参数分析

轿厢导流罩的优化选型涉及轿厢参数、井道参数、导流罩参数、目标参数。

1)轿厢参数

轿厢尺寸:由额定载重量确定最大有效面积,其中长和宽可调节,高度一般为2200~2500mm。《电梯制造与安装安全规范第 1 部分:乘客电梯与载货电梯》(GB/T 7588.1—2020)第 5.4.2 小节对轿厢有效面积额定载重量和乘客人数进行了规定,其中额定载重量和最大有效面积之间的关系如表 2-5 所示。乘客数量和轿厢最小有效面积的规定如表 2-6 所示。

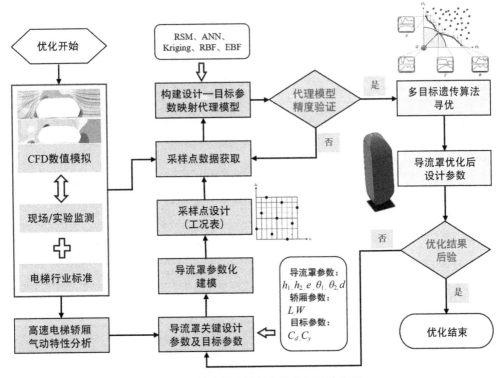

图 2-13　导流罩多目标参数优化设计流程

表 2-5 额定载重量与轿厢有效面积的要求

额定载重量/kg	轿厢最大有效面积/m²	额定载重量/kg	轿厢最大有效面积/m²
100[a]	0.37	900	2.20
180[b]	0.58	975	2.35
225	0.70	1000	2.40
300	0.90	1050	2.50
375	1.10	1125	2.65
400	1.17	1200	2.80
450	1.30	1250	2.90
525	1.45	1275	2.95
600	1.60	1350	3.10
630	1.66	1425	3.25
675	1.75	1500	3.40
750	1.90	1600	3.56
800	2.00	2000	4.20
825	2.05	2500[c]	5.00

注:a 一人电梯的最小值;b 两人电梯的最小值;c 额定载重量超过 2500kg 时,每增加 100kg,面积增加 0.16m²。

表 2-6 乘客数量与轿厢有效面积的要求

乘客人数/人	轿厢最小有效面积/m²	乘客人数/人	轿厢最小有效面积/m²
1	0.28	11	1.87
2	0.49	12	2.01
3	0.60	13	2.15
4	0.79	14	2.29
5	0.98	15	2.43
6	1.17	16	2.57
7	1.31	17	2.71
8	1.45	18	2.85
9	1.59	19	2.99
10	1.73	20	3.13

注:乘客人数超过 20 人时,每增加 1 人,面积增加 0.115m²。

轿厢额定速度:$3\text{m} \cdot \text{s}^{-1} \leqslant v \leqslant 12\text{m} \cdot \text{s}^{-1}$。

轿厢提升高度:轿厢从最低楼提升到最顶楼所经过的距离,$80\text{m} \leqslant H \leqslant 500\text{m}$(根据实际建筑物的高度而定,提升高度越高,相应的额定速度越快),对于具体建筑物,提升高度被锁定。

2）井道参数

井道结构尺寸：井道面积需根据不同的速度确保以下尺寸，具体长度和宽度需根据轿厢的尺寸设计，如表 2-7 所示，井道的高度根据提升高度而定。

表 2-7　不同电梯速度下井道结构参数要求

速度/(m·min⁻¹)	<150	180	210	240	300、360	420、480
γ/mm	标准尺寸	>450	>450	>500	>630	>675
α/mm		>350	>400	>400	>450	>500

井道对重尺寸：$1000\ mm \leqslant l_1 \leqslant 1400 mm$（对重长度）

$$300\ mm \leqslant l_2 \leqslant 400 mm（对重宽度）$$

$$2500\ mm \leqslant l_3 \leqslant 4000 mm（对重高度）$$

$$50\ mm \leqslant d \leqslant 150 mm（对重与轿厢的横向间距）$$

3）导流罩参数

其中导流罩参数具体如图 2-14 和表 2-8 所示，采用 6 个参数设计导流罩。

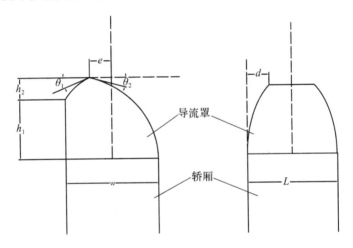

图 2-14　导流罩 6 个设计参数示意

表 2-8　导流罩设计参数物理含义

设计参数	物理含义	上限值	下限值
h_1	导流罩下部高度/mm	600	300
h_2	导流罩上部高度/mm	1300	800
e	导流罩顶点的偏移量/mm	300	200
θ_1	导流罩 X 方向的钝度/°	10	0
θ_2	导流罩 Y 方向的钝度/°	24	0
d	导流罩 X 方向的导流罩钝度/mm	600	200

4)目标参数

本节以阻力系数和偏航力矩系数为例进行设计,其定义如下所示。

阻力系数:
$$C_d = \frac{F_d}{0.5\rho v^2 s} \qquad (2-14)$$

式中,F_d 为轿厢所受到的空气阻力,$\rho = 1.225 \text{kg} \cdot \text{m}^3$,为空气密度;$v$ 为轿厢运行速度,本节对 $6\text{m} \cdot \text{s}^{-1}$ 的案例进行分析;s 为轿厢截面积。

偏航力矩系数:
$$C_y = \frac{M_{ym}}{0.5\rho v^2 sl} \qquad (2-15)$$

式中,M_{ym} 为轿厢所受的偏航力矩;b 为特征长度。

(2)参数化建模方法

对导流罩进行参数化建模,顾名思义,即根据已确定的关键设计参数建立导流罩结构模型,故可通过改变导流罩的参数值直接调整其结构,从而大大提高建模效率。根据参数化的特征[41]导流罩建模方法可大致分为如下 3 类。

1)二维参数化建模:2D 椭圆曲线法[42]、Hicks-Henne 型函数法[43]、贝塞尔曲线法[44]、LIDA 法[45]等。

2)三维参数化建模:改进的希克斯—亨内(Hicks-Henne)型函数法[46]、冯·米塞斯分布(VMF)法[47]、冯·米塞斯分布—非统一均有理性 B 样线条(VMF-NURBS)法[48]、B 样条曲线—昆氏(Coons)曲面法[49]等。

3)基于网格变形的参数化建模方法:自由变形法[50]、基于分析统合领域(ASD)的参数化建模法[51]等。

(3)采样点设计

若试验包含 3 个及以上相互影响的因素,则完整开展多变量—响应试验的工作量将巨大,此时需要设计科学合理的采样点来提高总体效率。采样点(即由各设计参数构成的不同工况)的选取对代理模型的准确性和可靠性而言十分关键。合理的采样点分布能在控制工况数的前提下覆盖较宽的参数范围,有效展现目标参数在设计参数空间上的动态变化趋势和信息。反之,若采样点设计不当则会增加代理模型的训练代价,降低拟合准确率,误导预测结果,甚至无法成功训练出代理模型。

根据采样点设计方法在时空上是否存在自适应,可将其分为一次性采样和序列采样。其中,一次性采样指一次性采集到一定数目的样本,再根据样本点建立代理模型;序列采样是一次性采样的延伸,即在预设条件下,首先采集一组样本点建立代理模型,再依据该模型提供的信息自适应地选择下一组样本点,直至达到预先确定的迭代终止条件。

常用的一次性采样主要包括正交试验设计(orthogonal experimental design,OED)[52]、均匀试验设计(uniform experimental design,UED)[53]、拉丁超立方设

计(Latin hypercube design，LHD)[54]等。

1)正交试验设计：一种以多因素、多层次为目标的试验设计方式。在综合试验中，按正交性选取具有代表性的点进行测试，具有均匀分布、均匀可比较等特征。正交试验设计的主要工具为正交表，试验人员可根据各因素的数量、水平和相互影响的需要，寻找对应的正交表，然后利用正交表的正交性，从综合试验中选出几个有代表性的点作为试验指标，从而可以在最少的试验次数内获得与充分试验相当的效果，故正交试验设计是一种高效、快速、经济的多因素试验设计方法。

2)均匀试验设计：为了克服正交试验设计过分追求综合可比性但限制了数据均匀性的缺点而发展出的一种采样方法。该方法不考虑综合可比性，仅追求数据的均匀性，拟使试验的数据点充分分散在数据可变化范围内。该方法在获取能够正确反映试验主要体系特征的结果外，还可以大大减少试验点。

3)拉丁超立方设计：一种充满空间的设计，如图 2-15 所示，将采样空间分为不同的层次，在各层次内随机采样，可以有效防止反复采样，提高采样的有效性。与前两种方法相比，该方法在样本量小时具有更高的准确率。但由于拉丁超立方设计基于随机采样，故选取的采样点具有较大的随机性，有时不能很好地覆盖整个参数空间。针对这一不足，最优拉丁超立方设计(optimal Latin hypercube design，Opt LHD)方法得以发展。改进后，最优拉丁超立方设计选取的采样点分布更为均衡有序。

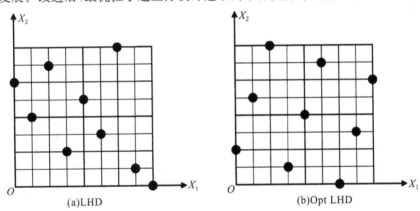

(a)LHD　　　　　　　　(b)Opt LHD

图 2-15　LHD 和 Opt LHD 方法的采样点分布

(4)代理模型构建

在实际问题中，由于解空间的大小和复杂性，求解过程通常十分繁琐。优化问题逐步演变为高维、非线性和具有多极值的最优问题，其求解的代价非常高昂。结合采样点设计能有效降低数据获取的工作量，缩短导流罩的设计周期，但如何根据有限、分散的采样点构建能较全面反映实际优化问题特征的数学模型(即代理模型)是影响设计周期的关键点。代理模型属于黑箱模型的一种[55]，本质上是将输

入向量 x 转化为输出标量 y 的一种映射关系,故如何获得该映射关系 $y = f(x)$ 是代理模型构建的核心问题。

目前,常用的代理模型主要有响应面模型(response surface model,RSM)[56]、人工神经网络(artificial neural network,ANN)模型[57]、Kriging 模型[58]、径向基函数(radial basis function,RBF)模型[59]、椭球基函数(ellipsoidal basis function,EBF)模型[60]等。

1)响应面模型:一种被广泛采用的代理模型,其思路是通过一系列确定的"试验"来拟合一个响应面,使其具有较好的可靠性。响应面模型是一种用数学模型逼近输入和输出变量(响应变量)的统计综合测试技术。在空间子域中,设计变量 x 和响应值 y 之间的关系是:

$$y = f(x) + \varepsilon = \sum_{\lambda=1}^{L} \beta_l \varphi_l(x) + \varepsilon \tag{2-16}$$

式中,$f(x)$ 为响应面拟合函数,ε 为总误差,L 为基函数 $\varphi_l(x)$ 的数目,$\beta_l(x)$ 为多项式系数 $f(x)$ 最高阶为 4 阶,其表达式如下所示:

$$f(x) = a_0 + \sum_{i=1}^{M} b_i x_i + \sum_{i,j(i<j)}^{M} c_{ij} x_i x_j + \sum_{i=1}^{M} d_i x_i^2 + \sum_{i=1}^{M} e_i x_i^3 + \sum_{i=1}^{M} g_i x_i^4 \tag{2-17}$$

式中,a_0、b_i、c_{ij}、d_i、e_i 和 g_i 为待定回归系数,M 为训练用的设计变量的个数,x_i 为设计变量。构建响应面模型所需要的训练点数量较少,其表达式可划分为 4 阶,对应的样本需求如表 2-9 所示。

表 2-9　响应面阶数及样本需求

阶次	所需最少样本点数	公式
一阶	$M+1$	$\hat{y} = \beta_0 + \beta_1 x_1 + \beta_2 x_2 + \cdots + \beta_M x_M$
二阶	$(M+1)(M+2)/2$	$\hat{y} = \beta_0 + \beta_1 x_1 + \cdots + \beta_M x_M + \beta_{M+1} x_{2M}^2 + \beta_{2M} x_{2M}^2 + \sum_{i \neq j} \beta_{ij} x_i x_j$
三阶	$(M+1)(M+2)/2+M$	与二阶同理
四阶	$(M+1)(M+2)/2+2M$	与二阶同理

注:M 表示训练用的设计变量的个数;x_i,x_j 为设计变量;β_M 为待定回归系数。

响应面模型能根据少量采样点较精确地反映局部区域特征,通过选取合适的回归模型,对复杂的反应关系进行拟合,具有较强的鲁棒性,且能给出显性的代理模型表达式,其数学基础扎实,系统性、实用性强,应用范围广。但该方法不能确保响应面通过全部采样点,某些区域的预测结果与实际响应值有一定偏差。此外,该方法与神经网络等方法相比,对高复杂性函数关系的拟合效果较差。

2)人工神经网络模型:一种通过抽象生物神经网络提出的代理模型[61],由多层神经元节点组成,每个节点代表一种特定的激励函数,节点间通过带可变权重的有向弧连接。神经网络对采样点数据进行迭代的学习训练,不断调整权重分配,最终实现模拟输入和输出之间映射关系的能力。

近年来,基于大量非线性平行数据的神经网络发展迅速,其应用范围也越来越广。人工神经网络模型对复杂非线性的问题具有较强的复函数逼近能力,并且具备收敛快、容错率高、泛化性强等优点。但由于建立网络模型所需的训练采样点数量多,因此在进行导流罩气动特性优化时,需要更大规模的 CFD 数值模拟数据库,这也意味着数据获取环节的周期变得非常长,代价高昂,这与建立代理模式的本意背道而驰,故人工神经网络模型不适用于导流罩气动特性优化。

3)Kriging 模型:又称为高斯过程(Gaussian process)模型[62],是一种基于高斯随机过程的全局回归和局部误差回归的混合方法。该模型本质上是对采样点周围的已知点数据进行线性加权组合,从而确定该点的预测值的方法。其表达式为:

$$y(x) = \boldsymbol{f}^{\mathrm{T}}(x)\boldsymbol{\beta} + Z(x) \tag{2-18}$$

式中,$\boldsymbol{f}^{\mathrm{T}}(x)$ 为回归模型,$\boldsymbol{\beta}$ 为回归系数,$Z(x)$ 为随机分布的误差,其均值为 0,方差为 σz_2,协方差 $\mathrm{cov}[Z(x), Z(w)] = \sigma z_2 R(\theta, x, w)$,$\theta$ 为高斯相关函数的关键参数,x、w 分别为样本点。

Kriging 模型不仅能对设计参数空间内的未知点进行预测,而且能提供模型的方差以判断其精度是否符合用户要求。通过具备连续性和可导性的相关函数,Kriging 模型表现出优异的局部预测能力,对非线性复杂问题能预测出较准确的近似值。

4)径向基函数网络模型:代理模型中应用十分广泛的一种,通过简单函数的加权和插值来表示复杂设计空间。对于每个样本点,RBF 网络模型的分布函数[63]如式(2-19)所示

$$f_i(x) = \exp\left[-\left(\frac{\parallel x - x_i \parallel}{c_i}\right)^2\right], i = 1, 2, \cdots, N \tag{2-19}$$

式中,x 为设计参数,$\parallel x - x_i \parallel$ 为欧几里得范数,c_i 为控制采样点在每个设计方向上的影响范围,N 为样本点数量。对所有样本点的分布函数进行叠加,可以得到 RBF 的代理模型函数 $F(x)$:

$$F(x) = \sum_{i=1}^{N} w_i \cdot f_i(x) \tag{2-20}$$

式中,w_i 为每个样本点分布函数的加权系数。

RBF 网络模型基于线性组合格式,形式简单,能有效处理多输入参数的情况,拟合非线性程度较高的函数,无局部极小问题存在,故鲁棒性和适应性强。此外,该模型训练的收敛速度较快,计算成本较低[64]。

Jin 等[65]综合对比了以上 4 种代理模型,结果表明:对于多参数问题,人工神经网格模型(ANN 模型)和 Kriging 模型的权重系数训练不易收敛,RBF 网络模型具备更高的模型构建效率。此外,综合考虑模型预测精度和鲁棒性,RBF 网络模

型表现更为可靠。

5)椭球基函数网络模型:一种与径向基函数网络模型类似的带模型,且 EBF 网络是 RBF 网络的一种延伸。与 RBF 网络不同的是,在 EBF 网络中,EBF 替代了 RBF 网络中的高斯函数,用一个椭球来划分超平面,并形成了一个封闭有界的决策区域。EBF 的表达式如式(2-21)所示:

$$g(x) = \sum_{p=1}^{P} \lambda_p \varphi_p(x) \qquad (2\text{-}21)$$

其中:

$$\varphi_p(x) = 1 - \sum_{l=1}^{m} \frac{(x^l - \mu_{pl})^2}{\sigma_{pl}^2} \qquad (2\text{-}22)$$

式中,σ_{pl} 为椭球的宽度,μ_{pl} 为椭球的中心,x 为变量即样本点;p 为展开项个数;l 为样本类别;x^l 为第 l 类样本;m 为类别个数。

EBF 网络模型与 RBF 网络模型的结构类似,故可以将 EBF 网络视为 RBF 网络的扩展。EBF 网络使用全协方差矩阵代替 RBF 网络中的对角型协方差矩阵,显著提高了网络划分能力[66]。

需要说明的是,随着参数维度的增加,构建代理模型所需的采样点数和学习训练时间会大幅度增加,而代理模型精度会存在一定程度的降低,从而导致代理模型的可信度和辅助能力下降,此时需引入相应的降维技术。

(5)最优解分析

导流罩气动特性优化问题通常涉及多个子目标,如阻力系数和偏航力矩系数等,但各子目标通常存在内部冲突,即其中某一目标的优化常以其他目标的劣化为代价。故多目标优化问题需要在各子目标之间寻找平衡,使各子目标在竞争协调的条件下达到某种程度的最优解。由于全部子目标同时达到最优解很难实现,所以多目标优化问题的解通常不止一个,而是以解集的形式存在,即帕累托(Pareto)最优解集。

多目标优化问题常与多目标遗传算法联系在一起,其基本原理如下:从一组随机生成的种群出发,对种群执行选择、交叉和变异等进化操作,经过多代优化,种群中个体的适应度不断提高,从而逐步逼近多目标优化问题的帕累托最优解集。常见的多目标遗传算法有多目标遗传算法[67]、小生境帕累托遗传算法[68]、NSGA (non-dominated sorting genetic algorithm,非支配排序遗传算法)[69]、NSGA-II[70]、强度帕累托进化算法[71]、适应性领域搜索演化算法[72]等。其中 NSGA-II 是最流行的多目标遗传算法之一,也作为其他多目标优化算法性能的基准。

NSGA-II 是以 NSGA 为基础,改进后的新一代多目标优化算法,主要改进包括如下内容。

①提出快速非支配排序概念,将计算复杂度从 $O(mN^3)$ 降至 $O(mN^2)$;

②引入拥挤度,克服 NSGA 指定共享参数的缺陷;

③添加精英保留策略,保证已获得的最优解不丢失,有利于算法收敛性。

该算法涉及 2 个基本概念,即帕累托支配关系和帕累托等级,其定义如下。

帕累托支配关系:对于 n 个目标分量 $f_i(X_a)$,$i=1,2,\cdots,n$,对于任意给定的 2 个决策变量 X_a、X_b,如果所有目标分量都有 $f_i(X_a) \leqslant f_i(X_b)$,且存在某个目标分量使 $f_i(X_a) < f_i(X_b)$,则称 X_a 支配 X_b。若对某个决策变量,没有任何其他决策变量可支配它,则称该决策变量为非支配解。

帕累托等级:将非支配解的帕累托定义为 1,将只有一个被支配解的决策变量的帕累托定义为 2,以此类推,将有 n 个被支配解的决策变量的帕累托定义为 $n+1$。

NSGA-Ⅱ 的相关改进措施的伪代码如下所示。

快速非支配排序伪代码:

1. 计算种群 P 中每个个体 p 的被支配个数 n_p 和该个体支配的解的集合 S_p;

2. 将种群中参数 $n_p=0$ 的个体放入集合 F_1 中;

3. for 个体 $i \in F_1$:
```
    for 个体 l ∈ S_i:
    n_l = n_l − 1    ♯ 即消除帕累托等级 1 对其余个体的支配
    if n_l = 0:
    将个体 l 加入集合 F_2
    endif
    endfor
    endfor
```

4. 对上述所得帕累托等级为 2 的集合 F_2 中的个体继续重复步骤 3,依次迭代至种群等级全部划分;

拥挤度伪代码:

1. 设拥挤度 $n_d=0$,$n \in 1,\cdots,N$

2. 对每个目标函数 f_m:

①根据目标函数对该等级个体排序,记个体目标函数最大值和最小值为 $f_m^{\max}$ 和 $f_m^{\min}$;

②将排序后两边界的拥挤度 l_d 和 N_d 设置为 ∞;

③$n_d = n_d + \dfrac{(f_m(i+1) - f_m(i-1))}{f_m^{\max} - f_m^{\min}}$,$f_m(i-1)$ 和 $f_m(i+1)$ 为排序后该个体前后位目标函数值。

精英保留策略伪代码:

1. 将父代种群 C_i 和子代种群 D_i 合成种群 R_i;

2. 根据如下规则从种群 R_i 生成新的父代种群 C_{i+1};

①按帕累托等级从低到高的顺序将整层种群放入父代种群 C_{i+1},直到某一层个体不能全部放入父代种群 C_{i+1};

②将该层个体按拥挤度从大到小顺序依次放入父代种群 C_{i+1},直到 C_{i+1} 填满。

2.1.5 应用实例

(1)轿厢外部导流罩优化选型问题描述

根据前文内容已知,高速电梯导流罩气动特性的优化设计以降低电梯运行过程中的空气阻力和偏航力矩为目的。其设计参数具体如下:

阻力系数:
$$C_d = \frac{F_d}{0.5\rho v^2 s} \tag{2-23}$$

偏航力矩系数:
$$C_y = \frac{M_{ym}}{0.5\rho v^2 sl} \tag{2-24}$$

式中,$\rho = 1.225\text{kg} \cdot \text{m}^{-3}$ 为空气密度,v 为轿厢运行速度,本节以 $6\text{m} \cdot \text{s}^{-1}$ 的案例进行分析,s 为轿厢截面积,$l = 2.525\text{m}$ 为特征长度。

(2)导流罩参数化建模

导流罩参数化建模采用二维椭圆曲线法,选取 $h_1, h_2, \theta_1, \theta_2, e, d$(见表2-8)这6个设计参数来定义导流罩的形状。由此所构建的加装导流罩的轿厢三维模型如图2-16所示。

图 2-16　加装导流罩的轿厢三维模型

(3)采样点设计和数据获取

除上述6个设计参数外,为提高导流罩的适应性,还需增加轿厢结构相关的2个参数,即轿厢的宽度 L 和轿厢的深度 W,其取值范围如表2-10所示。根据表2-7可以确定轿厢运行速度为 $6\text{m} \cdot \text{s}^{-1}$ 左右时轿厢与井道的间隙要求。此外,本案例忽略了对重的影响。至此,导流罩气动特性优化问题构建了8个设计参数和2个目标参数。

表 2-10　设计参数物理含义及其上下限

设计参数	物理含义	上限值/mm	下限值/mm
L	轿厢的宽度	1900	1400
W	轿厢的深度	1700	1350

在上述参数空间范围内,采样方法选用了最优拉丁超立方方法,选取了45组采样点,并采用CFD数值模拟获取相应的阻力系数和偏航力矩系数,用于构建轿厢导流罩优化设计的代理模型,采样点与其对应的响应值如表2-11所示。

表 2-11　样本点与其对应的响应值

序号	L/mm	W/mm	d/mm	e/mm	h_1/mm	h_2/mm	$\theta_1/°$	$\theta_2/°$	C_d	C_y
1	1490.91	1493.18	318.18	252.27	368.18	822.73	5.00	0	0.777	−0.382
2	1604.55	1604.55	218.18	272.73	415.91	1288.64	7.50	6.00	1.237	−0.178
3	1479.55	1652.27	527.27	222.73	381.82	1163.64	5.45	2.73	0.980	−0.239
4	1502.27	1405.68	509.09	213.64	559.09	879.55	4.55	7.64	0.812	0.027
5	1445.46	1548.86	463.64	300.00	320.45	1072.73	7.27	14.18	0.567	−0.619
6	1593.18	1684.09	481.82	261.36	545.45	1152.27	10.00	16.91	0.784	−0.551
7	1434.09	1445.45	518.18	229.55	313.64	981.82	0	14.73	0.534	−0.367
8	1638.64	1461.36	300.00	295.45	531.82	925.00	1.82	8.73	0.812	0.007
9	1877.27	1620.45	254.55	275.00	456.82	959.09	9.55	1.64	1.236	−0.023
10	1547.73	1437.50	590.91	293.18	552.27	1084.09	3.18	20.18	0.542	−0.354
11	1820.46	1612.50	418.18	254.55	306.82	1015.91	5.23	7.64	0.947	−0.773
12	1411.36	1357.95	263.64	265.91	484.09	1050.00	9.77	17.45	0.883	0.179
13	1400.00	1676.14	245.45	247.73	429.55	936.36	3.64	15.82	1.561	−1.214
14	1615.91	1397.73	381.82	279.55	334.09	1209.09	7.05	2.18	1.018	−0.126
15	1786.36	1668.18	354.55	297.73	443.18	890.91	2.05	21.82	0.816	−0.721
16	1797.73	1700.00	445.45	220.45	572.73	1129.55	6.14	10.91	1.093	−0.238
17	1752.27	1389.77	372.73	209.09	477.27	1027.27	2.50	22.36	0.866	−0.282
18	1865.91	1365.91	281.82	231.82	395.45	868.18	1.14	9.27	0.993	0.279
19	1763.64	1373.86	363.64	277.27	395.45	1254.55	6.59	18.55	0.982	0.396
20	1513.64	1636.36	490.91	245.45	518.18	913.64	7.95	22.91	0.608	−0.385
21	1729.55	1644.32	390.91	200.00	375.00	845.46	0.91	15.27	1.226	−1.024
22	1525.00	1429.55	272.73	206.82	327.27	1129.55	4.32	11.45	0.987	−0.346
23	1672.73	1596.59	327.27	211.36	525.00	993.18	7.73	1.09	1.112	−0.042
24	1559.09	1453.41	436.36	240.91	422.73	856.82	9.32	23.45	0.835	−0.346
25	1581.82	1461.36	554.55	236.36	497.73	1300.00	9.09	12.00	1.039	−0.147
26	1888.64	1485.23	500.00	250.00	600.00	902.27	0.45	15.82	0.816	−0.232
27	1559.09	1628.41	409.09	231.82	361.36	1265.91	6.59	24.00	0.856	−0.220
28	1729.55	1477.27	563.64	202.27	463.64	1197.73	4.77	13.64	0.904	−0.109
29	1422.73	1413.64	463.64	256.82	511.36	1243.18	8.64	4.91	0.701	0.016
30	1831.82	1564.77	545.45	288.64	490.91	1220.46	8.86	4.36	1.018	−0.118
31	1536.36	1572.73	236.36	215.91	436.36	1118.18	5.91	6.55	1.044	−0.012
32	1775.00	1381.82	309.09	243.18	579.55	1175.00	0	3.82	1.356	1.251
33	1695.46	1509.09	200.00	263.64	300.00	1004.55	4.09	19.09	0.892	−1.134
34	1843.18	1580.68	227.27	227.27	497.73	1106.82	2.73	20.73	0.833	−0.673
35	1706.82	1421.59	427.27	290.91	450.00	834.09	8.41	12.55	0.547	−0.484
36	1809.09	1501.14	536.36	225.00	409.09	959.09	0.68	0.55	1.077	−0.077
37	1684.09	1350.00	581.82	270.45	388.64	947.73	1.36	5.45	0.912	−0.100
38	1468.18	1525.00	327.27	204.55	593.18	1186.36	8.18	18.00	0.901	0.100
39	1900.00	1532.95	345.45	218.18	347.73	1277.27	5.68	9.82	1.234	0.080
40	1661.36	1692.05	454.55	281.82	340.91	1095.46	3.18	10.36	0.785	−0.672
41	1650.00	1540.91	209.09	238.64	586.36	811.36	0.23	13.09	0.745	−0.172
42	1627.27	1660.23	572.73	265.91	470.45	800.00	2.95	7.09	0.742	−0.429
43	1456.82	1580.68	400.00	284.09	565.91	1061.36	6.36	3.27	0.930	−0.001
44	1854.55	1517.05	600.00	259.09	354.55	1038.64	2.27	21.27	0.745	−0.830
45	1718.18	1556.82	290.91	286.36	538.64	1231.82	3.86	19.64	1.479	0.040

(4)代理模型构建及验证

在构建代理模型前,首先要对各设计参数的数据进行归一化处理,避免量级不同对代理模型准确率造成的影响。本案例选用了 RBF、EBF、Kriging 和 4 次响应面代理模型来构建高速电梯导流罩结构与高速电梯轿厢所受气动载荷之间的响应关系。模型基于表 2-11 所列的数据进行学习训练,训练后各代理模型的平均相对误差均满足小于 0.2 的要求。采用 NSGA-Ⅱ多目标优化算法(详见第 1.5.6 节),得到各代理模型预测的最优解及对应工况参数(如表 2-12 所示)。为明确各代理模型实际预测精度,本案例根据表 2-8 和表 2-10 中的 8 个设计参数建模,开展 CFD 数值模拟后验,数值解与模型预测解的对比如表 2-13 所示。结果表明,EBF 代理模型拟合精度较高,误差在允许范围之内,而其他 3 种代理模型可能存在采样点过少、局部过拟合等问题,目标函数误差较大。综上,本案例最适宜选用 EBF 代理模型来进行气动特性优化设计。

表 2-12　各代理模型预测的最优解及对应工况

代理模型	L/mm	W/mm	d/mm	e/mm	h_1/mm	h_2/mm	$\theta_1/°$	$\theta_2/°$	$C_d{}'$	$C_y{}'$
RBF	1400.29	1353.03	597.34	295.99	598.97	803.73	3.72	10.19	0.529	−0.116
EBF	1419.67	1377.97	599.99	299.48	598.55	801.59	1.88	17.86	0.429	−0.339
Kriging	1428.66	1445.12	514.70	231.66	449.00	983.55	1.55	14.90	0.119	−0.005
4 次响应面	1400.81	1511.02	569.95	299.02	434.47	800.08	2.72	23.98	0.011	−0.319

表 2-13　各代理模型预测的最优解与 CFD 后验结果的误差

代理模型	模型预测		CFD 后验			
	$C_d{}'$	$C_y{}'$	C_d	误差	C_y	误差
RBF	0.529	−0.116	0.696	24%	−0.053	119%
EBF	0.429	−0.339	0.432	0.7%	−0.330	2.7%
Kriging	0.119	−0.005	0.737	83%	−0.235	98%
4 次响应面	0.011	−0.319	0.727	98%	−0.289	10.4%

(5)各设计参数的贡献

各设计参数对目标参数的整体响应贡献如图 2-17 所示。从图中可见,高速电梯导流罩的阻力系数(C_d)与各设计变量的响应关系度要小于偏航力矩系数(C_y)。导流罩顶点的偏移量(e)和导流罩在 X 方向的钝度(d)对阻力系数的影响较为显著,而轿厢受到的偏航力矩更多受导流罩高度(h_1)和轿厢深度(W)的影响。导流罩在 Y 方向的钝度(t_1 和 t_2,即设计参数 θ_1 和 θ_2)对阻力系数和偏航力矩影响较小,在实际工程应用中,若考虑加工难度可以忽略这 2 个参数的影响。

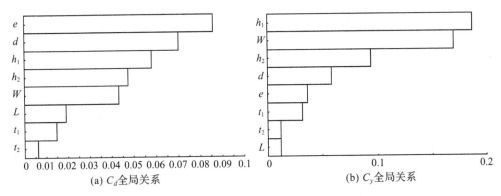

(a) C_d 全局关系　　　　　　　(b) C_y 全局关系

图 2-17　设计参数与目标参数的响应关系度

　　各类设计参数与目标参数的响应关系如图 2-18 所示。从图2-18(a)中可以看出,随着 X 方向导流罩钝度增加,阻力系数 C_d 迅速降低,且 C_d 受到导流罩顶点偏移量 e 的影响更大;偏航力矩系数 C_y 受 e 的影响较小,随 d 值升高呈单调上升趋势。从图 2-18(b)中可以看出,C_d 受 h_1 影响较小,呈先升高后降低趋势,随 h_2 的提高单调上升,故 h_2 值较低时设计效果较好;偏航力矩系数 C_y 在 h_1 和 h_2 过小或过大时均会增大(符号表示偏航方向),故设计导流罩时 h_1 和 h_2 应相互协调。从图 2-18(c)中可以看出,增大轿厢深度 W 会增大阻力系数,而当 W 较小时阻力系数还受到轿厢宽度 L 的影响,但当 W 较大时阻力系数几乎不受 L 的影响;C_y 对 L 不敏感,而随 W 增大呈单调上升趋势,在中间 W 处接近零,故设计时需控制 W,不宜过低或过高。从图 2-18(d)中可以看出,当 Y 方向导流罩钝度 t_1 较低而 t_2 较高时 C_d 降低,而 C_y 在 t_2 较低时更接近零。

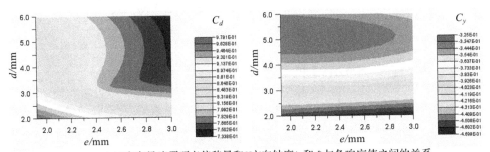

(a)X方向导流罩顶点偏移量和X方向钝度(e和d)与各响应值之间的关系

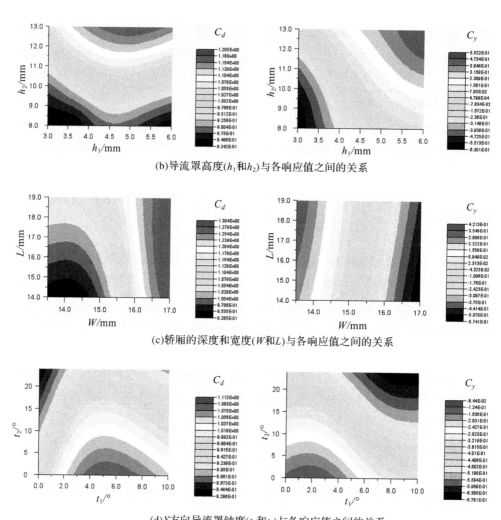

(b)导流罩高度(h_1和h_2)与各响应值之间的关系

(c)轿厢的深度和宽度(W和L)与各响应值之间的关系

(d)Y方向导流罩钝度(t_1和t_2)与各响应值之间的关系

图 2-18　各设计变量与各响应值之间的关系

2.1.6　基于 NSGA-Ⅱ 的导流罩气动特性优化设计

由第 1.5.5 节分析可知,本案例优化目标即阻力系数 C_d 最小和偏航力矩系数 C_y 接近零值是相互冲突的 2 个目标。在优化时需平衡两者需求,可设置权重来表征各目标参数的重要程度。本案例更关注减阻,且考虑到轿厢内乘客站位不均匀同样影响偏航力矩,故为 C_d 分配的权重为 2,C_y 的权重为 1。采用 NSGA-Ⅱ 优化算法,设置种群数量为 28,优化代数为 100,交叉概率为 0.9,优化迭代次数为 2800 次。

目标参数的迭代过程的数值波动如图 2-19 所示，其中集中在底部的那条曲线代表较优解，白色点为最优解。从中可以观察到，阻力系数基本稳定在 $0.45\sim0.70$，偏航力矩系数稳定在 $-0.3\sim0$。

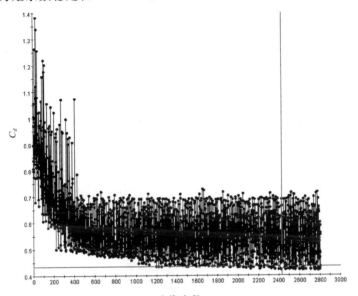

迭代次数
（a）阻力系数 C_d 迭代过程

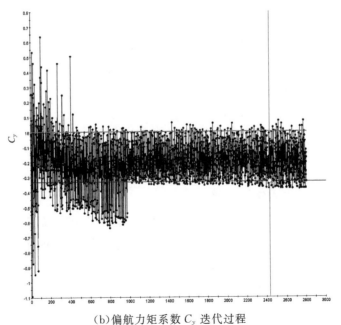

（b）偏航力矩系数 C_y 迭代过程

图 2-19　优化历史迭代过程

本案例优化建立的帕累托前沿如图 2-20 所示,其中集中在底部的那条曲线表示帕累托解集,白色点为代理模型预测的最优解。尽管偏航力矩系数的理想值应接近 0,但考虑到阻力系数为主要优化目标,其最佳值确定在 -0.3 左右。综上所述,基于 NSGA-Ⅱ优化算法得出的最优导流罩参数如表 2-12 中 EBF 一行所示。

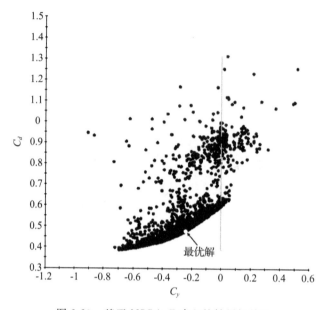

图 2-20　基于 NSGA-Ⅱ建立的帕累托前沿

2.1.7　导流罩外形优化结果后验

对比可知,优化后的导流罩更接近"子弹头"的设计,更加狭长,轿厢的深度也有所降低,同时,导流罩在 X 和 Y 方向的钝度都有所增加。因此,导流罩应选取适当的结构参数,使得轿厢外形更加合理,这有利于改善井道内流场分布,进而降低轿厢受到的气动载荷,如图 2-21 所示。

压力方面,优化后的导流罩表面附近的高压区和低压区面积显著减小,轿厢两端的压差也明显减小;速度方面,优化后的导流罩外围空间流速降低,其旋流也随之降低。流场的优化使得轿厢所受到的气动载荷显著降低,如图 2-22 所示。

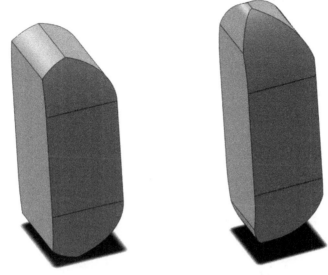

图 2-21　优化前(左)后(右)导流罩对比

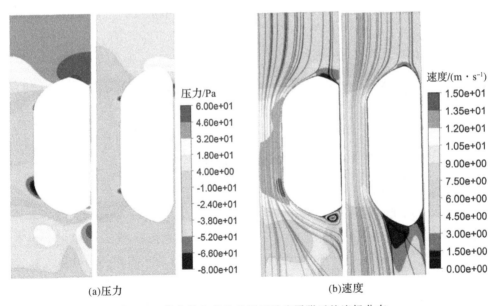

(a)压力　　　　　　　　　　　　　　　(b)速度

图 2-22　优化前和优化后轿厢导流罩附近的流场分布

　　导流罩优化后其所受到的阻力系数和偏航力矩系数都处于一个相对较低的水平,如图 2-23 所示。综合来看,加装导流罩及选取合适的结构参数可以改善高速电梯井道内流场的压力、流速,从而改善电梯的运行环境。因此,加装导流罩是优

43

化高速电梯气动载荷,使得高速电梯的乘坐舒适性和安全性显著提高的一个有效手段。

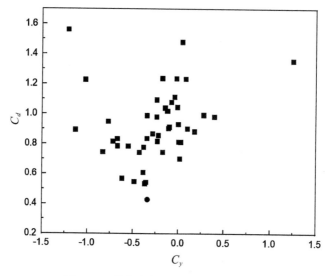

图 2-23 样本点与最优结果的目标参数

2.2 高速电梯驱动主机的选型设计

2.2.1 国内外驱动主机选型研究现状

(1)基于测量法的研究现状

高速电梯的驱动主机能耗是整机的主要选型依据之一。不同型号的驱动主机具备不同的能耗。在不同的额定速度下,空载、满载往返运行,驱动主机能耗也不同,图2-24为不同驱动主机的能耗曲线。高速电梯的驱动主机作为一个高能耗设备,应根据《中华人民共和国节约能源法》的规定进行节能审查和监管,由此可见,利用测量法选择合适的主机类型,对整梯的选型起着重要的作用[73]。

测量法能有效比较高速电梯在固定运行行程下,不同型号驱动主机的能耗差别,然而,由于该方法能测量的高速电梯额定速度和额定载重量范围有限,故不能用于评估额定速度太大或额定载重量太大的情况下高速电梯设备的能耗。

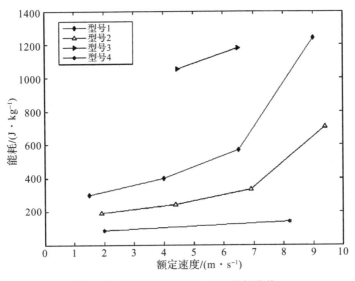

图 2-24　不同型号驱动主机的能耗曲线

（2）基于计算法的研究现状

驱动主机选型计算法是基于高速电梯单位时间内平均能耗的一种计算方式，因此，可通过判断相应型号的能耗，进行比较选型。能耗公式如下：

$$E_d = \frac{R \times ST \times TP}{3600} \tag{2-25}$$

式中，E_d 为每天耗电量，R 为电动机额定功率，TP 为行程时间因素，ST 为每天启动次数。TP 与 ST 均为估计值。

计算法中的计算参数一般依赖于以往的经验估算、测试数据以及假设前提，因此，计算法只能通过每天耗电量、驱动主机电动机额定功率、行程时间因素、每天启动次数大概估计高速电梯的使用能耗，并没有考虑高速电梯运行中的加速、匀速、减速变化等因素，更不能在这些因素动态变化时计算电梯在不同工况下的功率及其变化情况。

（3）基于模型法的研究现状

除了上述的测量法和计算法之外，驱动主机的选型方法还有模型法。市场上和研究机构大部分采用模型法，即采用相关的商用软件或者仿真技术对相关高速电梯的能耗进行建模计算，建立相关参数数据库，如额定载重量、建筑信息、绕绳方式等，然后根据针对的算法进行驱动主机最优能耗的计算。但是，模型法针对性太强，基本仅适用于某些固定型号的高速电梯的建模计算，大部分为电梯企业的内部开发运行系统，难以推广运用。

2.2.2 驱动主机选型基础理论

(1)驱动主机的选型概述

高速电梯驱动主机是高速电梯动力系统的核心装置,也是整梯的主要耗能部件,其选型工作势必会受到使用单位、制造单位的高度重视。高速电梯驱动主机选工作型考虑的因素主要有技术性因素、经济性因素、保障性因素等。技术性因素主要是指所选主机要保证高速电梯的正常运行,在符合功能要求的基础上,确保使用安全,主机的功率必须满足电梯曳引轮拖动钢丝绳的要求,起到提升或降低电梯的作用,速度应达到所设计的额定速度的要求。经济性因素是指实现驱动主机在全寿命周期内的成本,即初始成本、运行成本及修理成本最优,在选型设计的时候相关单位应主要考虑这方面的因素,可以探索建立相应的驱动主机全寿命周期成本分析模型进行选型。高速电梯作为特种设备的一大类,速度快,提升高度大,其舒适性、安全性就显得尤为重要,故相关单位势必要在主机选型的过程中考虑驱动主机的振动、噪声等因素。综上所述,驱动主机的选型是一个综合考量的择优的结果。

(2)驱动主机选型计算

现有的有关电梯驱动主机选型的要求可以归纳如下[74]。

①根据曳引机有关额定参数所得的电梯运行速度与电梯额定速度的关系应满足《电梯制造与安装安全规范第一部分:乘客电梯和载货电梯》(GB/T 7588.1—2020)5.9.2.4中电梯速度的要求,即当电源为额定频率,对电动机施以额定电压时,电梯的速度不得大于额定速度的105%,宜不小于额定速度的92%。

②电梯的直线运行部件的总载荷折算至曳引机主轴的载荷应不大于曳引机主轴的最大允许负荷。

③曳引机的额定功率应大于估算其容量。

④电梯在额定载荷下折合电机转矩应小于曳引机的额定输出转矩。

⑤电梯曳引机起动转矩应不大于曳引的最大输出转矩。

1)驱动主机电动机功率验算

高速电梯驱动主机电动机功率 N 主要与电梯的额定载重量 Q 和额定速度 V 相关,同时又与整梯的总机械效率 η、电梯的平衡系数 k 以及电梯的绕绳比 i 有关,对于高速电梯永磁同步曳引系统,总系统效率一般为 $0.80\sim0.85$。上述变量满足下列公式:

$$N = \frac{(1-k)QV}{10^2 \eta i} \qquad (2\text{-}26)$$

在选型时,查找配套的驱动主机功率大于计算的主机功率,即表示被选中的驱动主机功率满足设计要求[75]。

2)驱动主机额定速度验算

$$V_{实} = \frac{\pi D n_1}{60 \times 1000} \tag{2-27}$$

式中,D 为曳引轮计算直径,n_1 为电动机额定转速。

判定选用的驱动主机额定速度是否满足 $92\% V \leqslant V_{实} \leqslant 105\% V$。

3)高速电梯的直线运行部件的总载荷折算至曳引机主轴的载荷的验算

高速电梯驱动主机的直线运行部件的总载荷为:

$$R_{all} = P + Q + Q_{载} + W_{r1} + W_{r2} + W_{r3} \tag{2-28}$$

$$Q_{载} = (P + q \times Q) \tag{2-29}$$

式中,P 为电梯轿厢自重,Q 为额定载重量,q 为电梯平衡系数,$Q_{载}$ 为轿厢内载重量,W_{r1} 为曳引钢丝绳重量,W_{r2} 为补偿链悬挂重量,W_{r3} 为随行电缆悬挂重量。

高速电梯直线运行部件的总载荷折算至曳引机主轴的载荷为:

$$R = \frac{R_{max}}{R_t} \tag{2-30}$$

式中,R_t 为高速电梯曳引钢丝绳的倍率(曳引比),R_{max} 为曳引机主轴最大允许负荷。驱动主机的直线运行部件的总载荷折算至曳引机主轴的载荷应不大于曳引机主轴最大允许负荷 R_{max}。

4)额定载荷以及起、制动转矩验算

①额定载荷下转矩验算

在此计算中,考虑导向轮、反绳轮及导轨与导靴的摩擦阻力和钢丝绳的僵性阻尼,效率 η_1 为 0.8～0.85,n 为转速,故电梯在额定载荷下的电机转矩为:

$$M_s = \frac{9550N}{n} \cdot \eta_1 \tag{2-31}$$

驱动主机在额定载荷下折合电机转矩应小于曳引机的额定输出转矩 M_n。

②起动转矩验算

摩擦转矩的计算:

$$M_f = \mu \times R \times r \tag{2-32}$$

式中,μ 为驱动主机轴承摩擦系数,r 为电机轴承处的轴半径,R 为曳引轮及所有系统滑轮节圆半径。

电梯直线运动部件折算至曳引轮节圆上转动惯量的计算公式为:

$$J_1 = \frac{R_{all} \times D^2}{16} \tag{2-33}$$

式中，R_{all} 为曳引轮及所有系统滑轮节圆半径。

旋转运动部件的转动惯量

$$J_2 = \sum_{i=0}^{Di} mD^2 \qquad (2\text{-}34)$$

总转动惯量

$$J = J_1 + J_2 \qquad (2\text{-}35)$$

最大加速转矩

$$M_D = J \times \varepsilon \qquad (2\text{-}36)$$

最大起动角加速度

$$\varepsilon = \frac{a_1}{D/2} \qquad (2\text{-}37)$$

曳引轮圆周处最大切向加速度

$$a_1 = R_t \times a \qquad (2\text{-}38)$$

曳引电机起动转矩

$$M = M_s + M_f + M_D \qquad (2\text{-}39)$$

式中，R_t 为圆周运动半径；a 为角加速度；D 为曳引轮及所有系统滑轮节圆直径；Di 为某个曳引轮及滑轮节圆直径。

高速电梯驱动主机的最大转矩与额定转矩之比为 2.5～3.5，因此驱动主机的起动转矩与曳引机最大输出转矩在该范围内的机型符合要求。

（3）驱动主机曳引力设计计算

1）钢丝绳曳引应满足以下 3 个条件。

①轿厢在装载至 125% 额定载荷的情况下应保持平层状态不打滑。

②必须保证在任何紧急制动的状态下，不管轿厢是空载还是满载，其减速度的值不能超过缓冲器（包括减行程的缓冲器）作用时减速度的值。

③当对重压在缓冲器上而曳引机按电梯上行方向旋转时，应不提升空载轿厢。

《电梯制造与安装规范 第 2 部分：电梯部件的设计原则、计算和检验》(GB/T 7588.2—2020)中 5.11.2 规定曳引力计算应采用下面的公式：

$\dfrac{T_1}{T_2} \leqslant e^{f\alpha}$（用于轿厢装载和紧急制动工况）；

$\dfrac{T_1}{T_2} \geqslant e^{f\alpha}$［用于轿厢滞留工况（对重压在缓冲器上，曳引机向上方向旋转）］ (2-40)

式中，f 为当量摩擦系数；α 为钢丝绳在绳轮上的包角，单位为 rad；T_1、T_2 为曳引轮两侧曳引绳中的拉力；e 为自然对数的底；$e \approx 2.718$。

2)校核步骤

①求出当量摩擦系数 f

a)对曳引轮为半圆槽和带切口半圆槽的情况,使用如下公式:

$$f=\mu\frac{4\left(\cos\dfrac{\gamma}{2}-\sin\dfrac{\beta}{2}\right)}{\pi-\beta-\gamma-\sin\beta+\sin\gamma}\qquad(2\text{-}41)$$

式中 μ 为摩擦系数;β 为下部切口角度值,单位为 rad;γ 为槽的角度值,单位为 rad;

$\dfrac{4\left(\cos\dfrac{\gamma}{2}-\sin\dfrac{\beta}{2}\right)}{\pi-\beta-\gamma-\sin\beta+\sin\gamma}$ 的数值可通过代入绳槽的 β、γ 数值计算得出。

b)对曳引轮为 V 形槽的情况,使用如下公式:

轿厢装有载荷工况和紧急制动工况:

对未经硬化处理的槽:

$$f=\mu\frac{4\left(1-\sin\dfrac{\beta}{2}\right)}{\pi-\beta-\sin\beta}\qquad(2\text{-}42)$$

对经硬化处理的槽:

$$f=\mu\frac{1}{\sin\dfrac{\gamma}{2}}\qquad(2\text{-}43)$$

轿厢滞留的工况:

对硬化和未硬化处理的槽:

$$f=\mu\frac{1}{\sin\dfrac{\gamma}{2}}\qquad(2\text{-}44)$$

c)计算不同工况下 f 值

摩擦系数 μ 的取值如下:

装载工况 $\mu_1=0.1$;轿厢滞留工况 $\mu_2=0.2$;紧急制停工况 $\mu_3=\dfrac{0.1}{1+v_s/10}$,其中 v_s 为轿厢额定速度下对应的绳速(m·s^{-1})。

②计算 $e^{f\alpha}$

分别计算出装载工况、轿厢滞留工况、紧急制停工况的 $e_1^{f\alpha}$、$e_2^{f\alpha}$、$e_3^{f\alpha}$ 值(f 的值在步骤①求出;钢丝绳在绳轮上包角 α 的弧度由曳引系统结构得到)。

③轿厢装载工况曳引力校核

按 125% 额定载荷,且轿厢在最低层站的情况计算,轿厢底部平衡链与对重顶部曳引绳质量忽略不计。

$$T_1 = \frac{P + 1.25Q + W_1}{r} \times g_n \tag{2-45}$$

$$T_2 = \frac{P + kQ + W_2}{r} \times g_n \tag{2-46}$$

式中，T_1、T_2 为曳引轮两侧曳引绳中的拉力(N)；P 为轿厢自重(kg)；Q 为额定载重量(kg)；k 为电梯平衡系数；W_1 为曳引钢丝绳质量(kg)；$W_1 \approx H$(电梯提升高度，m)$\times n_1$(采用钢丝绳根数)$\times q_1$(钢丝绳单位长度重量，$kg \cdot m^{-1}$)$\times r$(曳引钢丝绳倍率)；W_2 为补偿链悬挂质量(kg)；$W_2 \approx H$(电梯提升高度，m)$\times n_2$(采用补偿链根数)$\times q_2$(补偿链单位长度重量，$kg \cdot m^{-1}$)；r 为曳引钢丝绳的倍率；g_n 为标准重力加速度($m \cdot s^{-2}$)。

校核：在轿厢装载工况下，曳引力应能满足 $\frac{T_1}{T_2} \leq e^{f\alpha}$，即曳引钢丝绳在曳引轮上不滑移。

④轿厢滞留工况曳引力校核

按轿厢空载，对重压在缓冲器上的工况计算。

$$T_1 = \frac{P + W_2 + W_3}{r} g_n \tag{2-47}$$

$$T_2 = \frac{W_1}{r} g_n \tag{2-48}$$

校核：在轿厢滞留工况下，当轿厢空载、对重压在缓冲器上时，曳引力应能满足 $\frac{T_1}{T_2} \geq e_2^{f\alpha}$，即曳引钢丝绳可以在曳引轮上滑移。

⑤紧急制停工况曳引力校核

按空轿厢在顶层工况计算，且轿顶曳引绳与对重底部平衡链质量忽略不计，滑动轮惯量折算值与导轨摩擦力因数值小可忽略不计。

$$T_1 = \frac{(P + kQ) \times (g_n + \alpha)}{r} + \frac{W_1}{r} \times (g_n + \alpha \times r) \tag{2-49}$$

$$T_2 = \frac{(P + W_2 + W_3) \times (g_n - \alpha)}{r} \tag{2-50}$$

式中，α 为轿厢制动减速度(绝对值)，在正常情况下，α 为 $0.5 m \cdot s^{-2}$，在使用了减行程缓冲器的情况下，α 为 $0.8 m \cdot s^{-2}$；W_3 为随行电缆的悬挂质量(kg)，$W_3 \approx H/2$(电梯提升高度，m)$\times n_3$(随行电缆根数)$\times q_3$(随行电缆单位长度重量，$kg \cdot m^{-1}$)。

校核：在紧急制停工况下，当空载的轿厢位于最高层站时，曳引力应能满足 $\frac{T_1}{T_2} \leq e_3^{f\alpha}$，即曳引钢丝绳在曳引轮上不滑移。

2.2.3　驱动主机选型的关键因素分析

（1）额定速度对主机选型的影响

额定速度越大，驱动主机的日常运行成本就越高。高速电梯一般采用大行程井道，其速度需根据建筑物的高度、使用性质、交通流量等来确定。当建筑物井道高速确定后，若选用的额定速度过低，高速电梯的运行时间就会过长，载客能力就会下降，为了满足一定时间内的载客能力，就要增加高速电梯的数量，而这势必增加主机的费用；若选用的额定速度过高，高速电梯的运行时间就会缩短，且此种高速电梯造价较高，同样会增加主机的设计、使用成本。为满足最优的选层停梯需求要求，需要选择合理的高速电梯速度，并在使用中按需调整速度，故相关单位应与高速电梯厂家确定加速度参数以后才可选择最合理的高速电梯速度。

（2）额定载荷对主机选型的影响

高速电梯额定载荷是主机选型的影响因素之一。在一定的提升高度和额定速度的前提下，轿厢的额定载客人数影响着高速电梯的选型，即主机的选型。在人流量大的建筑物内，若选择额定载重量小的轿厢，会使高速电梯的运行频次增加，进而导致主机的运行费用增加；同样，若选择额定载重量大的轿厢，在使用中实际载荷通常远远小于设计值，使得电梯在使用中经常未达到设计需要的功率[76]。随着经济发展，高层建筑日益增多，而高层建筑中的高速电梯往往因各种不合理的问题，致使其运行不能满足实际需求或选取的主机功率过大而造成资源的浪费，故相关单位应快速完善建筑设计规范，参考国际标准制定科学合理的高速电梯选配标准，使高层建筑的高速电梯选择合理，有章可循。

（3）四象限运行对主机选型的影响

根据高速电梯运行方向和运行中负载的不同，高速电梯驱动主机呈现四象限运行的工作特性。我们在高速电梯主机选型过程中要考虑其空载下行和满载上行，电机处于电动状态时，驱动主机的负荷；同时也要考虑高速电梯在空载上行和满载下行，电机处于发电状态时，驱动主机的负荷。曳引电机四象限运行情况如图 2-25 所示，图中标明了电机转速方向与输出（输入）力矩方向[77]。

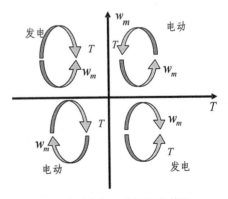

图 2-25　曳引电机四象限运行情况

2.2.4 驱动主机优化选型

高速电梯全寿命周期成本是指在高速电梯购置、生产、安装、运行、改造(重大修理)、故障直到报废过程中产生的全部费用。为了探索一种高速电梯驱动主机优化选型的新理论、新方法和新流程,使选型工作更加合理、科学,研究人员建立了相应的高速电梯全寿命周期成本分析模型,为选型工作提供了一种新的思路[78]。

(1)全寿命周期成本分解

在对高速电梯全寿命周期成本进行分析时,应建立有针对性的全寿命周期成本分析模型,对各项目的成本进行分解,从一台高速电梯由生产到报废的整个过程来看,全寿命周期成本可以分解为初始成本、运行成本和修理成本[79],如图 2-26 所示。

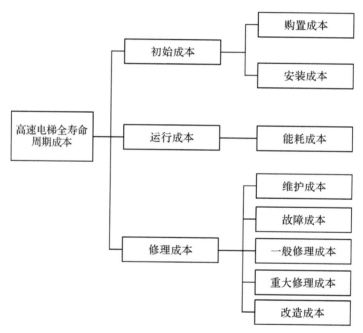

图 2-26 全寿命周期成本

驱动主机的全寿命周期成本 C 包括初始成本 C_c、运行成本 C_n、修理成本 C_x,即:

$$C = C_c + C_n + C_x \tag{2-51}$$

(2)驱动主机全寿命周期成本模型的建立

1)驱动主机初始成本模型的建立

高速电梯驱动主机作为整个电梯的核心部件,其价格占整梯价格的 30%～40%,

在高速电梯选型设计中选择合适的主机对整梯的价格有重要影响,对整梯的全寿命周期成本优化有重要的意义。驱动主机运行之前产生的成本为初始成本,主要包括购置成本和安装成本[80]。

表 2-14　驱动主机初始供应成本

主机机型	功率/kW	额定速度/(m·s^{-1})	供应成本/万元
机型 1	P_1	v_1	C_1
机型 2	P_2	v_2	C_2
机型 3	P_3	v_3	C_3
机型 4	P_4	v_4	C_4
机型 5	P_5	v_5	C_5
机型 6	P_6	v_6	C_6

高速电梯驱动主机的价格与其自身性能、功率及额定速度等有关。通常来说,在同一时期,制造工艺越好、技术水平越先进、功率越大的主机机型,其初始供应成本也越大。针对某一系列机型,可以假设主机的初始供应成本与主机功率、额定速度有关,即有:

$$C_c = f(P, v) \tag{2-52}$$

对表 2-14 中的基础数据进行最小二乘法拟合,同时加上在安装调试过程中产生的相关费用。故驱动主机初始供应成本可以表示为:

$$C_c = a \times P + b \times v + C_0 \tag{2-53}$$

式中,a 为功率 P 的系数,b 为额定速度 v 的系数。

2)驱动主机运行成本模型的建立

驱动主机的能耗是整个高速电梯能耗的重要组成部分,高速电梯能耗主要受到高速电梯自身参数和使用情况的影响,主要影响因素包括曳引形式、能量回馈装置、平衡系数、电梯最大加速度、运行载荷、行程等,通用的运行能耗成本计算公式如下:

$$C_n = (K_1 \times K_2 \times K_3 \times H \times F \times P)/(3600 \times v) + E \tag{2-54}$$

式中,C_n 表示驱动主机在一段时间内使用的能量(kW·h);K_1 表示主机驱动系统系数,在实际情况中,交流调压调速驱动系统的 $K_1 = 1.6$,VVVF 驱动系统的 $K_1 = 1.0$,带能量反馈的 VVVF 驱动系统的 $K_1 = 0.6$;K_2 表示电梯平均运行距离系数,当电梯楼层小于 2 层时 $K_2 = 1.0$,当单梯或 2 台且超过 2 层时 $K_2 = 0.5$,当有 3 台及以上的电梯群时 $K_2 = 0.3$;K_3 表示轿内平均载荷系数,$K_3 = 0.35$;H 表示最大运行距离(m);F 表示年启动次数,一般为 $100000 \sim 300000$;P 表示电梯的额定功率(kW)，$P=P_1 \times P_0$，其中 P_1 为与平衡系数相关的系数，平衡系数为 50% 时，$P_1=1.0$，平衡系数为 40% 时，$P_1=0.8$，P_0 表示驱动主机额定功率；v 表示电梯速度($\text{m} \cdot \text{s}^{-1}$)；$E$ 表示一段时间待机时消耗的总能量($\text{kW} \cdot \text{h}$)。

3)驱动主机修理成本模型的建立

高速电梯驱动主机的主要部件有电动机、制动器、减速器、曳引轮，主机修理是为了有效地预防或者解决主机在运行过程中产生的故障，主要分为维护保养、修理（一般修理、重大修理以及改造）等，其修理成本如图 2-27 所示。

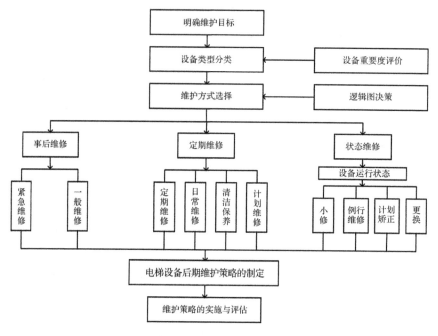

图 2-27　驱动主机修理

定期维护保养驱动主机可以有效地预防主机的故障，提高主机运行的可靠性和安全性。主机的维护保养方式应结合设备的故障规律和磨损情况而定。主机的维护保养可根据《电梯维护保养规则》(TSG T5002—2017)，分为半月、季度、半年、年度 4 类。在未出现故障之前应对高速电梯驱动主机进行清洁、润滑、检查、调整，更换不符合要求的易损件，使高速电梯达到安全要求。为了尽可能使驱动主机在有限的使用寿命内最大程度发挥自身的价值并节约修理成本，很有必要对驱动主机的维护次数和维护时间间隔进行确定，实现维护成本最优。

驱动主机修理（一般修理、重大修理及改造）是指当设备在运行过程中出现了故障特征时，结合驱动主机在线监测和诊断装置测量的实际数据确定修理的内容和方式。随着使用时间的增加，驱动主机主要部件的磨损、失效等会通过发生故障或者功能失效的形式体现出来。维护保养将改善驱动主机的功能并且在一定程度上降低设备故障率,但是无法改变驱动主机的失效速度;一般修理能对主机的功能产生影响,使设备恢复运作,不改变驱动主机的故障率及可靠度;重大修理及改造(即更换新的驱动主机)可改变驱动主机的功能、故障率以及可靠度。一旦驱动主机进行重大修理及改造,标志着主机全寿命周期的维护保养结束。维护保养、一般修理、重大修理及改造 3 种方式的异同如表 2-15 所示。

表 2-15　维护保养、一般修理和重大修理及改造 3 种方式的异同

指标	维护保养	一般修理	重大修理及改造
设备功能	√	√	√
故障率(失效率)	—	√	√
可靠度	—	—	√

①故障率函数的确定

随着驱动主机使用时间延长和维修次数的增加,其发生故障的概率也随之上升。与维修相关的驱动主机常用调整因子有役龄递减因子、故障率递增因子以及改善因子。役龄递减因子假设主机在实施第 i 次维护保养后,驱动主机的失效函数为:

$$h_i(t+a_it_i),t\in(0,t_{i+1}) \tag{2-55}$$

式中,$a_i(0<a_i<1)$ 为役龄递减因子,t_{i+1} 为驱动主机在第 i 次维护保养和第 $i+1$ 次维护保养的时间间隔;h_i 为主机在第 i 次维护保养周期内的失效率;t_i 为第 $i-1$ 次与第 i 次维护保养周期的时间间隔;t 为第 i 次维护保养时间周期。驱动主机的初始故障率以及进行维护保养工作后的故障率可以由役龄递减因子推算,得到故障率为 $h_i(a_it_i)$。

假定在经过 i 次维护保养之后,驱动主机的故障率函数为 $b_ih_i(t),t\in(0,t_{i+1})$,其中 b_i 为故障率递增因子。由于高速电梯使用条件的特殊性,故障率递增因子体现了驱动主机与高速电梯其他主要部件的自身特性,即设备的功能退化指标,且该指标是由驱动主机自身衰退特性造成的。

驱动主机在使用过程中同时受到役龄递减因子和故障率递增因子的影响,考虑这 2 种影响因素的混合作用,我们综合实际情况,得到设备预防性故障函数,如下:

$$h_{(i+1)}(t)=b_ih_i(t+a_it_i),t\in(0,t_{i+1}) \tag{2-56}$$

那么推算可得:

$$h_{(i)}(t) = \left(\prod_0^i b_i\right)h_0\left(t+\prod_0^i a_it_i\right),t\in(0,t_{i+1}) \tag{2-57}$$

在实际情况中驱动主机的役龄递减因子 a_i、故障率递增因子 b_i 可根据专家经验判断或者估计得到,一般是驱动主机运行历史数据分析的结果。

②维护保养及修理成本的优化

正常的定期维护保养能改善驱动主机的失效率,同时可以促进故障主机短时间内恢复正常。在这里引入改善因子描述正常维护保养后驱动主机的改善程度,反映驱动主机由于失效或者故障引起的维护保养成本与一般修理、重大修理及改造等修理效果之间的关系函数,设定改善因子为:

$$\gamma_i = \left(u \frac{C_x}{C_g} \right)^{vi \cdot i^w} \tag{2-58}$$

式中,C_x 为维护保养成本,C_g 为一般修理、重大修理及改造等修理成本,且 $0 < C_x < C_g$;u 为成本调节系数;v 为时间调节系数;w 为学习效应调节系数,$w = \ln\theta / \ln 2$,θ 为经验曲线百分数,可以根据经验判断或者估计。该改善因子受到主机成本、主机的役龄以及主机的改善效应等因素的影响。当维护保养成本与一般修理、重大修理及改造等修理成本相等,且成本调节系数为 1 时,得到的改善因子为 1,这表示主机通过维护保养及修理后恢复到了全新状态。

综上所述,可以得到高速电梯驱动主机第 i 次与第 $i-1$ 次正常维护保养及修理周期内出现的故障次数为:

$$m(t_i) = \int_0^{t_i} \gamma_i h(t) \, dt \tag{2-59}$$

高速电梯驱动主机第 i 次与第 $i-1$ 次正常维护保养及修理周期内修理成本为:

$$C_f(i) = C_f m(t_i) = C_f \int_0^{t_i} \gamma_i h(t) \, dt \tag{2-60}$$

③停运成本

驱动主机是高速电梯核心部件,驱动主机的维护势必会影响电梯的连续运行,从而造成停运损失。停运损失是一笔很大的隐形支出,在整个成本模型的建立过程中,该成本也应被考虑进去,根据上文的分析,得到第 i 次与第 $i-1$ 次正常维护保养及修理周期内的停运成本为:

$$C_d(i) = (t_p + t_f) \cdot \gamma_i C_0 \tag{2-61}$$

式中,t_p 为正常维护保养时间,t_f 为一般修理、重大修理及改造等修理时间;γ_i 为第 i 次与第 $i-1$ 次正常维护保养及修理的改善因子;c_0 为单位时间停运损失。

④目标函数的构建

根据以上分析,建立驱动主机在全寿命周期内的总修理成本,主要包括正常维护保养成本,一般修理、重大修理及改造等修理成本以及停运成本,即:

$$C_x(i) = c_p + c_f \int_0^{t_i} \gamma_i h(t) \, dt + (t_p + t_f) \cdot \gamma_i C_0 \tag{2-62}$$

2.2.5　驱动主机选型流程

在进行驱动主机选型时,首先要根据基础理论对驱动主机电机功率、额定速度、额定扭矩、曳引力等进行计算;其次要根据计算结果确定符合要求的多种机型,通过强制性功能参数进行一次备选,并根据全寿命成本因素进行二次筛选;最后再根据分析模型确定最终的机型,实现驱动主机的选型。驱动主机选型流程如图2-28所示。

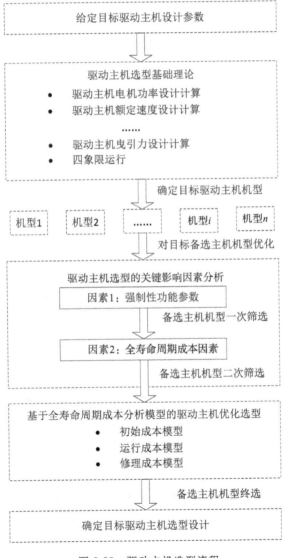

图 2-28　驱动主机选型流程

2.3 高速电梯控制系统的选型设计

2.3.1 国内外高速电梯控制系统选型研究现状

（1）早期电梯控制系统的研究

电梯控制系统的发展体现了科技发展水平。随着高层建筑物的不断涌现，为了满足高层建筑内的交通需求，选用合适的高速电梯控制系统，实现多台高速电梯的协同运行，显得尤为重要。由于电气化集成水平的限制，早期的高速电梯控制系统主要分为继电器控制和分区控制[81]。

继电器控制是指由 2 台及以上的高速电梯组成一个高速电梯群，由单台高速电梯依靠方向预选来控制其运行方向，这是最早的高速电梯控制系统，可实现高速电梯上下行运行。高速电梯继电器控制可以实现高速电梯群的有序运行，但是运行效率低下，后期的维护也比较复杂。

分区控制是指由 2 台及以上高速电梯组成一个高速电梯群，并根据高速电梯的数量和建筑物的层数将高速电梯群分成若干个区域，将相邻的电梯划分到同一运行区域，或者按事先定义好的运行规则运行。分区控制运行可以大大提高高速电梯群的使用效率，减少乘客的候梯时间，但是控制算法比较复杂。

2.3.2 高速电梯群控技术的研究

随着高层建筑的增多、电梯速度的提高，原有的电梯控制方式已满足不了目前的需求，因此高速电梯群控技术应运而生。为了让乘客以最快的速度从一层站到目的层站，并在完成运输工作时消耗最少能量，设计者将 3 台及以上高速电梯组成一个高速电梯群，采用先进的人工智能技术进行控制和管理，实现高速电梯群的最优控制。

高速电梯群控技术主要采用微处理器控制技术、调速驱动技术、目的层预约电梯群控技术，结合专家系统、模糊控制、人工神经网络、遗传算法以及多 Agent 等智能算法，实现高速电梯控制的时间最优、能量最优以及运力最优。

2.3.3　控制系统选型基础理论

(1)控制系统的选型概述

高速电梯的控制系统相当于人体的"大脑",支配着高速电梯的运行。高速电梯控制系统应在确保电梯实现选层、上下行、开关门功能基础上,提高乘客舒适感。舒适感高就意味着要实现平滑的加速和减速。设计人员在高速电梯控制系统选型过程中,应充分考虑高速电梯在实际运行中交通流的随机性和不确定性,来实现派梯方案的实时最优性。在选择高速电梯控制策略的时候,应充分考虑乘客的平均候梯时间、平均乘梯时间、最长候梯时间、系统能耗、客流输送能力、轿厢内拥挤度等[82]。

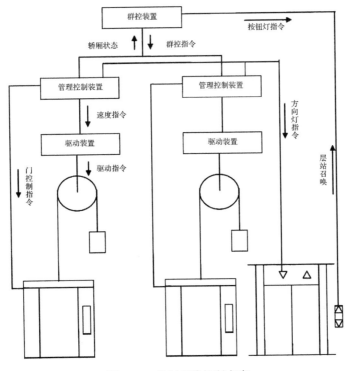

图 2-29　控制系统控制方案

(2)控制性能评价指标

1)时间评价指标

在高速电梯的运行控制过程中,时间是控制系统性能评价的一个指标,控制系统的服务时间越短,系统的运行效率就越高。常用的时间评价指标有以下几种。

①平均候梯时间

$$T_1 = \frac{1}{N_p} \sum_{i=1}^{N_p} T_w(i) \qquad (2\text{-}63)$$

式中，T_1 为平均候梯时间；N_p 为高速电梯的总乘客人数；$T_w(i)$ 为第 i 个乘客的实际候梯时间。

②平均乘梯时间

$$T_2 = \frac{1}{N_p} \sum_{i=1}^{N_p} T_j(i) \qquad (2\text{-}64)$$

式中，T_2 为平均乘梯时间；$T_j(i)$ 为第 i 个乘客的实际乘梯时间。

③平均达到时间

$$T_3 = T_1 + T_2 \qquad (2\text{-}65)$$

④最长候梯时间

$$T_4 = \max[T_w(i)] \qquad (2\text{-}66)$$

⑤运行总时间

$$T_5 = T_t - T_k \qquad (2\text{-}67)$$

式中，T_t 为电梯运行一个周期的停止时刻；T_k 为电梯运行一个周期的开始时刻。

⑥平均运行周期

$$T_p = \frac{N_p}{N} \times T_5 \qquad (2\text{-}68)$$

式中，T_p 为平均运行周期；N_p 为高速电梯从最低层到最高层来回运行一次的平均载客人数；N 为高速电梯的总乘客人数。

2）能耗评价指标

高速电梯群由于使用环境的特殊性，要考虑多部电梯的协同运行，因此能耗控制是选型设计的一个重点考虑内容。在评价能耗指标时应主要考虑停靠次数、运行距离等因素，电梯能耗越低，其整个使用成本就会越低，在垂直交通流的模式下，降低整个电梯群的能耗对于降低使用成本起着非常重要的作用。主要的能耗评价指标有以下几个。

①电梯总运行距离

$$S_{all} = S_1 + S_2 + S_3 + \cdots + S_i \qquad (2\text{-}69)$$

式中，S_i 为第 i 台电梯的运行总距离。

②电梯总停靠次数

$$C_{all} = C_1 + C_2 + C_3 + \cdots + C_i \qquad (2\text{-}70)$$

式中，C_i 为第 i 台电梯的停靠总次数。

③电梯运行总能耗

$$E_{all} = E_1 + E_2 + E_3 + \cdots + E_i \tag{2-71}$$

式中，E_i 为第 i 台电梯的运行总能耗。

3）载客能力评价指标

高速电梯在单位时间内运送的乘客人数越多，说明该梯的载客能力越强。载客能力是高速电梯控制系统选型的重要指标之一，在同等工况、同样能耗的前提下，载客能力越强，表明其控制系统越完善。载客能力一般由乘客运送时间、不同楼层上分布的乘客人数以及乘客总人数所决定，因此，主要的载客能力评价指标有以下 2 种[83]。

①平均载客率（5min）

$$L_5 = \frac{N}{T_5} \tag{2-72}$$

式中，L_5 表示电梯 5min 运行时间内的总乘客人数。

②能耗运载率（5min）

$$e_5 = \frac{L_5}{E_i} \tag{2-73}$$

式中，e_5 表示单位能耗下 5min 内的平均载客率。

4）乘客容忍度评价指标

高速电梯在运行过程中，由于人流量、停靠站等随机因素的存在，其控制系统会根据实际情况会结合控制策略，派梯至乘客所在楼层。对于乘客来说，按下外呼按钮到乘坐电梯，再到最后到达指定楼层为一个完整的候梯、乘梯过程。由于等待时间的不确定性，乘客需要具备较好的容忍度来候梯。因此，乘客的容忍度亦是高速电梯控制系统选型的重要参考指标之一。主要的乘客容忍度评价指标有以下 3 种。

①平均候梯延迟时间

$$T_y = \frac{1}{N_p} \sum_{i=1}^{N_p} \left[T_w(i) - T_{uy}(i) \right] \tag{2-74}$$

式中，T_y 为平均候梯延迟时间，$T_{uy}(i)$ 为第 i 个乘客的最短候梯时间的预测值。

②平均乘梯延迟时间

$$T_c = \frac{1}{N_p} \sum_{i=1}^{N_p} \left[T_j(i) - T_{jc}(i) \right] \tag{2-75}$$

式中，T_c 为平均乘梯延迟时间，$T_{jc}(i)$ 为第 i 个乘客的最短延迟时间的预测值。

③平均到达延迟时间 T_d

$$T_d = T_y + T_c \tag{2-76}$$

2.3.4 控制系统选型的关键因素分析

(1)分层区对控制系统选型的影响

高层及超高层建筑物在某种意义上相当于一个立体城市，建筑物内人流量大、人流集中且功能多样，故设计人员在控制方案设计选型时应重点考虑如何利用高速电梯群组实现高效合理的人员输送。常用的解决方案是在楼层服务方面采用分层区设计，通过不同的高速电梯群组来运送不同区间的乘客，且该方案常把相邻楼层的高速电梯分成一个层区。在进行对控制系统的选型设计时，应充分考虑分层区控制方案，合理地分层区可以减少高速电梯可能的停站数，缩短往返一次所用的时间；低层区采用低速电梯，高层区采用高速电梯，从而设计不同的控制系统。合理及符合实际的分层区控制方案能实现高层建筑物内平均候梯、平均乘梯时间最短，运载输送能力最优[84]。

(2)控制方式对控制系统选型的影响

在控制系统控制方式的选择方面，高速电梯设计人员在结合集选控制、并联控制方式优缺点的基础上，采用群控技术，在群控方式的应用上主要根据不同的楼层布置、交通流模式，选择不同的调度原则，实现控制系统最优调度。合理的控制方式可以减少电梯可能的停站数，缩短候梯时间和乘梯时间，从而实现运行方案最优，节省能源，延长电梯寿命。因此控制方式是电梯控制系统选型设计中非常重要的内容。

(3)交通流对控制系统选型的影响

高速电梯交通流主要包括客流高峰、单梯往返一次运行时间、电梯台数等，高速电梯交通流的分析是高速电梯控制系统选型设计的基础。对于使用频率高、停靠次数多的电梯，必须在一定的交通流下，尽量缩短乘客等待时间，在控制系统方案选择中必须着重考虑这一点。设计人员还应根据不同的建筑物类型，确定不同时间的客流高峰，如上行客流高峰、下行客流高峰、上下行客流平衡、上行客流较下行客流量大、下行客流较上行客流量大、频繁层际客流、空闲时的客流等状态，以此选定相应的控制系统控制方案，实现最优运载能力。此外，还需根据单梯往返一次的运行时间，包括乘客出入轿厢时间、开关门总时间、轿厢行驶时间、损失时间，确定合理的控制方案。在不同的高速电梯数量与布置方案下，控制系统的选择也有区别。由于受到建筑井道数量的限制，设计人员应在现有的电梯数量上合理地布局分区、实现控制方案最优。

2.3.5　控制系统优化选型

近年来,大量先进的控制技术被应用于高速电梯的控制系统中,使得高速电梯,尤其是群控高速电梯的控制特性得到了很大的改善。高速电梯梯群一般由多台高速电梯组成,梯群是一个集结构、系统及管理为一体的最优化组合,为乘客提供了安全、高效的乘坐环境。但是,在实际情况中,交通流的随机性给控制系统的选择提出了新的问题,电梯群控系统的最优控制是一种基于时间最优、运力最优、能量最优的动态综合最优化策略。随着计算机控制技术的不断发展,梯群之间信息的共享已经成为一种普遍的需求。高速电梯梯群每台电梯内存在众多子系统,如前曳引系统、悬挂系统、导向系统、轿厢系统和电力控制系统等,各子系统有时采用了不同生产商的品牌,运行在不同的控制系统和硬件平台上;同时,对于由多台电梯组成的电梯群,它们各自的调度策略不同,使得这些不同的子系统只能负责管理或处理各自系统内的事务,要实现子系统之间的操作互联是非常复杂和困难的。

综上所述,如何实现较高的系统集成率及提高各子系统之间的协同合作,体现控制系统的智能性,并实现知识的重用,是关键问题。同时,构建高速电梯控制系统集成管理体系,将各个分离的系统有机地集成在一个相互关联、统一和协调的系统之中,实现高速电梯内各个系统的信息共享、相互协调、互动和联动,已成为高速电梯控制系统发展的当务之急。

(1)控制系统集成管理研究

高速电梯控制系统集成管理采用多层体系结构,将高速电梯各子系统的控制协调功能进行分解,划分为 3 个特定的功能协调层,分别为设备 Agent 层、区域协调 Agent 层以及中央协调 Agent 层,如图 2-30 所示。多层体系结构的集成管理系统各层次之间有着不同的功能和目标,相互之间是上下级关系,上层将指令分解并下达给下层,下层将执行情况反馈给上层,实现控制系统信息的传递。

高速电梯的控制系统采用多种形式的 Agent 集合,同时对不同子系统的 Agent 进行封装,封装在一定程度上提高了系统的集成率及事件发生后其他系统的响应速度。基于 Multi-Agent 的高速电梯控制系统集成管理体系结构,可为不同功能的设备子系统设计相应的 Agent 与 Agent 组。基于控制系统 MAS(multi-agent system)模型,以系统能耗、时间、载客能力以及乘客容忍度最优为目标函数,建立优化模型进行高速电梯运行最优决策,以实现实际使用过程中的最优协调策略。

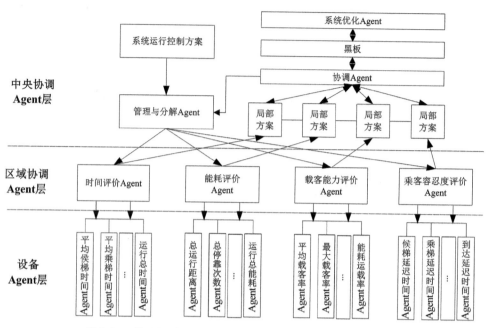

图 2-30　基于 Multi-Agent 的控制系统多层体系集成管理框架

(2)控制系统优化调度协调机制

高速电梯控制系统的算法有很多种,包括计算机专家系统、模糊逻辑、神经网络等,不管选用何种算法,在控制方案的选型过程中调度策略的选择都是核心内容。调度策略 S 表示群控电梯主体所有可能的策略或行动的集合,表示如下:

$$S = S_1 \oplus S_2 \oplus S_3 \oplus \cdots \oplus S_n \tag{2-77}$$

不同的调度策略不仅会受到 Agent 自身工作状态(内部因素)的影响,而且受到外部因素的影响。高速电梯群控系统中内部因素主要包括运行速度、额定载重量、功率和提升高度等,外部因素主要包括分层区、电梯台数、交通流量等。

$$S_i = D_i \oplus E_i \tag{2-78}$$

式中,D_i 表示梯群中第 i 个电梯 Agent 的内部因素,单个高速电梯 Agent 处于正常工作状态时,其协调策略可表示为:

$$D = \begin{bmatrix} d_1 \\ d_2 \\ d_3 \\ \vdots \\ d_n \end{bmatrix} = \begin{bmatrix} \text{运行速度 1} & \text{提升高度 1} & \cdots & \text{电梯功率 1} \\ \text{运行速度 2} & \text{提升高度 2} & \cdots & \text{电梯功率 2} \\ \text{运行速度 3} & \text{提升高度 3} & \cdots & \text{电梯功率 3} \\ \vdots & \vdots & \ddots & \vdots \\ \text{运行速度 } n & \text{提升高度 } n & \cdots & \text{电梯功率 } n \end{bmatrix}$$

E_i 表示梯群中第 i 个电梯 Agent 相对于其他 $(n-1)$ 个电梯 Agent 的关联值，是关联矩阵 $E_{i \times n}$ 中的第 i 个元素，表示单个电梯 Agent 的外部因素；$\oplus$ 表示综合决策符，即综合运用 Agent 的内外部因素对高速电梯的控制系统进行决策。

为了给出 $E_{i \times n}$ 表达式，首先定义 Agent 影响矩阵 $I = [I_1, I_2, I_3, \cdots, I_n]$。令 Agent 系统的影响矩阵为矩阵 D 的拓展，即：

$$I_i = D_i \times K_i \tag{2-79}$$

式中 K_i 表示第 i 个 Agent 相对于整个系统的权重。然后定义 Agent 系统的模糊关联矩阵：

$$R = \begin{bmatrix} 0 & a_{12} & \cdots & a_{1n} \\ a_{21} & 0 & \cdots & a_{2n} \\ a_{31} & a_{32} & \cdots & a_{3n} \\ \vdots & \vdots & \ddots & \vdots \\ a_{n1} & a_{n2} & \cdots & 0 \end{bmatrix}$$

① a_{ij} 表示第 i 个 Agent 对第 j 个 Agent 的关联度；

② 矩阵 R 的对角线元素都为零，表示各 Agent 是自不相关的；

③ 矩阵 R 中的元素 $a_{ij} \in [-1, 1]$，当 $a_{ij} \in [-1, 0]$ 时，表示 Agent i 对 Agent j 产生负影响；当 $a_{ij} \in [0, 1]$ 时，表示 Agent i 对 Agent j 产生正影响；

④ a_{ij} 和 a_{ji} 不一定相等，当两者相等时，Agent i 和 Agent j 之间是对称等价影响关系；不相等时，Agent i 和 Agent j 是非对称等价的。因此 Agent 关联值矩阵为：

$$E_{1 \times n} = I \times R \tag{2-80}$$

Q 为效用函数，反映既定策略组合条件下主体的得失情况，即在一个特定的策略组合下主体得到的效用水平。

$Q_i(s)$、$T_i(s)$、$Z_i(s)$、$\mathfrak{I}_i(s)$ 表示在调度策略 s 下，第 i 个 Agent 单元能耗评价、时间评价、载客能力评价以及乘客容忍度评价的向量：

$$Q_i(s) = \{ Q_{ia}(s), Q_{ib}(s), Q_{ic}(s) \} \tag{2-81}$$

$$T_i(s) = \{ T_{ia}(s), T_{ib}(s), T_{ic}(s) \} \tag{2-82}$$

$$Z_i(s) = \{ Z_{ia}(s), Z_{ib}(s), Z_{ic}(s) \} \tag{2-83}$$

$$\mathfrak{I}_i(s) = \{ \mathfrak{I}_{ia}(s), \mathfrak{I}_{ib}(s), \mathfrak{I}_{ic}(s) \} \tag{2-84}$$

Q_i 表示第 i 个 Agent 单元耗能数阈值的向量

$$Q_i = \{ Q_{ia}, Q_{ib}, Q_{ic} \} \tag{2-85}$$

$$\boldsymbol{T}_i = \{T_{ia}, T_{ib}, T_{ic}\} \tag{2-86}$$

$$\boldsymbol{Z}_i = \{Z_{ia}, Z_{ib}, Z_{ic}\} \tag{2-87}$$

$$\boldsymbol{\Im}_i = \{\Im_{ia}, \Im_{ib}, \Im_{ic}\} \tag{2-88}$$

式中，Q_{ia}，Q_{ib}，Q_{ic} 分别表示每个 Agent 单元中电梯运行速度、提升高度、电梯功率的能耗评价阈值；T_{ia}，T_{ib}，T_{ic} 分别表示每个 Agent 单元中电梯运行速度、提升高度、电梯功率的时间评价阈值；Z_{ia}，Z_{ib}，Z_{ic} 分别表示每个 Agent 单元中电梯运行速度、提升高度、电梯功率的载客能力评价阈值；$\Im_{ia}$，$\Im_{ib}$，$\Im_{ic}$ 分别表示每个 Agent 单元中电梯运行速度、提升高度、电梯功率的乘客容忍度评价阈值；阈值可根据具体情况进行修改。

我们可以根据实际情况设定一个近似满意度 P，并根据该数值和内部阈值的大小选择不同的执行路径，调度策略的流程控制如下。

①当 P 大于或等于指定的阈值时，每个 Agent 单元按照原有的控制策略进行控制，调度完成后，对系统级优化传递的信息进行快速响应。

②当 P 小于指定的阈值时，协调区域 Agent，即对其所管辖的设备群进行博弈协调，若协调失败，则向相邻的区域 Agent 发出协调请求；对相邻的区域 Agent 进行博弈协调，若协调失败，则需采用人工干预策略。

因此在协调策略 s 的协调下，多目标控制系统的最优方程可表示为：

$$\min \sum_{i \in N} \{\boldsymbol{Q}_i(s), \boldsymbol{T}_i(s), \boldsymbol{Z}_i(s), \boldsymbol{\Im}_i(s)\} \tag{2-89}$$

令 $\dfrac{\mathrm{d}\sum\limits_{i \in N} \{\boldsymbol{Q}_i(s), \boldsymbol{T}_i(s), \boldsymbol{Z}_i(s), \boldsymbol{\Im}_i(s)\}}{\mathrm{d}s} = 0$，即可解的最优调度策略 $s^* = (s_1^*, s_2^*, s_3^*, \cdots, s_n^*)$，使得高速电梯控制系统的控制方案达到最优。

2.3.6 控制系统选型流程

首先通过计算建筑物的交通规模，调查已有建筑物的数量，对客流集中率进行估算；然后计算出高速电梯的使用人数，选定高速电梯的服务方式，在进行预选高速电梯规格和台数并模拟运行一周的时间后，将计算出的运输能力、平均运行时间间隔和客流集中率、运行一周的时间进行循环，当循环结果满足条件时，即可确定高速电梯规格与设置台数，从而确定高速电梯的平面布置。控制系统选型方案如图 2-31 所示。

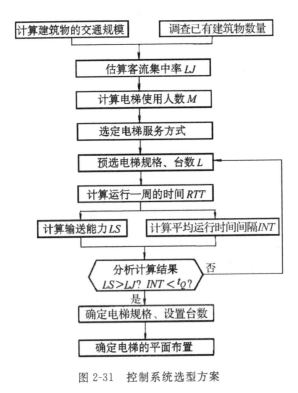

图 2-31　控制系统选型方案

2.4　高速电梯主要安全部件的选型设计

2.4.1　减行程缓冲器的选型设计

(1)减行程缓冲器的选型概述

高速电梯的缓冲器是电梯最后一个安全保护装置,在特殊情况下,轿厢或对重超越了上下极限位置或者上下极限失效,发生蹾底撞击缓冲器,缓冲器将吸收或消耗电梯蹾底时的冲击能量,使轿厢或对重安全减速直至停止,以确保设备和乘客的安全。由于高速电梯速度快,撞击过程中产生很大的冲击能量,为了短时间内有效地降低冲击效果,高速电梯常采用减行程缓冲器[85]。

与普通的液压缓冲器相比,减行程缓冲器能将缓冲行程进一步地压缩,同时能满足 GB/T 7588.1—2020 的要求,高速电梯底坑一般比较深,为了满足缓冲行程的要求,减行程缓冲器的整体高度应比较高,有的甚至有几层楼高。在深底坑安装

67

减行程缓冲器后,缓冲器的实际行程是计算行程的 1/2～1/3,这不但降低了底坑深度,减少了井道的建筑成本,同时还方便了后续的维护保养工作。

(2)减行程缓冲器的选型影响因素

1)轿厢及轿厢内的载荷

在高速电梯运行过程中,轿厢及轿厢内的载荷质量越大,撞击减行程缓冲器时其动能也就越大。理论上,缓冲行程越大的缓冲器越好,可以最大程度地减缓撞击动能。但是,在高速电梯的实际运行中,由于乘客具有随机性,轿厢内的载荷是不定的,当轿厢"蹲底"或者"冲顶"时,撞击缓冲器的质量不是确定的,故产生的冲击力也是不同的。我们在选择减行程缓冲器的时候要考虑其最小允许质量和最大允许质量。当轿厢空载或者轻载时,缓冲质量较小,缓冲器的缓冲行程自然变小,缓冲力就大;当轿厢满载或者重载时,缓冲质量较大,缓冲器的缓冲行程自然变大,缓冲力就小。减行程缓冲器不能在超过最大允许质量范围时使用,当撞击减行程缓冲器的轿厢及载荷质量大于缓冲器的最大允许质量时,其动能会超过缓冲器本身所能吸收能量的范围,无法起到保护作用;当撞击减行程缓冲器的轿厢及载荷质量小于最小允许质量时,同样会使缓冲力过大,无法实现缓冲保护作用,对轿厢及里面的乘客造成伤害。因此,在选择高速电梯减行程缓冲器的时候,应根据实际轿厢的重量及额定载重量进行分析,得到合适的最小允许质量和最大允许质量。

2)额定速度及减速度

轿厢的额定速度与电梯配合减行程缓冲器设置的减速开关决定了轿厢撞击缓冲器的速度。撞击缓冲器的速度越快,其初始动能也就越大,需要的缓冲器的缓冲行程也就越大,这也是高速电梯底坑中的液压缓冲高度比较高的原因。高速电梯轿厢在撞击缓冲器之前一般会经过终端层减速监控装置进行减速。终端层减速监控装置开关的动作速度一般设定为额定速度的 92%～105%,开关的距离设有一定的预留量,以确保轿厢或对重在撞击减行程缓冲器的时候,其撞击速度不大于选择的缓冲器的允许值;减速监控装置动作后轿厢最大总滑移距离与检测到故障时系统响应时间内轿厢的行走距离、抱闸系统失电响应时间内轿厢的行走距离以及抱闸制动后到系统速度制停至缓冲器允许速度时轿厢的制停滑移距离有关。

3)缓冲行程

根据高速电梯底坑高度以及顶层高度选择合适的缓冲行程,减行程缓冲器的缓冲行程与缓冲器液压油规格及节流孔相关。当轿厢或者对重撞击缓冲器时,缓冲器的节流孔变小,在短时间内缓冲器逐渐形成缓冲力;随着进一步压缩,轿厢的速度与缓冲器节流孔的面积都会相应减小,缓冲器进入均匀缓冲阶段;当减行程缓冲器接近缓冲行程终端时,缓冲力急剧下降。

(3)减行程缓冲器的选型设计

对于减行程缓冲器,在选择的时候应考虑其总允许质量 $P+Q$,其中 P 为轿厢自重,Q 为额定载重量。计算判断电梯实际运行中的总允许质量是否在减行程缓冲器的最小允许质量和最大允许质量之间,即:

$$(P+Q)_{\min} \leqslant (P+Q) \leqslant (P+Q)_{\max} \tag{2-90}$$

根据 GB/T 7588.1—2020 的规定:对电梯行程末端速度进行有效的监控后,将轿厢(或对重)撞击缓冲器的最大可能撞击速度除以 115%,看作额定速度,然后根据 $0.0674v^2$(即对应电梯速度而配置的缓冲器要求的最小制停距离)计算出所需要的最小缓冲行程,缓冲行程应满足:

$$H \geqslant 0.0674v^2 \tag{2-91}$$

在减行程缓冲器的选择设计过程中,应计算轿厢的平均减速度,并判断是否在标准的要求范围之内:

$$0.2g_n \leqslant \frac{(1.15v)^2}{2H} \leqslant 1.0g_n \tag{2-92}$$

2.4.2　安全钳的选型设计

(1)安全钳的选型概述

安全钳是高速电梯主要的安全保护部件之一,高速电梯常采用渐进式安全钳,其是高速电梯运行过程中的紧急刹车部件。当高速电梯在运行中遇到故障、突然下坠或者悬挂装置断裂时,安全钳动作,确保乘客及轿厢能够承受相应的减速度下滑,最终有效制停在导轨上,制动过程应平稳,以达到保护乘客及轿厢的目的,避免造成不必要的损失。在进行高速电梯整机设计时,必须校核安全钳允许质量、限速器动作速度、额定速度(仅对渐进式安全钳)及导轨导向面硬度是否符合《电梯型式试验规则》(TSG T7007—2022)出具的型式试验报告中"安全钳适用参数范围和配置表"的要求,安全钳的选型需与相关联的各零部件之间合理匹配[86]。

高速电梯在制动过程中,初始速度很大,因此安全钳钳面在导轨上相对滑行的距离相对比较长,钳块表面的温升十分显著,比如高速重载的电梯在制动摩擦时,钳块的表面温度最高可升至 1000℃ 左右。另外,由于电梯的运行速度比较高,除了要保证制动稳定性外,还要保证装有额定载荷的轿厢有效制停,并保证轿厢地板不倾斜,轿厢组件、导轨、安全钳等相关部件完好、不损坏[87]。高速电梯安全钳的选型除了要考虑轿厢及导轨的结构形式、安装尺寸外,还要符合电梯的额定速度、总允许质量以及导轨宽度等因素。

（2）安全钳的选型影响因素

1）额定速度

高速电梯需要选用渐进式安全钳，安全钳能在轿厢突然下坠时，使轿厢在规定的制停距离内有效制停，同时使制停过程的平均减速度保持在 $0.2g_n \sim 1.0g_n$。不同运行速度的高速电梯有不同的制停距离，其减速度也有不同的上下限。随着电梯速度的增大，安全钳制停距离也增大，减速度的上下限也随之变大。因此，选择合适的安全钳，并确保当安全钳制动时，安全钳、导轨以及轿厢等产生的能量能被最大程度地吸收就显得尤为重要[88]。

2）轿厢总允许质量

在渐进式安全钳选型时要考虑其制动力，制动力的大小与轿厢系统质量有关，即与总允许质量有关。轿厢的总允许质量包括轿厢的额定载重量和电梯的自重，对于某一型号的高速电梯，其额定载重量为固定值，高速电梯自重会因各电梯厂家设计方式的不同而不同（包括空轿厢和轿厢支撑零部件的质量总和，如部分随行电缆、补偿链以及钢丝绳的质量等）。对于中低速电梯来说，轿厢支撑零部件的质量可以忽略，但是对于高速电梯而言，提升高度越高，随行电缆、补偿链及钢丝绳质量相对就越大，这些都影响着电梯自重。高速电梯自重的大小直接影响着安全钳的制动力大小，如果在安全钳的选型过程中，不考虑悬挂在轿厢上零部件的质量，则会导致安全钳制动力过小，在制动时无法及时有效地将电梯制动，形成安全隐患。

3）导轨结构、形状及材料

安全钳应根据安全钳匹配的导轨结构、形状以及材料进行选择。安全钳的制动性能除了受安全钳自身因素的影响以外，还受到导轨状态的影响。应选择与导轨相互匹配的安全钳，不同厂家不同型号的导轨有着不同的摩擦系数，在国家相应标准的规定范围内，安全钳的制动性能随着导轨抗拉强度的增大而增强，导轨抗拉强度超过国家标准要求（520MPa）时，会大幅度降低安全钳的制动性能。导轨表面粗糙度和导轨表面润滑状态对电梯安全钳制动性能影响较小[89]。

（3）安全钳的选型设计

渐进式安全钳的选型工作要考虑轿厢总质量和运行中轿厢对导轨的冲击力，应结合安全钳结构、电梯的额定速度以及选定的导轨结构材料，然后对制动距离、制动过程中耗能及减速度进行校验，以实现合理的选型设计。

渐进式安全钳制动力的大小与轿厢系统质量应满足以下公式：

$$F \geqslant 16 \cdot (P+Q+M) \tag{2-93}$$

式中，F 为渐进式安全钳制动力；M 为轿厢支撑零部件的质量总和（kg），如部分随行电缆、补偿链以及钢丝绳质量等，是一个具有上下限的变量。

渐进式安全钳制动时的能耗与轿厢系统质量应满足以下公式：

$$E \geqslant \frac{Mv^2}{2} \tag{2-94}$$

渐进式安全钳制停距离应满足以下公式：

$$h \leqslant \frac{v^2}{2g_n} + \alpha_1 + \alpha_2 \tag{2-95}$$

式中，h 为渐进式安全钳制停距离（m）；v 为安全钳动作初速度，即电梯运行速度（m·s^{-1}）；α_1 为安全钳制停过程中内电梯运行距离（m）；α_2 为安全钳夹紧部件与导轨接触期间的夹紧部件运行距离（m）。

设计人员在高速电梯渐进式安全钳选型设计过程中，应计算安全钳平均减速度，并判断平均减速度是否在 GB/T 7588.1—2020 标准的要求范围之内：

$$0.2g_n \leqslant \frac{(1.15v)^2}{2H} \leqslant 1.0g_n \tag{2-96}$$

2.4.3　限速器装置的选型设计

（1）限速器装置的选型概述

高速电梯限速器装置主要包括限速器本体、限速器钢丝绳及张紧装置，其选型的标准是确保在动作时能提拉安全钳，使高速电梯有效制停。由于高速电梯提升高度大，其钢丝绳较长，为了保持其良好的张紧力，需要配备限速器张紧装置，限速器张紧装置是高速电梯限速器装置不可缺少的组成部分。限速器钢丝绳用于限速器装置动作时提拉安全钳。限速器的张紧力由安全钳的提拉力决定，限速器张紧装置可固定于底坑地面或轿厢导轨上，具体可根据限速器的尺寸、位置及井道空间而定。限速器张紧装置与布置在机房的限速器本体配套使用，因此，在确定电梯限速器型号时，限速器供应商均可提供对应的限速器张紧装置[90]。

（2）限速器装置的选型影响因素

1）额定速度

限速器装置选型中的一个重要因素就是高速电梯的额定速度，高速电梯的额定速度，决定了选用何种规格型号的限速器装置。GB/T 7588.1—2020 中规定：触发安全钳时限速器的动作速度应至少等于额定速度的 115%，对于选用了小于相应参数的限速器装置，在高速电梯的日常使用过程中，可能会经常出现限速器的误动作；选用了大于相应参数的限速器装置，当高速电梯突然失控下坠时，限速器无法达到有效的动作速度，也就没有办法提拉安全钳，使电梯安全钳动作，故无法起到制停轿厢的作用[91]。

2）限速器钢丝绳张紧力

限速器的动作要依靠绳轮与限速器钢丝绳之间的摩擦力提拉安全钳,因此,限速器钢丝绳应具有一定的张紧力以保证正常提拉安全钳。限速器动作时,限速器钢丝绳的张紧力不低于 300N 或不得小于安全钳起作用所需力的 2 倍。因此所选择的限速器在动作时产生的拉力应能够克服安全钳及拉杆所需的提拉力,使安全钳动作,从而有效制停轿厢。同时,当限速器作用时,由于高速电梯渐进式安全钳的配合动作,轿厢继续下行一段距离,限速器钢丝绳克服限速器轮槽的曳引力,出现绳与轮槽打滑现象,此时,限速器装置应不损坏并保持提拉力在允许的安全范围之内[92]。

3）提升高度

高速电梯提升高度高,导致了限速器钢丝绳长度大,重量也就相对重,因此在选择限速器时,要充分考虑其张紧力,张紧力的大小与限速器钢丝绳的重量有关。若是在选型设计时没有充分考虑提升高度,势必会使限速器的提拉力偏小,在限速器动作时,无法拉动安全钳使轿厢有效制停;若是考虑的提升高度太大,选择的限速器提拉力太大,在其动作时,会有远超正常值的作用力,容易影响整个动作过程,严重的甚至会影响整个联动机构的使用寿命。

（3）限速器装置的选型设计

高速电梯限速器装置的选型原则是:在电梯超速动作时,保证有足够的提拉力,能可靠地提拉安全钳装置,使轿厢系统制停在导轨上;轿厢继续下滑,限速器在绳轮上打滑,能确保限速器装置完好无损坏。

只有确保限速器钢丝绳有足够的张紧力才能保证安全钳系统的可靠提拉,张紧力的大小与限速器绳槽的当量摩擦系数、张紧装置重量和提升高度有关,限速器钢丝绳提拉力应满足以下公式:

$$T_1 = T_z e^{f\alpha} \tag{2-97}$$

式中,T_1 为限速器钢丝绳提拉力;T_z 为张紧装置的张紧力和限速器钢丝绳质量的总和;f 为限速器钢丝绳的当量摩擦系数;α 为限速器钢丝绳的包角。

第 3 章
高速电梯主要部件结构特点及失效模式分析

3.1 高速电梯驱动主机结构特点及失效模式分析

3.1.1 高速电梯主机的基本结构特点

电梯主轴的支承形式按照运行速度可分为双支承悬臂结构形式和简支结构形式。高速电梯主轴由于运行速度快、荷载重,受到较大的力和弯矩,因此主要采用2个支承点的简单支承结构(双支承简支结构)形式的永磁同步驱动主机,其主要的组成部件有支撑底座、钳盘式制动器、主轴组件(主轴和轴承)、曳引轮等,如图3-1所示。这类驱动主机的工作原理是通过变频调速装置处理形成的快速电流驱动电机绕组产生高速旋转磁场,并由位于主轴端部的旋转编码器进行速度检测、偏离反馈和调整控制,电机转子相对高速磁场以同步转速转动,并连接主轴直接驱动曳引轮,中间没有减速单元,依靠曳引轮和钢丝绳之间的摩擦力实现高速电梯轿厢系统垂直运行[93]。

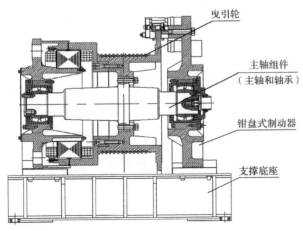

图 3-1 双支承简支结构形式驱动主机的组成

73

高速电梯的曳引轮装配在驱动主轴上。在曳引驱动系统中,主轴组件起到了支承整个轿厢系统荷载、传递电机输出的力和扭矩的作用。驱动主机是高速电梯的动力源泉,电机是驱动主机的"心脏",而主轴组件是高速电梯曳引系统稳定、安全运转的重要保证。通过双支承简支结构形式驱动主机的主轴布局结构(如图 3-2 所示)可以得到,主轴靠近电机的一端主要承受电机转子转动输出的作用在主轴上的扭矩 T_2;轴上安装曳引轮的支点处受到轿厢、对重等产生的自重载荷和轿厢额载,以及运动中的动态载荷的影响,产生一个垂直向下的径向载荷 F;在高速电梯的变载工况下,轿厢和对重两侧重力不一,需要通过曳引轮与曳引钢丝绳产生的摩擦力来克服轿厢和对重两侧重力不一的情况,曳引轮上的摩擦力直接传递到主轴上,形成主轴的变载扭矩 T_1。

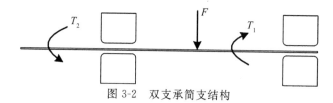

图 3-2   双支承简支结构

高速电梯的主轴组件受到的载荷主要包含动载、静载和附加载荷。在垂直上下运行的过程中,主轴组件在换向时受到惯性的影响,且不同的时间、人员、运行区段,轿厢内的载荷不同,因此传递到钢丝绳上的张力也存在波动,这导致主轴的径向载荷产生变化以及钢丝绳两侧张力不同,从而引起曳引轮与钢丝绳之间摩擦力的变化。主轴承受的扭矩在不断变化。虽然轿厢载荷恒定,但是在高速电梯运行的不同阶段,主轴承受的扭矩在不断变化,在加减速阶段扭矩大,速度低,在恒速阶段,速度高,扭矩小,因此不同阶段曳引轮槽上的摩擦力也在不断发生变化,而曳引轮安装在主轴支点位置,其摩擦力变化会引起作用在主轴上的荷载、弯矩不断地发生变化,称为动载荷。静载荷包括主轴组件、曳引轮、电机内的转子、主轴端部的旋转编码器、电梯轿厢系统、对重系统、曳引钢丝绳、导向系统、安全钳、随行电缆、补偿钢丝绳和补偿绳轮等部件和设备的自重以及电梯的载重量,载荷力方向朝下,静载荷的重量可以看作是作用在传动主轴的轴心上的。在高速电梯实际使用的过程中,还存在着紧急制停工况下的冲击力、风荷载导致建筑物摇摆产生的摇摆力,以及建筑物沉降和驱动主机支撑底座、轴承座长期受力形变产生的附加力等。

3.1.2 高速电梯主机的失效/故障分析

(1)主轴系统的失效/故障分析

1)失效模式及其表征

高速电梯主轴组件最普遍和典型的失效模式体现为主轴本体的失效和滚动轴

承的失效。高速电梯主轴额定工作转速为 $4\sim10\mathrm{m\cdot s^{-1}}$,超高速电梯主轴额定工作转速超过 $20\mathrm{m\cdot s^{-1}}$。曳引轮、滚动轴承与主轴之间,主轴与电机转子之间通过过盈配合装配,在高速电梯运行过程中,主轴承受重力载荷产生的弯矩和高速旋转产生的变载扭矩,并通过电机的回转,又传递给曳引轮,因此主轴的回转精度要求较高。由于高速电梯长期在高速变载的工况下服役,因此其载荷的变化,换向的惯性力,轿厢、对重在起制动阶段的动态变化都将影响主轴的动平衡特性,引起主轴的轻微位移,从而导致主轴振动加剧,主机温升过快过高,电梯运行不稳定,电机热保护等失效特征。主轴轴承最普遍和典型的失效模式体现为滚珠的磨损、变形和内外滚道的严重磨损[93]。中低速电梯轴承外圈与电机轴承座、轴承外圈—滚动体—轴承内圈、主轴与轴承内圈之间一般为过渡配合,然而为了避免过大的高速变载冲击导致驱动主机产生不可恢复的失效,影响其使用安全,上述零件之间通常采用间隙配合,并留有一定的间隙余量。在高速电梯的起制动过程中,紧急制停状态下会产生附加的冲击载荷,作用在曳引轮上并反馈给驱动主轴,对上述间隙配合的零部件产生冲击。轴承内外圈之间的滚珠通常采用润滑脂润滑。润滑脂过多容易产生流体噪声并引起振动,过少则会造成轴承的严重磨损,导致轴承甚至主轴组件出现经常性的噪声和振动。当轴承的局部发生磨损时,轴承最明显、直接的表现特征即噪声增大、振动加剧。此外,由于主轴在润滑方式上选择的是润滑脂润滑,因此当轴承磨损失效后轴承产生的温升较大。

综上所述,主轴组件失效的表征有:运行时主轴振动加剧、电梯运行稳定性差、驱动主机温升加速和容易出现热保护。

2)失效机理分析

由高速电梯主轴组件实际受力分析和在运行中的作用可知,高速电梯驱动主机主轴组件承受动载荷、静载荷以及附加载荷,这些载荷均作用在径向,而主轴组件在轴向基本不承受任何载荷,主轴本体主要起到承载和传递动力的作用。因此,主轴除了要达到足够的强度和刚度要求之外,主轴的制造和装配工艺也不容忽视。由上文的分析可得,主轴组件失效集中在本体和轴承处,但是最后主要的失效形式体现为轴承的失效,特别是与主轴装配处的轴承由于载荷集中,是最容易出现失效的区域。本节主要通过高速电梯主轴轴承的失效进行失效机理的分析。

轴承的失效体现为驱动主机在工作中出现故障或异常状况,工作功能全部丧失或部分丧失。按照失效的模式可分为早期失效和正常工作失效 2 种,从失效的机理上来分,可分为磨损、疲劳、塑性变形、腐蚀/点蚀、断裂、游隙变化等。驱动主轴是一种典型的轴类零件,长期在高速变载的工况下工作,疲劳和磨损是正常的情况,然而更多的是断裂、形变、间隙失效导致的意外失效。高速主轴的失效会引起主轴及相关部件温升、振动、打滑、轴端径向跳动等现象。主轴失效的机理主要有以下几种。

①由变载扭矩引起的高速电梯主轴组件失效

主轴是驱动电机扭矩和功率输出的执行部件,同时又承受着运行过程中的载荷、弯矩、加减速的惯性冲击,以及建筑物、振动等对主轴影响的附加载荷等,其所受载荷复杂多变,金属结构的疲劳损伤是其主要的失效模式。正常工作状况下,主轴受到径向的弯矩载荷;高速电梯在起制动阶段,需要极大的扭矩作用,因此主轴同样受到扭转应力的影响,在停电及紧急制动等非正常的状态下,主轴会受到极大的非正常载荷冲击。由于主轴的强度和刚度在设计制造时满足较高的安全标准,而轴承通常仅通过选配,缺少专门的设计和强度校核,因此在主轴和轴承装配处产生的应力集中对轴承的影响更为强烈,容易引起轴承的整体失效,严重时甚至会引起驱动系统崩溃,使电梯丧失曳引能力。

②主轴组件装配不当引起的轴承的失效

高速电梯主轴和轴承的装配精度直接影响主轴组件承受机械冲击和应对高频次正反向运行的能力,因此主轴和轴承的装配工艺要求非常严格。必须保证主轴组件与驱动主机电子的转子、轴与轴承圆心的同轴度在高精度的范围内,以免出现运行偏斜、晃动剧烈,及整个主轴组件各部件之间位移导致受力状况改变的情况,如果这样的状态持续存在,最终大部分的力将向受力薄弱处聚集,导致应力集中,从而加速轴承的失效。此外,主轴与轴承之间装配间隙过大,则会导致运行时振动的冲程增加,冲量过大,引起磨损加快,振动加剧,最终导致高速电梯无法正常工作。

③主轴组件轴承本身质量缺陷引起的失效

普通的轴承通常由机械加工制成,而高强度的轴承一般需通过锻造,并经过热处理以消除金属结构内部的残余应力,再经过多道工序处理从而满足不同使用环境的需要。由于工艺复杂,制造环节中的任何缺陷在使用环节都将被放大,最终导致设备的失效。轴承的热处理工艺影响了使用中力的分布情况,磨削加工工艺保证了轴承的圆度和表面精度,这些因素直接影响轴承的使用性能和可靠性能。然而,在实际生产的过程中,即使在相同的条件下,由于工艺操作、设备使用的误差,同一批次的产品在使用的可靠性能和寿命上也会存在差异。如果轴承存在质量缺陷,则会导致失效概率提高。即使完全一样的轴承,在同一建筑物的不同高速电梯上使用效果也不同,运行次数相近,高峰时段使用更频繁的高速电梯的主轴组件所经历的应力变化更多,疲劳程度更大,轴承的使用寿命相对更短。

3)失效状态与原因分析

一般在机械设备中,主轴组件承载着设备的传动功能,可以保证高速电梯的工作精度和使用性能,但其出现磨损故障也是非常频繁的。主轴组件常见的失效状态与原因如表 3-1 所示。

表 3-1　主轴组件常见的失效状态与原因

类别	状态	原因
打滑	主轴组件在承受高速变载状态下，主轴轴承滚道或者轴承外径与座孔有打滑痕迹/现象	在高速状态下，滚子在大的离心力作用下有脱离内环滚道的趋势；轴承外径与轴座的配合太松
过热	主轴轴承异常温升，滚道、滚动体在旋转中急剧发热直至变色、软化、破损	高速电梯频繁起动和上下运行，主轴承受交变的扭转载荷，润滑不良，载荷过大，游隙过小，轴的扰度过大
异常振动、噪声大	运行时主轴组件出现异常振动或异响；主轴径向冲击载荷大，转矩和弯矩过大，主轴发生轻微偏心	主轴在负载状态下不断地正反转运行，主轴本体与轴承、滚子与轴承内外圈、轴承与轴座之间出现间隙，产生摩擦
剥离	主轴旋转时，轴承滚珠内外的滚动面由于经常承受较大载荷而出现鳞片状的剥离现象	高速电梯运行长期重载，主轴与轴承的间隙配合超过允差，异物进入间隙，缺少润滑脂，精度不高等
剥落	主轴表面呈现出带有轻微磨损的暗面，暗面上由表及里可见多条细微裂纹，轴承表面可见大面积的微小金属剥落	润滑脂牌号不适配，油脂凝结，异物进入间隙，轴承表面粗糙度超差
断裂	轴承的滚道侧边由于安装、使用和维护保养时受到较大的人为冲击或机械撞击出现断裂	安装时部分环节处理不当、人为冲击、搬运过程中跌落等；长期高速运行时，主轴受力不均，偏心转矩和扭矩引起疲劳断裂
磨损	滚珠上下滚道面，滚子端面、轴环面等的磨损	润滑不良，滚珠长期受力产生塑性变形，无法满足滚动条件，造成打滑
生锈、腐蚀	轴承生锈和腐蚀，滚道、滚动体表面呈现坑状锈，全面生锈及腐蚀	使用环境中存在腐蚀性的物质，润滑脂在长期使用后变质
塑性变形	滚珠、滚道等部位出现不规则的形变或者凹坑	受到人为冲击或机械冲击、长期在重载工况下使用

（2）制动器的失效/故障分析

2）失效模式及其表征

高速电梯制动器最普遍和典型的失效模式体现为制动器制动力不足，即制动盘的摩擦力不足或制动面的制动面积减少，不足以支撑满载轿厢下行或空载轿厢上行的重力以及高速电梯上下行过程的惯性力。高速电梯的制动器一般是在中低速电梯的基础上，通过增加制动钳盘数量（如图 3-3 所示），扩大制动钳盘面，从而增大制动面积制成，也有电梯公司采用双主机双制动器的型式。正常运行情况下，高速电梯无异于中低速电梯,均为"零速抱闸",此时制动钳盘与制动轮之间是静摩擦,制动器在电梯停稳后实现对电梯的夹持,防止电梯意外移动。然而,在电梯突然失电或者其安全回路、控制回路出现故障等情况下,电梯的曳引机和制动器断电,此时就需要制动器及时动作,夹紧制动轮,使轿厢减速直至停止,在该类情况下制动盘与制动轮之间既有静摩擦又有动摩擦,静摩擦与动摩擦之间相互耦合,同时涉及热、力耦合。高速电梯由于重量大,速度快,紧急制动距离一般长达几十米,最直接、最明显的表征就是制动钳盘和制动轮之间长距离和长时间的摩擦导致制动面磨损加剧,发热严重。由摩擦力公式 $F = \mu N$ 可知,若高速电梯需要产生更大的制动力来制停电梯轿厢,就需要制动器的钳盘和制动轮之间具有更大的夹持压力。在高速电梯的设计制造安装过程中,钳盘与制动轮之间留有一定的间隙,该间隙一般为 0.2~0.5mm。在长期的紧急制动后,该间隙变大,使得夹持压力不足,摩擦力减小,甚至无法制停高速运行的轿厢,导致"冲顶"或者"蹲底"的极端情况发生。此外,若出现二次制动或多次制动,摩擦面发热严重,硬度不足,也会引起夹持压力不足。更有甚者,制动面装配不均、铆钉断裂,使得制动面积减小或者制动器完全丧失制动力。

综上所述,高速电梯制动器失效的表征有:制动器制动力丧失或减小;紧急情况下轿厢无法制停,出现"冲顶"或者"蹲底"现象;轿厢意外移动。

图 3-3　高速电梯驱动主机多钳式制动器

2)失效机理分析

电梯发生紧急制停情况时,轿厢的位移量与钢丝绳的滑移距离、制动轮的旋转圆周数有关。高速电梯由于重载高速,制停距离通常可达几十米,高速电梯制动器摩擦片的选择不仅需要考虑基本的动静态制动,而且需要考虑高速电梯在井道中的各种附加工况的影响,因此需要保留足够的安全系数。高速电梯紧急制动时,制动器摩擦片表面温升加剧程度远大于中低速电梯,若使用常规的金属、纤维材质则无法满足高速制停的需求。为满足这种极端工况的使用要求,制动器摩擦片应耐磨、耐高温、温升慢,可采用陶瓷等材质制成。普通的块式/鼓式制动器难以满足释放足够制动力的要求,因此高速电梯基本使用多钳盘式制动器。高速电梯制动器在制动过程中制动器电气回路失电,需依靠强力压缩弹簧将制动钳盘压紧在制动轮上,由于摩擦力和惯性使制动轮旋转,需要足够的制动力制停驱动主机的运转,该制动力包括克服轿厢系统、对重系统、曳引钢丝绳、补偿钢丝绳的重力和运行的惯性。同时,在制造装配环节中,不同设备精度、参数的微小差异,即会引起制动面表面粗糙度不同,装配的钳盘和制动轮接触面积有差别,轴向跳动超差,从而导致偏磨或双侧制动面受力不均匀的状况发生。高速电梯制动器失效体现在钳体和制动面/轮上,因此本节对制动器的这 2 个零部件的失效进行分析。

　　制动器在工作中丧失了对电梯轿厢进行减速或制停的功能即为制动失效。高速电梯制动器失效包括完全失效和部分失效,完全失效是指电梯动力电路或安全电路失电时,制动器丧失动作反应,该现象一般由制动系统的执行元件或电气回路故障引起。部分失效即制动效能达不到预期的目标,导致电梯制动的距离过长,出现"蹲底""冲顶"的安全隐患,或者在制动的过程中出现异常的状况,如制动不平稳、各个钳盘之间制动不同步等。制动器失效在类型上分为 2 种,一种是机械失效,另一种是电气失效。高速电梯的制动器钳体失效一般体现在以下 3 个方面:①电磁力不足;②制动力不足;③制动弹簧内有异物。制动面/轮失效按照失效机理大致可以分为过度磨损、表面腐蚀、接触疲劳、冲击变形等几种基本的表现形式。高速电梯制动器失效的原因有下列几种。

　　①由于高速变载运行引起的钳体失效

　　高速电梯的钳体是制动器起制动作用的动力装置和执行元件,在正常使用中,钳体由制动弹簧的压力产生静摩擦,紧急制动情况下又涉及动摩擦和热力耦合,同时伴随巨大的冲击力。在频繁的变速变载运行工况下,高速电梯机械部件的磨损是难以避免的,除了制动片在多次紧急制停后磨损外,钳体内部的销轴等也会出现磨损,这些部件的磨损会导致制动不足。另一种情况是制动器机械部件的冗余度不足,钳体内部长期使用的弹簧产生弹性疲劳,弹力下降,导致制动力不足;如果弹簧释放卡阻,电梯到达目的层站后制动器将无法闭合,严重时会造成安全事故。制动器提起依靠制动器线圈产生电磁力来完成,制动器铁芯磨损导致吸合行程变短甚至卡阻,电磁柱塞无法吸合,电梯拖闸运行甚至出现电动机烧毁的现象。高速电梯的制动器一般由 3 个或 3 个以上的钳盘构成,其装配工作对操作人员的水平要求甚高,如装配不当,各个钳盘之间平面度不符合厂商的标准要求,则制动时会严重影响制动器的效能,也会大大缩短制动器的使用寿命。

②由于高速变载运行引起的制动面/轮失效

由于高速电梯在高速下运行,长期经历起制动的变速变载工况,故并不是所有的材料都能够直接用来制作其制动片。高速电梯的制动片在制造装配并正式投入使用之前,还要考虑钻孔、铆接等机械加工工艺。在制动的过程中,电梯制动片除了要承受巨大的钳盘压力与剪切力之外,还要能够承受摩擦过程中产生的高温,因此制动片的材质不仅应具有很高的机械强度,而且应有良好的耐高温的性能,以保证制动片在加工或使用过程中有足够的能力承受电梯的冲击。足够的抗冲击强度、静弯曲强度、应变值、旋转破坏强度是高速电梯制动片在驱动主机高速旋转下制停而不至于出现破损或碎裂等意外情况的基本保证。中低速电梯的制动片一般由石墨、树脂、无机晶须、二氧化硅等材料制成。高速电梯的制动片则采用陶瓷或者特殊的纤维增强材料,以保证制动片能够承受制造过程中机械加工的负荷力以及制动过程中产生的巨大的冲击力、剪切力和挤压应力。若材料选择不当,将使制动片磨损失效加剧,不仅会导致制动器的使用寿命大大降低,而且无法保障整部电梯的安全性。即使材质再好的制动片,当摩擦升温超过其最大允许工作温度时,也会烧流、变焦,使摩擦系数大幅度地降低。即使是同样材质的制动片,如果加工工艺较差,也容易出现裂纹、毛刺、强度不均或碰伤的情况。若制动片存放的环境条件比较差,存放时间久,还会出现干裂、氧化、变色或老化等问题。因此,若制动片的材料选择不当,极容易引起整套制动器失效。

③不合理地使用维护保养引起的制动器失效

制动器零部件使用后失效的主要原因是制动面出现了过度磨损,影响制动面磨损的因素有很多,如接触表面粗糙度、接触体弹性塑性变形、摩擦面的工作环境以及材料特性等。在役高速电梯若经常出现偏载的状况,频繁的偏载载荷传递给导轨和曳引系统,加上长期的变速变载的影响,驱动主机极有可能产生细微位移。这样的位移反映在制动器上,便会出现偏磨、塑性变形加剧等失效情况。高速电梯的机房环境也是影响制动器制动效果的重要因素,如果机房空气中含有腐蚀性的气体,制动器的制动片/轮则容易发生点蚀,使其强度、硬度下降,使用寿命缩短;粉尘环境易导致制动器的电气系统进入杂质,致使制动器无法提起,线路老化加速。合理的维护保养是保持电梯长期稳定使用的重要因素,也是不发生制动器安全事故的首要保障,数据表明,每2~3年的电梯事故中,总有事故与电梯的制动器失效有关,且大部分都是维护保养时疏于对制动器按照保养规则进行行之有效的检查调整导致的。

3)失效状态与原因分析

电梯制动器是一个重要的安全部件,而电梯制动器在使用的过程中的失效模式是一个系统问题,其产生的原因不存在唯一性,要彻底解决这些问题,其需要维护者具有从多方面进行分析的能力。电梯制动器是一个长时间反复动作的电气部件,特别是在一些使用频繁的场合(如商场等),每天动作的次数高达上千次,时间一长,或多或少会产生不同的失效状态。制动器常见的失效状态与原因如表 3-2所示。

表 3-2　制动器常见的失效状态与原因

类别	状态	原因
不开闸	高速电梯得到运行信号指令后,制动器未打开,造成电动机堵转,高速电梯无法运行	制动器线圈断路、未得电或电压不足;制动钳盘压力过大,开闸间隙过小
不闭闸	驱动主机和制动器失电时制动钳盘不动作	制动器回路接触器粘连;制动部件弹簧螺栓疲劳断裂
制动力不足	制动器无法起到足够的制动作用,制动距离过长	各个制动钳盘弹簧压力出现偏差,压力不够均匀;电磁铁芯行程不足,制动钳盘和制动轮之间磨损过度、严重油污、部件老化
制动过程中噪声过大	制动时制动钳盘和制动轮之间冲击大,产生的噪声大	开闸时制动钳盘和制动轮之间的间隙过大
制动片脱落、开胶	制动器的制动片和钳盘未能很好地结合,制动片偏离、移位	铆接制动片使用后磨损过大,造成铆钉的铆头磨削;铆钉质量较差,在使用中因冲击过大断裂;黏接的制动片胶合不足
运行过程中噪声	制动轮旋转时与制动片碰擦,产生噪声	安装时制动轮同轴度不达标
卡阻	驱动主机和制动器失电时制动器抱闸卡阻,未能有效制动	异物进入制动气隙;电磁铁芯锈
裂纹	制动片或制动轮的部分区域受到了冲击或过大压力而造成局部出现裂纹	制造、安装、维护保养(维保)时受到了打击,跌落等;长期高速运行时,制动轮在主轴上松动,两侧受力严重不均
磨损	摩擦造成制动片、制动轮磨损	多次出现紧急停止运行,二次制动或多次制动造成磨损量过大;热疲劳磨损;偏磨
氧化、变色、老化、点蚀	制动片或制动轮上出现异于常态的颜色;表面有斑点状的缺陷	制造环节中有缺陷;使用环境中有腐蚀性的气体存在
冲击变形	制动片或制动轮在受到长期的冲击载荷后产生形变,制动气隙变大	冲击载荷过大,热疲劳导致材料强度、硬度不足

(3)曳引轮的失效/故障分析

1)失效模式及其表征

高速电梯曳引轮最普遍和典型的失效模式体现为曳引轮轮槽不均匀/过度磨

损,轮圈裂纹、破裂、变形,套筒断裂,曳引轮轮槽出现凹坑、表面剥落,铰制螺栓松动位移。高速电梯的曳引轮安装在主轴上,主轴与曳引轮套筒之间是过盈配合。高速电梯运行时,曳引轮随着主轴一起转动,直接带动高速电梯的轿厢作上下运动。由于高速电梯速度快,为避免曳引钢丝绳在高速运行的曳引轮上产生滑移,其曳引轮横槽一般为半圆形带切口的槽,这种设计可使钢丝绳与轮槽间产生足够的摩擦力,保证电梯安全、可靠地高速运行。高速电梯的曳引轮和绳头组合承载了电梯轿厢、对重、钢丝绳、补偿缆等部件的全部重量,因此曳引轮必须强度高、韧性大、耐磨、耐冲击,这对曳引轮的材质、制造加工技术提出了更高的要求。如果正火等热处理过程不当,极容易引起曳引轮疏松、脆裂,导致其在使用中产生裂纹、破裂的概率大大提高,且使用寿命急剧缩短。磨损失效是曳引轮最普遍的失效形式,在高速电梯正常使用过程中,钢丝绳与曳引轮槽相互作用产生的轮槽磨损属于正常现象,曳引轮与钢丝绳接触表面存在径向的弹性摩擦和法向的刚性摩擦。在反复的交变应力作用下,曳引轮槽表面产生微观变形,随时间推移,形变逐渐增加,当累积量达到一定程度时,曳引轮槽表面出现颗粒状或者粉末状碎屑,将会导致曳引轮槽磨损过度而失效。高速电梯载重大、速度快,故要求的曳引力也大,轮槽过度磨损破坏了整部电梯的曳引条件,当电梯轿厢空载/满载,特别是轿厢紧急制停时,曳引轮两侧出现滑移。滑移量越大,电梯制动距离越长,长距离的滑移摩擦加剧了轮槽和钢丝绳磨损,也加速了曳引轮失效。

综上所述,高速电梯的失效表征主要有曳引能力、制动能力下降,钢丝绳脱槽/落槽,钢丝绳磨损加剧,高速电梯运行抖动,舒适度降低。如果曳引力严重不足可导致轿厢"冲顶""蹲底",甚至乘客被剪切等事故发生。

2)失效机理分析

高速电梯曳引轮由 2 个部分组成,外部悬挂电梯钢丝绳的为轮圈,其上有由车削加工而成的轮槽,曳引轮的内圈部分与主轴配合的为轮筒。曳引轮一般采用QT600、QT700 球墨铸铁铸造而成,也有通过机械加工制成。近年来,有研究发现,QTD900、QTD1050 球墨铸铁具有更加良好的综合性能,对钢丝绳具有一定的保护作用且能够延长钢丝绳的使用寿命[94],因此该材料未来在高速电梯上会有更广泛的应用。高速电梯的曳引轮不仅承载了整个轿厢的载重,同时还承受了电梯运行时的所有动静载荷、瞬态动载荷以及钢丝绳在轮槽内产生的扭矩,因此要求其强度高、耐冲击、韧性好。

曳引轮在高速电梯运行过程中不能起到曳引作用,或者继续运行会对高速电梯其他部件和安全状态产生极大的影响即为曳引轮失效。曳引轮失效从机理上可分为磨损、断裂、腐蚀、冲击变形等几种形式。磨损是正常的表现形式,然而不正常、不均匀的磨损会加速曳引轮的失效,这与曳引轮、钢丝绳的安装悬挂方式,轮槽的加工工艺都有很大的关系。高速电梯瞬态的变载范围波动较大,因此,对曳引轮的材质及车削轮槽表面粗糙度的要求更为严格。本节从制造工艺、安装和使用维护角度对高速电梯曳引轮的失效机理进行分析。

①材质制造工艺不达标引起的失效

高速电梯的曳引轮必须强度高,韧性大,耐磨、耐冲击,这对曳引轮材质、制造工艺、车削加工技术的要求更高。在制造过程中,若对温度的控制、曳引轮原材料添加的调节剂、最后的化学成分控制、正火等热处理过程工业控制处理不当,极容易引起产品疏松、脆裂,导致曳引轮在使用中产生裂纹、破裂的概率提升,使用寿命急剧缩短。车削轮槽时,为了保证足够的摩擦力,轮槽的粗糙度不应低于 $Ra\,6.3\mu m$,硬度应在 200HB 左右,同时每一道槽之间的硬度差不应大于 15HB[95]。GB/T 24478—2009[96] 规定,各槽节圆直径之间的差值不应大于 0.10mm。如果每一道槽之间的差值较大,则钢丝绳在每一道槽内的压力不同。同时,由于粗糙度不一致,摩擦力也不同。当高速电梯在高速重载下紧急制停或电梯安全钳发生意外动作时,钢丝绳在轮槽内高速滑移,加剧了轮槽的不均匀磨损,从而导致曳引轮失效。

②高速变载工况导致安装尺寸超差引起的失效

安装曳引轮和导向轮时需要考虑安装的垂直度和两轮之间的平面度,曳引轮的垂直度允差不应大于 0.5mm,曳引轮和导向轮轮缘端面的垂直度不应大于 4/1000[97]。曳引轮和导向轮的安装位置有一定的偏移,需要保证钢丝绳对中。如果安装技术不达标,容易造成轮槽偏磨,使高速电梯运行不平稳。高速电梯的钢丝绳很长,在悬挂钢丝绳时,应特别注意消除钢丝绳的扭转内应力,否则极易发生钢丝绳扭转,张力不均的情况。新安装的高速电梯刚投入使用时,在大载重、高速的制停振动以及电梯曳引机的运行抖动影响下,曳引轮的安装位置还会出现一定的偏移,不仅会造成轮槽的偏移磨损,曳引机还会发生异常的噪声和振动,严重的偏移甚至会导致整个曳引系统瘫痪。

③使用管理维护不当引起的失效

安装高速电梯的高层建筑管理上难度较大,高速电梯进场安装前若没有规范的存放管理,可能会导致电梯较长时间地承受风吹、日晒、雨淋,特别是对于电梯曳引机,轮槽内若进入硬质杂物,清除时容易硌伤轮槽。高速电梯多服役于办公楼宇、观光塔楼等高层建筑,因此为了美观且提升乘坐的观赏性,多对高速电梯轿厢进行二次装潢,然而装潢的大理石地板、木质轿壁、吊顶等质量少则 100~200kg,多则 300~400kg,若控制不当,则极容易引起过度装潢,导致高速电梯自重过度增加,这不仅改变了其平衡系数,而且增加了曳引轮的承载质量,导致轮槽比压增大,加剧了轮槽磨损。新高速电梯交付使用后,钢丝绳会有一定的延长,然而即使是从同一卷钢丝截取的钢丝绳,其延长率也会有所不同,这就造成了不同轮槽间的钢丝绳张力不均,如果不能及时地调整,将会造成轮槽不均匀磨损,久而久之会缩短曳引轮使用寿命。由于高速电梯提升高度大,更换钢丝绳的费用较高,有些使用单位为了节省成本,没有将有断丝或过度磨损的钢丝绳全部更换,造成了不同轮槽内钢丝绳的结构性、延长率、受到的载荷差异较大,最终导致曳引轮和钢丝绳的完全失效。

3)失效状态与原因分析

由于设计、制造、安装及曳引系统本身的各种原因,曳引轮在高速电梯运行一段时间后产生磨损,磨损程度的日益严重将对高速电梯的安全运行及舒适性造成一定的影响。通过分析可知,在曳引式电梯运行过程中,轮槽磨损情况会对电梯运行的安全性与稳定性造成直接影响。因此,应针对导致曳引轮轮槽非常规磨损情况进行合理的分析,并且要应用合理的检测方法,适当开展对曳引式电梯轮槽的检验检测,为高速电梯的安全运行提供可靠的数据支持。曳引轮常见的失效状态与原因如表 3-3 所示。

表 3-3　曳引轮常见的失效状态与原因

类别	状态	原因
过度磨损	曳引轮轮槽槽型失去原有形态,钢丝绳落槽、打滑,曳引/制动能力下降	曳引轮达到服役期限,硬度不满足高速电梯要求,轮槽切槽/车削工艺不达标,绳槽选型有误,高速电梯长期高载荷运行,钢丝绳比压过大
不均匀磨损	轮槽磨损量不一致,轮槽侧缘有强烈磨损痕迹,产生较多的磨削碎粒,钢丝绳振荡,高速电梯运行抖动	曳引轮装配垂直度不达标,曳引轮与导向轮平面度不达标,钢丝绳张力不均,绳头组合拉力不一;设计、加工工艺缺陷
轮圈/裂纹断裂	曳引机运行时出现异常噪声和抖动,曳引轮不周正,继续运行可能产生危险	曳引轮受到的应力超过铸铁材质的屈服极限,安装使用过程中曳引轮受到较大的冲击载荷
铰制螺栓松动	轮圈与轮筒螺栓松动,曳引轮晃动,运行时出现异响	曳引机长期在振动的环境下工作;安装维保不到位,维修后未对曳引轮进行周全的检查
运行噪声	曳引轮产生异常的噪声并抖动	曳引轮与主轴装配同轴度超差,装配间隙四周过盈量不一致,应力集中

类别	状态	原因
轮槽凹坑/表面剥落	轮槽表面材质黏附在钢丝绳上;轮槽有凹坑	曳引轮存放环境差,轮槽黏附硬质杂物,受力后在轮槽表面硌出凹坑;钢丝绳与轮槽黏结,运行时轮槽表面剥落
塑性变形	曳引轮整体出现变形,圆度超差	在长期大载重、高速度的变速变载工况下,铸铁材质热疲劳导致曳引轮产生形变;安装使用过程中受到冲击
轮缘破损	轮缘破损、裂纹、断裂	曳引轮安装使用过程中受到较大冲击载荷
腐蚀、变色	曳引轮表面腐蚀,颜色异常	曳引轮存放时未加保护措施;使用环境中有腐蚀性的气体;长期受热变色

3.1.3　高速电梯主机的失效检测技术与方法

(1)主轴系统的失效检测技术与方法

目前高速电梯主轴组件的失效检测主要包括监测主轴在驱动主机内的运行状况和进行振动噪声的测量等,需结合轿厢运行性能状况作出判断,必要时还应对主轴组件进行拆解,进一步分析主轴和轴承的微观状态。拆解主轴组件后,一方面要对主轴的外观进行检测,观测有无明显裂纹、缺口和不正常的磨损等缺陷,另一方面则需要借助无损检测等技术手段对内部缺陷进行微观的检测,这些失效的模式将导致曳引轮脱落及驱动主轴出现弯折、变形、同轴度超差等失效表征。此外,还需对拆解后的主轴组件进行整体可靠性分析,中国专利 CN201410402904.7 和 CN202011003937.6 分别公开了 2 种不同的主轴可靠性试验装置[98-99],但是,其试验条件偏离高速电梯主轴的实际工作状态,难以得出正确的结论。总体上,在主轴组件的失效检测中,拆卸检测在主轴组件失效检测的各种方法和手段中占的比例不大,然而除了拆卸检测以外,在国内电梯主轴失效检测主要还是依靠检验人员的经验判断。规范文件 TSG T7001—2009 对于驱动主机的检验要求为:驱动主机工作时无异常噪声和振动,其中也包含了主轴组件的噪声和振动。现有针对曳引机的振动和噪声的检测设备有 EVA-625、德国亨宁公司研发的 LiftPC 系统、德国莱茵集团的 ADIASYSTEM 电梯检测系统、北京百万电子科技公司的 DT-4A 型等[100]。

国内外现有的检测技术、方法、仪器大部分集中在针对高速电梯整体的乘运质量性能方面，这些是间接的分析手段，均没有对主轴组件的失效给出直接的定性定量的评价。从失效的影响看，高速电梯主轴失效最明显的特征为驱动主机温升加剧，振动幅度大；高速电梯主轴组件的检测技术主要集中在故障提取的研究上，当主轴组件出现异常情况，振动的频率和温升的数值极有可能呈指数级别上升，且具有一定的不平稳性，因此可结合时间频谱，对上述的故障表征进行定量分析。

主轴组件中的滚动轴承是驱动主机运转的主要摩擦部件，虽有滚珠减小了受力摩擦面面积，但摩擦点受到的压力相对增加，较高的挤压应力容易造成滚珠变形，引起其不均匀旋转，从而导致运转阻力增大，振动、摩擦加剧，温升加快。过高的温度若长期反作用于主轴，将导致主轴特别是摩擦部位的材质出现蠕变。通常，振动越剧烈，蠕变的表征也越显著。

综上所述，可建立主轴组件振动、温升定量的应变、传感分析系统，对主轴失效进行定性的评价，为主轴的安全性能评估提供更为科学的检测技术和方法，如图3-4所示。

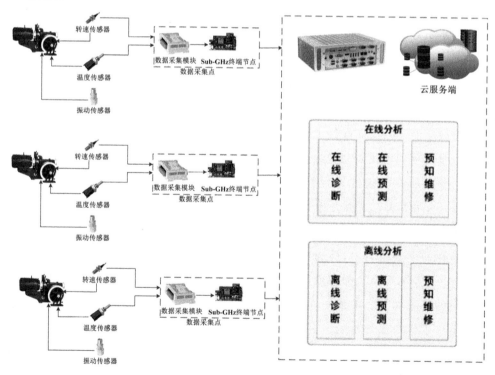

图 3-4　主轴失效检测系统

（2）制动器的失效检测技术与方法

高速电梯的驱动主机一般为永磁同步无齿轮曳引机,此类型的曳引机未设置齿轮或蜗轮蜗杆减速机构,其减速依靠电动机定子产生的反向的电动势或者电梯运行拖动电机产生的反向电流,故电动机工作在电动状态或者发电状态。同时,此类型高速电梯的上行超速保护装置和意外移动保护装置的制停子系统均依托于制动器,若制动器失效,唯有依靠限速器—安全钳联动制停轿厢,然而高速电梯限速器动作速度极快,发生失速时电梯加速运行,安全钳动作时对电梯轿厢会产生巨大的冲击,通常伴随轿厢本体破坏,严重威胁到高速电梯的安全运行。

GB/T 7588.1—2020[101] 对于制动器的要求主要有以下 2 点。①轿厢载有 125% 额定载重量并以额定速度下行时,制动器能使驱动主机停止运转。如果部件失效而使其中一组制动器不起作用,制动器仍应有足够的制动力使轿厢减速、停止并保持停止状态;应监测制动器机械部件动作（松开或制动）或验证其制动力。②满足要求的两个独立的机电装置,当高速电梯停止时,如果其中一个机电装置的主触点未打开,最迟到下一次方向改变时,应当防止高速电梯再运行。TSG T7001—2009[102] 规定:制动器应当动作灵活,制动时制动闸瓦紧密、均匀地贴合在制动轮上,电梯运行时制动闸瓦与制动轮不发生摩擦;制动闸瓦以及制动轮工作面上没有油污。

对于高速电梯制动器的检测通常以安全技术规范的检验方法为依据,需要在电梯整机的基础上,通过外观检测、模拟操作试验、制动性能试验来评价制动器的好坏和制动性能。有部分制造厂商可通过服务器读取旋转编码器的数值,从而判断制动距离、制动减速度等是否符合标准要求。而大部分的检验检测机构并不能针对不同品牌、不同梯型给出定量的判断,仅依靠检测人员经验判断,对于制动器特别是制动片的衰减、预期使用寿命、失效先兆等无法得出结论。华南理工大学和深圳市特种设备安全检验研究院共同研发试制的电梯制动器性能检测试验样机[103] 将制动器从高速电梯整体中剥离出来,可以测试在每种试验工况下,高速电梯的制动距离、制动减速度、制动力矩、摩擦片温升和主轴转速,并通过传感器进行数据采集,该技术在国内处于领先地位,基本能够全方位检测在役电梯的制动性能并得出恰当的评价。天津市特种设备监督检验技术研究院开发的电梯无载荷制动能力测试仪[104] 可以在减少人力、物力的基础上检测电梯制动器的制动能力,在推动制动器性能检测高效快速的道路上迈出了重要的一步。

通过对国内外现有的检测技术和测试设备的对比分析可见,大部分的检测技术针对电梯制动器的制动性能方面,没有从全面的选型设计、强度测试、预期寿命、失效评定方面进行全方位的分析。由于高速电梯多服务于乘用人员众多的办公楼宇、酒店住宿等场所,长期处于起制动频繁的变载变速工况下,载重大,速度高,温升快,对制动器材质的强度、硬度方面要求更高,因此,建立一整套的高速电梯制动器失效检测方法势在必行。检测方法可包括前期试制测试和型式试验的寿命预估、失效评定;出厂检验的强度试验,可靠性测试;制动器的安装监督检验和定期检验;使用维护的失效判定方案和电梯制动性能测试。对首次开发的高速电梯制动器,除进行标准要求的各种工况下的制动能力验证,启释放电压、温升和可靠性测试外,还应再补充制动能力稳定性试验,多次连续制动试验,及制动片最大允许磨损量检测。由于高速电梯的制动器多为盘式制动器,其制动钳盘和制动片之间为铆接或黏接,装配完成之后只能通过破坏性地拆卸进行更换,因此在检测制动片材质磨损量时应对比多次制动前后的金相分析,从而预估制动片的设计使用寿命。应对新出厂的制动器进行制动力矩、制动电磁铁的最低吸合电压、最高释放压、制动响应时间的测定,此外,还应进行制动器线圈耐压测试,制动器动作可靠性试验及噪声检测。安装监督检验和定期检验应根据对应的型式试验证书和制动器电气原理图,验证制动器的机械、电气部分以及制动性能。使用维护中制动器的失效可参考GB/T 31821—2015,通过制动器外观目测,制动片/轮磨损量测量,制动减速度、制动距离的数据读取,并结合电梯意外移动保护装置自监测子系统进行综合判定。

(3)曳引轮的失效检测技术与方法

高速电梯的驱动主机一般为无齿轮永磁同步电机,此类电机曳引轮的特点是内部的轮筒直径较大,外部的轮圈圆环面较小;在役的高速电梯由于轮筒处被制动轮遮挡,故其中的缺陷较难被发现。对于高速电梯曳引轮的失效检测一般是通过目视耳听、计量仪器测量的方法来实现。目测检查是在检测的过程中,检测人员通过直接的观测,判断曳引轮轮槽磨损程度,以及是否有不均匀磨损、偏磨等状况,轮圈轮筒上是否有裂纹等。耳听法是通过细听判断电梯运行过程中曳引轮是否发出不正常的异响和振动声,综合评判曳引轮是否失效,能否继续使用,这2种方法也是目前最常用的检测方法,但是对检测人员的经验水平、理论结合实际的能力要求较高,一般只能作为参考性检测。计量仪器测量一般是将角尺贴合钢丝绳,抵住最高的钢丝绳,且保持角尺与地面平行,用塞尺测量角尺底边与钢丝绳之间的间隙,该间隙值即为曳引轮槽不均匀磨损的差值。也可通过该间隙值与节圆直径的综合分析计算,更精确地得出轮槽的磨损比例,从而更准确地判断曳引轮的磨损/失效状况。安全技术规范所述的高速电梯曳引能力的验证是通过综合空载曳引能力试验,上、下行制动试验来判定的,这种性能试验确实能对轮槽的磨损进行有效的定性判断,但是细微的裂纹等不容易检测。湖州市特种设备检测研究院和成都市特种设备检验研究院分别试制了一套工装检测设备检测轮槽的宽度和深度,该工装检测设备检测精度较高,然而针对不同的曳引轮,通用性较差。中国专利CN108059050A 提出了一种电梯曳引轮轮槽磨损状况非接触检测装置和检测方法[105],该方法试制了一套激光发射装置,可将模拟量转化为数字量传递给与之配套的计算机分析软件,检测出轮槽深度、切口角度、切口宽度等参数,通过计算机分析得出轮槽磨损程度,且能够涵盖轮槽磨损方面的检测,为曳引轮失效检测提供可行的方法。

安全技术规范 TSG T7001—2023 关于曳引轮方面的规定:曳引轮轮槽不得有缺损或者不正常磨损,不正常磨损包含各轮槽的不均匀磨损和单个轮槽的偏磨。另外,驱动主机工作时应无异常噪声和振动,该条款也应包括对曳引轮异常情况的判断。GB/T 24478—2009[2] 对曳引轮槽的技术要求:①曳引轮绳槽槽面法向跳动允差为曳引轮节圆直径的 1/2000,各槽节圆直径之间的差值不应大于 0.10mm;②曳引轮绳槽面应耐磨且材质均匀,其硬度差不应大于 15HB。GB/T 31821—2015[19] 对曳引轮的报废技术条件的规定:绳槽磨损造成曳引力不符合制造安装标准相关条款的要求。通过综合分析,此条款同样适用于高速电梯。

国内外现有的检测技术和检测设备大部分都集中在曳引轮轮槽磨损方面的检测,轮槽的不均匀磨损是曳引轮最常见、最普遍的失效模式,然而高速电梯长期工作于大范围的变速变载工况,曳引轮瞬态变化大,受到的冲击也大,且其不易察觉的隐蔽部分较蜗轮蜗杆驱动主机多,部分曳引轮的失效表征较难被发觉,因此应建立一套质量控制加检测技术综合判定的检测方法。当曳引轮的原材铸造或机械加工完成后,应通过超声波探伤检验,摒弃其中的残次品,并在车削轮槽的重要环节,合理应用复合车床,巧妙编制走刀方案加以控制。曳引轮出厂检验除了应把握基本的产品质量外,还应测量绳径比、曳引轮轮槽面法向跳动允差、轮槽硬度、轮槽深度/宽度、切口宽度/深度等,做到全方位的检验。安装监督检验和定期检验应按照安全技术规范的要求验证曳引能力,并根据综合试验情况进行失效的分析判别。针对在役高速电梯,可结合声发射检测法对运行过程中的曳引轮发射声波信号,通过回波信号建立特种频谱,分析评估轮槽磨损状况。使用维护工作必须对曳引轮的磨损失效进行定期监测,目测检查曳引轮,查看槽深差、带钢丝绳表面压痕的槽、曳引轮和曳引机附近表面的磨损材料,定期记录每根钢丝绳的直径 D,按照前述的计量仪器测量法测量间隙值,对于每根钢丝绳,将间隙值加到绳径上:$X = D + a$。找到 X 的最大值 X_{max} 和最小值 X_{min},并计算出两者之差:$\Delta X = X_{max} - X_{min}$。如果$\Delta X \geqslant 0.5mm$,则需要更换曳引轮,或者在可行时重新制作轮槽,轮槽磨损和轮槽重新制作会减小节径,但该节径不能小于指定的最小值。

3.2 高速电梯轿厢结构特点及失效模式分析

3.2.1 高速电梯轿厢的基本结构特点

高速电梯轿厢的主要功能为运送乘客,是电梯各系统中的工作装置。轿厢系统由轿架(上梁、下梁、立柱、斜拉杆等)、轿壁、前壁、轿门等部分组成,如果涉及装修,还包括装修的各部件,中低速电梯的轿厢结构如图 3-5 所示。然而相对于中低速电梯而言,高速电梯轿厢在运行过程中受到的空气阻力急剧增大,一般的立方体结构无法减缓运行中的空气阻力,这给高速电梯的运行安全性和舒适性带来了较大的安全隐患。与中低速电梯相比,高速电梯除了轿厢架的强度刚度计算设计、下梁的强度刚度计算设计、下拖梁的强度刚度计算设计以及斜拉杆的强度刚度计算设计以外,还有其特有的结构设计,例如:流线型的导流罩、双重壁(如图 3-6 所示)、气压补偿装置、轿门关门到位的下沉设计。

图 3-5　中低速电梯轿厢结构

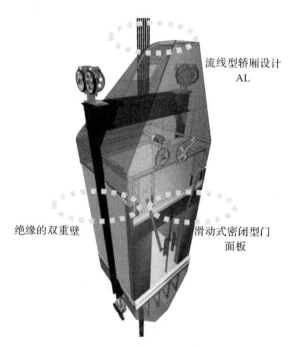

流线型轿厢设计
AL

绝缘的双重壁

滑动式密闭型门面板

图 3-6　高速电梯轿厢结构

（1）流线型轿厢导流罩结构

高速电梯在大行程井道内高速运行的过程中，井道内空气会随着高速电梯的运行快速地流经轿厢表面，随后进入轿厢内部，进行气体交换。对于高速电梯，当空气流过其轿厢表面以及轿厢内部时，会产生湍流现象，同时还会产生噪声、振动，并造成气压的急剧变化。为提高高速电梯运行过程的气动性能，降低高速电梯运行过程中井道内气体的阻力导致的额外电梯运行能耗，同时改善井道内空气气流的状态以及减小高速电梯运行过程中产生的噪声、振动以及气压变化，可在高速电梯轿厢外安装流线型的导流罩，以改善乘客的用梯舒适性。

（2）轿厢轿壁改进结构

双层轿壁的高速电梯的内层通常由不锈钢制成，外层通常采用普通薄钢板制成，可起到有效的隔噪效果。通常，高速电梯轿壁采用嵌入镶条的结构，类似于引导气体流动的导流槽，而超高速电梯一般采用双层轿壁设计，轿厢外壁较为光滑，可以减少电梯高速运行时气流受到的阻碍；且在双层轿壁内部加入隔噪、吸噪材料，可以减少轿厢内的振动和噪声，如图 3-7 所示。

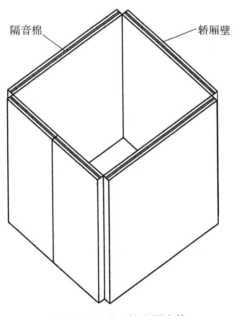

图 3-7　轿壁中填充隔音棉

研究人员将轿厢的降噪、减振以及减缓气压变化水平作为研究的趋势之一，针对电梯速度、乘坐舒适度、安全性、静音性和节能性等方面进行了一系列攻坚，并采用诸多新型技术保证电梯在超高速运行中的稳定状态,致力于为乘客提供更舒适的乘坐环境。例如在轿厢的轿底采用蜂窝巢结构,降低轿厢因高速运行引起的震动和噪声,如图 3-8 所示。

图 3-8　轿底采用蜂窝巢结构

（3）轿厢通风结构

我们在保障高速电梯轿厢结构强度的前提下,应进一步改善其通风效能。通风孔作为轿厢内外换气的通道,可防止电梯故障或断电等情况而造成安全问题,开设通风孔是电梯设计过程中必不可少的部分。GB 7588.1—2020 规定:无孔轿厢应在其上部及下部设通风孔;位于轿厢上部及下部通风孔的有效面积不应小于轿厢有效面积的 1%。通风孔的有效面积是将轿门缝隙等均计算在总面积之内的,保证足够的有效面积是通风孔设计的前提。轿厢内外气体通过通风孔进行交换,轿厢外气体紊流影响着轿厢内气压的变化,同时通风孔的布局影响着轿厢整体气密性,气密性对于轿厢气压的补偿至关重要。

①考虑轿厢气密性的通风孔设计原理

由于轿厢内气压的变化和轿厢气密性关系紧密,故规定轿厢内外气体压力差 Δp,轿厢内气压变化梯度为 $\mathrm{d}p/\mathrm{d}t$,定义气密性常数 τ 为:

$$\tau = \frac{\Delta p}{\mathrm{d}p/\mathrm{d}t} \tag{3-1}$$

电梯运行过程中某一时刻轿厢内外压力差 Δp_1,经过时间 t 后内外压力差变为 Δp_2,则气密性常数又可表示为:

$$\tau = \frac{t}{\ln(\Delta p_1 / \Delta p_2)} \tag{3-2}$$

令 $\Delta p_1 / \Delta p_2 = \mathrm{e}$,得出 $\tau = t$,即可以选取气密性试验时前后气压差比值接近常数 e 的数值,并根据时间判断轿厢气密性常数的大小。

对于有 n 个缝隙的轿厢,其中第 i 个缝隙的气密性常数为 $\tau_i(i=1,2,\cdots,n)$,则轿厢整体气密性常数 τ 与每个缝隙的气密性常数 τ_i 可以用并联阻抗关系进行表

示,其关系表达式为:

$$\frac{1}{\tau} = \frac{1}{\tau_1} + \frac{1}{\tau_2} + \cdots + \frac{1}{\tau_n} \tag{3-3}$$

可以看出,轿厢内各缝隙气密性高于轿厢整体气密性。同时,对于整体气密性影响最大的为个体气密性最差的部位,因此,提高气密性最差部件的气密性对于提高整体气密性有显著影响,当通风孔有效面积 S 一定时,等面积分配各通风孔有利于提高轿厢气密性。合理选择通风孔的个数是提高轿厢气密性的关键,有研究表明,高速电梯通风孔的个数与高速电梯运行的最大速度有关,其关系如表 3-4 所示。

表 3-4　高速电梯轿厢通风孔个数与最大运行速度对应关系

最大运行速度 $v/(\mathrm{m \cdot s^{-1}})$	(2.5,4.0]	(4.1,6.0]	(6.1,9.0]	(9.1,12.0]	>12.0
轿厢通风孔个数	20	30	40	60	80

②考虑轿厢内外气体交换的通风孔布局方式

高速电梯运行过程中,轿厢在井道内作上下运动,气流在轿厢外围发生急剧的变化,通过轿厢通风孔与轿厢内气体进行交换,影响轿厢内气压的变化。高速电梯轿厢主要由前壁、后壁、两侧壁,以及顶板与底板组成,顶板与底板一般用于安装导流罩及曳引绳、补偿绳等驱动装置,前壁主要安装轿门等门系统。由于轿厢与对重交错时轿厢外气压变化大,因此,高速电梯通风孔一般设置在轿厢两侧壁周围。

为了减小气流在轿厢内的环流影响,高速电梯通风孔的单孔形状设计基本为方形,在整个轿壁上,方形的通风孔布置方式为靠近轿壁侧边垂直布置或上下水平布置的形式,也有环绕轿壁四周呈环形布置的形式,通风孔之间距离均等,以保证气体流动的稳定性,布置方式如图 3-9 所示。

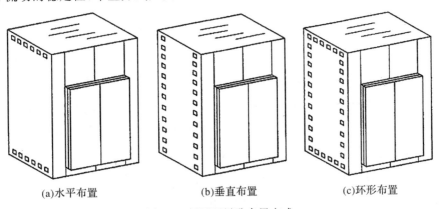

(a)水平布置　　　　(b)垂直布置　　　　(c)环形布置

图 3-9　轿厢通风孔布置方式

对于通风孔水平布置的高速电梯,气体进入到其轿厢内部,需在轿厢内经过一定的行程,作用一段时间之后才能排出轿厢,因此轿厢轿顶和轿底的压差较大,这种布置方式通常适用于速度低于 $4m \cdot s^{-1}$ 的电梯。通风孔垂直布置的电梯,由于层门处容易引起气流的湍动,因此轿厢的前壁和后壁压差较大,这种布置方式适用于电梯井道位于建筑物内部,外部风力等影响较小,运行速度不大于 $8m \cdot s^{-1}$ 的电梯。通风孔环形布置的电梯,能够适应不同的井道气流变化,因此该布置方式可适用于超高速电梯,但要注意轿厢内的气流噪声问题。

③轿厢风机补偿方式

风机作为补偿轿厢内气压变化的工具,可根据轿厢内气压变化的曲线利用电梯的控制单元合理设置进出气体对轿厢气压进行补偿。其主要技术参数有以下几种。

a)压力。风机的压力指升压,即气体在风机内压力的升高值或者该风机进出口处气体压力之差。有静压、动压、全压之分。

b)流量。单位时间内通过风机的气体容积量,又称风量,一般用 q 表示,常用单位是 $m^3 \cdot s^{-1}$、$m^3 \cdot min^{-1}$、$m^3 \cdot h^{-1}$。

c)转速。风机叶片旋转速度,一般以 n 来表示,常用单位为 $r \cdot min^{-1}$。

d)比转速。假定机械效率为 100%,扬程为 $1m$(风机全压为 $1mmH_2O$),流量为 $0.075m^3 \cdot s^{-1}$(风机为 $1m^3 \cdot s^{-1}$)时标准泵或风机的转速。

e)功率。风机的输入功率,常以 N 来表示,常用单位为 W、kW。

风机又可分为轴流风机、离心风机、混流风机与恒流风机。轴流风机风量大,压力小,转速高且噪声较大,可逆向送风,然而较易附着尘埃,且受环境的影响较为明显。离心风机适用于高压、风量小的状况,比转速相对较小,噪声指标优于轴流式风机,无法逆向送风。混流风机的风压系数和流量系数都介于轴流风机和离心风机之间,因此适用电梯范围适中,安装简单方便。恒流风机结构简单,体积小,动压系数较高而气流达到的距离较长,广泛用于激光仪器、空调、风幕设备等。

高速电梯轿厢气压变化的补偿属于高压快速的补偿,且补偿量较小,同时风机安装于轿厢需要具备较小的结构尺寸,并且风机的噪声不应过大,过大的噪声会给电梯舒适性造成影响。应综合考虑对轿厢气压的变化,选取离心风机作为补偿。

风机的轿厢气压变化补偿可分为单风机补偿与双风机补偿。其中单风机补偿通过一个送风机正向旋转以及反向旋转,在高速电梯轿厢升降运行进行加压到降压,或者降压到加压的控制,其过程主要通过对风机进行从正向旋转到反向旋转,或者从反向旋转到正向旋转的方向控制来实现。而双风机补偿的其中一个风机专门用于补充轿厢内气压,另一个风机专门用于抽取轿厢内气压。单风机补偿相对双风机补偿给高速电梯运行过程增加的额外载荷较小,但控制稍困难,且使用寿命较短。单双风机轿厢气压补偿方式如图 3-10 所示。

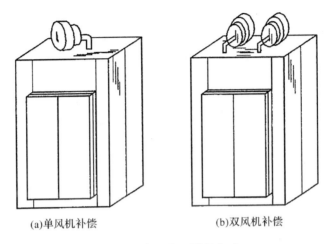

(a)单风机补偿　　　　　　　　　(b)双风机补偿

图 3-10　轿厢气压补偿方式

④轿厢气压控制系统补偿方式

随着高速电梯速度不断提升,仅仅依靠简单的风机无法实现轿厢内外的气压平衡,因此高速电梯在设计上出现了不同种类的气压控制方式。

高速电梯运行时,轿厢速度短时间内提高,在高速冲击井道气流时引起井道空间的气压变化,使轿厢内外压差过大,不停换气的过程会使乘客产生耳鸣现象,极大地影响了乘客乘梯的舒适度。同时,当电梯向下运行时,由于电梯井道的"烟囱效应",井道内气流上升,电梯相当于"逆风而行",同时还叠加了一定的失重感,因此当速度过快时,乘客在向下运动时的不适感会更加明显,这也是高速电梯下行需要限速的主要原因。

轿厢气压主动控制补偿系统如图 3-11 所示,在轿厢上增加了进气风机、排气风机、气压计和控制器。气压计时刻检测轿厢内外的气压值,当内外气压达到需调整的阈值时,控制器工作,其根据反馈的值决定是进气单元工作还是排气单元工作,形成了轿厢气压调节的闭环控制。

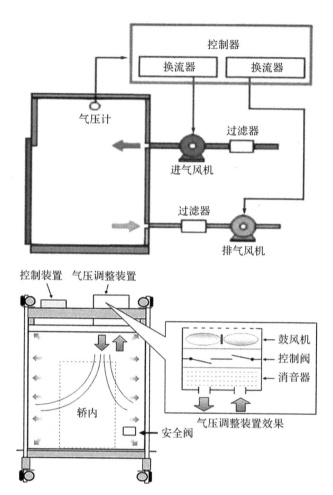

图 3-11 轿厢气压补偿控制系统

3.2.2 高速电梯轿厢系统的失效/故障分析

(1)高速电梯轿厢系统的失效模式及其表现特征

1)轿厢舒适性控制的国内外研究现状

随着全球的城市化不断进行,人们对承载其往返于高层建筑上下层进行事物生产的高速电梯的需求也逐渐明显。我国高速电梯发展起步较晚,在满足人们乘坐舒适感的技术方面仍然存在不足。我们充分学习借鉴并对比分析了国外先进电梯技术,总揽外国电梯设计技术的可用之处和不足之处,结合我国具体环境现状,总结了以下影响舒适性的大因素、细化因素及特点,以及现成方法和不足,如表 3-5 所示。

表 3-5　轿厢舒适性控制的国内外研究现状及不足

舒适性因素	与激励相关因素	特点	现有方法及技术	不足
气压	轿厢与对重间距	间距过小或过大均会影响瞬时的气动力（矩）	国内外主要从气压控制装置的结构、轿厢密闭材料的类型、不同结构的轿厢（对重与轿厢横向间距）气压控制性能、不同的井道结构（气孔）以及气压传感器的性能进行研究	没有涉及轿厢内气压检测方法,在高速运行的轿厢中乘客常常会产生耳鸣的感觉
	通风孔布置	不同的开孔参数对气流分布的影响不同		
	轿厢外形结构	降低摩擦阻力		
噪声	机械部件	机械结构的振动及各部件之间的摩擦	国内外主要从空气动力学角度,从源头上找出电梯噪声的产生机理,并研究应如何对其进行控制,对于运行中不可避免的噪声进行降噪处理	没有涉及高速电梯轿厢噪声的检测及预测技术,在噪声测试及分析上没有进一步的研究
	井道气流	因气流压力场的剧烈变化而产生		
振动	机械部件	机械部件之间的横向或纵向作用力	在单一纵向或横向振动激励基础上,减少某个较窄频带的被动振动控制、执行机构需要外加能源的主动控制方式以及比较复杂成本较高的半主动控制方式	没有涉及多角度多方位的激励来源分析,在模型建立过程中研究者们没有全面考虑轿厢、气流、导轨、导靴、楼宇的振动与形变等条件
	气流激振	高速运行下井道内的气流扰动		
	电气控制系统	编码器、调速装置等不稳定		

2)高速电梯轿厢气压激励及其特点分析

与中低速电梯相比,高速电梯由于运行速度快,对封闭井道中的气体冲击也更为强烈。根据牛顿第三定律,电梯的高速运行带来了明显的气动阻力,轿厢运行前端的空气被迅速压缩,使得静压明显增加,而由于轿厢驰离,周围被压缩的空气迅速进入轿厢运行后端的空间形成气旋,使得此处静压明显降低,轿厢运行上下两端出现明显的压差,这 2 股气流围绕着电梯轿厢运动,产生气动阻力和气动噪声,造成轿厢外部的气压迅速变化,在内外换气的过程中也同时引起轿内气压的变化,使得乘客感到不适,当压差变化过大时甚至会造成耳鸣。基于轿厢内气压的产生原因和激励特点,运行中的高速电梯所产生的气动问题大致可归为以下几种。

①轿厢与对重间距对轿厢气压激励及其特点分析

高速电梯的对重与轿厢交会时,其相对速度相当于 2 倍的高速电梯运行速度,两者所形成的侧向升力剧增,加上受对重框架的形状、结构和轿厢与对重间距等因素的影响,空气可流动的空间减小,形成"狭管效应",气体流速迅速加快,波动强烈,在对重和轿厢交汇的表面形成相对较大的气动作用力。该气动力直接作用于轿厢,产生横向冲击和振动,不仅加速了轿厢导靴和导轨的磨损,而且使轿厢运行的舒适性降低[107]。

井道内的空间有限,因此轿厢与对重之间的横向间距不能过大,必须小于轿厢和井道壁的横向间距;但轿厢、对重及关联部件之间的横向间距太小也会影响电梯运行的安全性,因此该间距必须大于等于规定值。

②井道壁通风孔的布置对轿厢气压激励及其特点分析

由于井道壁的不规则性以及井道内高速电梯部件的干扰,高速运行的轿厢周围的气流将会产生复杂的波动,此波动会在一定程度上影响高速运行的轿厢。轿厢运行方向后端由于轿厢的离开而形成空气漩涡,类似于大气负压,使周围的空气迅速填充该漩涡,而运行方向前端的空气受到挤压,需要往气压低的间隙、空间等释放,如果井道壁上没有设置合理的通风口,空气则会长时间在较小的空间内被挤压并产生剧烈的波动,进而导致轿厢的外壁出现扰流现象,影响轿厢运行时的平稳性。当井道内气流的流速和气流运行轨迹的变化率达到某一比例时,轿厢出现不规律的晃动,极大地影响了电梯的舒适性。因此,为了减小在高速运行过程中气压对人体的影响,高速电梯的井道壁除了应设置基本的曳引钢丝绳孔洞之外,还应在底坑地板等处进行开孔,必要时还应布置合理的井道壁开孔。

理论上来说,通风孔的宽度越宽,通风孔的长度越长,井道内的通风状况越好。GB 7588.1—2020 规定井道壁通风口的面积应小于等于有效面积的 50%,且应大于等于井道有效横截面积的 1%。建筑结构限制了通风孔布置的疏密程度,假如布置得太密,建筑结构的强度会被削弱,可能达不到安全要求。为了合理有效地布置通风孔,通风孔长度应大于等于对重与轿厢的交错距离。井道壁上设置的通风孔能在一定程度上降低井道内的气流速度,并且其参数也会影响气流分布情况。

③高速电梯轿厢的外形结构对轿厢气压激励及其特点分析

轿厢高速运行时,运行方向头部空气受到压缩形成空气高压区,而尾部由于原来占据位置的轿厢离开形成空气低压区。理论上,高压区的空气将会迅速向低压区流动,然而一来由于轿厢四周可供空气流动的井道间隙较小,二来空气具有一定的黏性,高压区的空气向低压区流动的速度跟不上轿厢高速运行产生的压差回补需求,且高速电梯运行速度越高,压差回补缺口就越大,由此造成轿厢运行方向头部和尾部产生压差,同时带来压差阻力。压差阻力是影响电梯运行、增加能耗的主要不利因素之一。因为空气具有黏性作用,所以空气和电梯轿厢表面之间会因摩擦而产生阻力,这一摩擦阻力也是气动阻力的组成部分,摩擦阻力与总气动阻力的比值为 0.08～0.14。气流通过轿门缝隙等通道到达轿厢内部时会损失较大的能量同时形成一个阻力,这一部分阻力被称作内部阻力,与总气动阻力的比值为 0.10～0.15。

空气的黏性作用是压差阻力形成的本质原因,因此,若要减小压差阻力,就要降低空气的黏性作用,一方面可以通过增大轿厢尾部的低压区面积来实现,另一方面可以减小轿厢前部的高压区达成这一目的。不同结构形式的导流罩所起到的降压减噪能力是不同的,因此可以结合电梯的运行特性以及井道特性,对轿顶和轿底的导流罩进行优化设计,使其能够更加合理地疏导井道气流。可以通过增加轿厢轿门等进气口的密封性来改善内部阻力;降低摩擦阻力的方法有很多,可以通过减少轿厢侧表面的附着物来增大摩擦系数,也可以在轿厢顶尾两端装设合理的导流罩,优化轿厢顶尾部和空气的摩擦情况。

因为气流容易从轿厢与井道壁间隙较小的一边流过,所以在电梯轿厢尾部与顶部设置导流罩时,应将导流罩设计为不对称结构。由于电梯轿厢的横截面尺寸会限制导流罩参数,所以导流罩的椭圆截面短轴直径应小于等于轿厢的宽度。另外,井道空间限制了导流罩椭圆截面长轴的长短,长轴通常小于等于电梯轿厢运行到底部/顶端时,轿底/轿顶与底坑地面/井道顶面的距离。

3)高速电梯轿厢噪声激励及其特点分析

①机械部件对轿厢噪声激励及其特点分析

高速电梯轿厢内噪声由诸多因素引起。一方面轿厢是由轿厢梁、轿厢体、轿厢架等多个部件组成的,会在高速运行过程中产生结构振动;同时受到安装工艺和设计的限制,轿厢紧固件、连接件松动,或者数量、位置设置不合理都会导致轿厢噪声;另一方面,导靴和导轨在井道内相互摩擦也会产生噪声,这些机械噪声夹杂在高速运行的井道气流中被放大和传递,而轿壁由金属制成,更易于传播声音,噪声进入轿厢内部将影响乘梯的舒适性。在高速运转中,对重反绳轮和轿顶反绳轮与钢丝绳之间的摩擦会产生一些噪声;对重和轿厢沿着导轨向上/下高速运行时,由于摩擦作用会形成较大的机械噪声,如果安装时导轨支架固定不牢固,或者导轨、支架等部件的强度和刚度达不到要求,导轨安装垂直度超差,这种机械噪声则会更加明显。滚动导靴的轴承同轴度,导靴滚轮的圆度等如果不能满足使用要求,也会导致强烈的机械噪声产生。

②井道气流对轿厢噪声激励及其特点分析

当井道里的气流扰动作用在轿厢上时,会产生一定量的气动噪声,随着轿厢在井道内的高速运行,气体一瞬间便被迅速压缩,当气流到达轿厢的尾部时,由于被轿厢阻隔产生分离,出现非常强的剪切层,气流撞击到轿厢尾部之后反弹,随着轿厢的运行又被吸收,因此运行至尾部的气流变化复杂多变。气动噪声在此区域内无法散去,又随着压力场的变化被湍流放大。综上所述,就高速电梯而言,降压减噪、降低运行过程中井道流场的强烈变化对电梯轿厢的扰动和对安全性的影响迫在眉睫。

4)高速电梯轿厢振动激励及其特点分析

①机械部件对轿厢振动激励及其特点分析

纵向和横向的振动是机械部件方面激励的主要来源,高速电梯在上升运行时,曳引主机和载荷产生的冲击力(驱动主机运行不平稳,承重钢梁和曳引机底座固定不牢固,抱闸间隙调整不当造成弹性振动,制动轮质量不佳造成旋转振动,这些振动经曳引钢丝绳传递至轿厢,产生冲击;钢丝绳张力调整不均,电梯高速运行时出现钢丝绳交错碰撞,引起轿厢中心与轿厢绳轮中心不对称,造成轿厢摆动)是纵向振动的激励来源之一。导向系统是横向振动的激励来源。随机激励也是经过导轨作用在电梯上的,例如风载荷和地震载荷等外部激励。此外,轿厢轿底部水平度严重超差或者轿厢附加装潢会导致轿厢重心发生偏移而破坏平衡产生振动。若轿壁(特别是双层轿壁之间)连接螺栓的紧固程度未满足要求,则轿厢运行时会出现严重的振动声响,且紧固程度直接影响了轿厢的密封性,井道风的噪声(风噪)从该非必要的开口处传递入轿厢,使乘客产生恐惧心理,更严重的还会形成共振现象,这些都是横向—纵向的耦合激励来源。

②气流激振对轿厢振动激励及其特点分析

在井道内高速电梯轿厢周围的气流扰动也会在轿厢上方形成一个激振力,使电梯产生振动。此激振力与曳引机形成的脉动激励不同,它的变化是轿厢振动状态的变化引起的。在气流的作用下曳引轮、钢丝绳、导轨、导靴等部件磨损速度会加快,当受到变载扭矩的作用时,主要部件包括曳引机主轴等会变形,并产生振动。

③电气控制系统对轿厢振动激励及其特点分析

经过自学习高速电梯在井道中所处的位置与旋转编码器的脉冲值相对应,且编码器又起到电梯运行速度闭环控制的功能,反馈给电气控制系统的脉冲和旋转速度与高速电梯的运行速度息息相关。如果旋转编码器在驱动主机主轴上出现位移,将会严重干扰电梯控制系统,使调速装置基本丧失调速功能,无法输出合适的频率以维持确定的梯速,进而使驱动主机的输出转矩不稳定,轿厢纵向振动剧烈,还会导致电梯起动、制动过程的运行速度曲线不理想,造成起动、制动过程中轿厢的振动。再者,因为调整之后参数不适配,电机在不均匀电流的影响下产生谐波振荡,从而输出了不规律谐波力矩,其经曳引系统传递,造成了轿厢振动,降低了舒适感。

(2)高速电梯轿厢系统的失效机理分析

高速电梯轿厢失效主要体现为轿厢的噪声问题,可通过改变轿厢自身的结构、增加附加部件,例如使用隔音材料、吸音材料,在轿厢顶部底部增加导流罩等方法来达到降噪的目的。然而这些方法都是被动的,也就表明其所能抑制的噪声是有选择性的,降噪的程度也有一定限制。高速电梯的噪声来源主要有以下几种。①风阻噪声:高速电梯在井道内迅速移动占据了原空气所在的位置,因空气流速小于电梯的运行速度而被迅速挤压,越靠近运行前端的区域压力越大,同时由于轿厢占据了大部分的井道截面,使轿厢四周的空气压力迅速增加,因“狭管效应”,空气流速相对增加的同时带来较大的风阻噪声。②机械噪声:电梯运行过程中导靴滚动产生的噪声,钢丝绳之间相互撞击产生的噪声。补偿缆/绳产生的噪声。③异常噪声:轿厢上的防护罩固定不牢固或与钢丝绳碰擦产生的噪声,限速器钢丝绳与防护罩碰擦产生的噪声。

高速电梯轿厢与对重之间可供空气流动的间隙,轿厢上下导流罩的形式、尺寸,以及整个电梯系统的动态参数对电梯运行的气动特性和噪声分贝均有直接的影响。

通过分析高速电梯的失效机理,可发现轿厢失效主要来源于 2 个部分,其一是由于选用的轿壁材质存在缺陷或机械强度不能满足高速电梯频繁的变速变载工况,最终导致电梯的轿厢在长期使用后结构失稳,轿厢系统崩溃。GB 7588.1—2020 对轿壁的机械强度要求如下:①能承受从轿厢内向轿厢外垂直作用于轿壁的任何位置且均匀地分布在 $5cm^2$ 的圆形面积上的 300N 的静力,永久变形不大于1mm,弹性变形不大于 15mm;②能承受从轿厢内向轿厢外垂直作用于轿壁的任何位置且均匀分布在 $100cm^2$ 的圆形面积上的 1000N 的静力,永久变形不大于 1mm。其二是噪声问题,由于电梯处于高速的运行和振动状态,运动部件之间导靴与导轨、对重与导轨、钢丝绳之间不可避免地产生噪声并传递到轿厢内部。同时,轿厢在狭长的井道内高速运行时引起的空气高速流动,也会对电梯的安全性和舒适度产生极大的影响。因此本节主要对由振动和气压引起的高速电梯轿厢失效进行分析。

1)由部件振动引起的高速电梯轿厢失效

《电梯技术条件》(GB/T 10058—2009)规定了乘客电梯在恒加速段的垂直振动和水平振动的最大峰峰值以及 A95 峰峰值最大允许值。通过查阅相关的文献得出,高速电梯振动的主要来源是轿门运行、轿厢底板振动、导轨摩擦以及控制器相关参数的设置。GB/T 10058—2009 同时规定了乘客电梯在开关门过程中的最大噪声值。一方面,轿门噪声来源于门机,当门机出现异常时,电梯开关门过程中上坎滚轮在轿门轨道上运行产生的噪声将给乘客带来不适感。另一方面,轿门带动层门运行时,若轿门门刀与层门锁滚轮之间的配合间隙误差较大,也会产生噪声。此外,轿门是电梯轿厢的一部分,当高速电梯运行时,较强的气流通过轿门与地坎之间的缝隙传递到轿厢内部,会扰动轿厢的气压稳定性,给电梯运行的平稳性造成影响。高速电梯导轨的安装误差和在使用过程中产生的位置偏差和形变,以及导轨在长期的使用之后刚度的变化是轿厢水平振动的主要来源。轿厢地板是乘客感知轿厢平稳的第一途径,一般由钢板制成。高速电梯需要通过计算机和磁流变阻尼控制法、非接触式电磁引导控制法、隔振法等方法控制轿厢地板的水平振动,从而提高乘客乘梯舒适度。如果控制方法不当或控制器故障,则会导致轿厢地板振动剧烈,轿厢系统失效,高速电梯运行的安全性也会受到明显影响。

当高速电梯快车调试完成,在整体验收之前,需要进行电梯运行舒适感的调整,俗称"打震动"。高速电梯的调整需要通过电梯自学习,以获取运行参数,在控制器内进行相关的设置,使运行特性切合实际的运行工况。如果忽略了这一调试过程,则可能导致高速电梯在运行过程中垂直振动剧烈,且随着速度的提高,振动感愈为强烈,将影响整个轿厢系统。电梯运行舒适感的调整也是主动控制技术的一部分,如果控制器出现故障,则主动控制功能失效,轿厢运行同样会出现振动状况。

2)由高速运行产生的气流压差引起的轿厢失效

由于中低速电梯运行速度较慢,其轿厢上下的压差不至于引起轿厢气压的强烈变化,然而随着高速电梯、特别是超高速电梯运行速度的提升,轿厢上下两端的气压差引起气流流速迅速增加。有资料表明,高速电梯轿厢周围的气流运动速度约为电梯运行速度的 3 倍。在电梯运行前方,气体如被活塞推动一样急剧压缩,空气向四周的间隙、空间内迅速流动,在电梯运行后方则会形成局部涡流效应,产生负压,前方压缩的气体迅速被"吸"入该负压区,这种现象称为"活塞效应",其严重影响了轿厢系统的稳定性和安全性,对乘客的乘梯感受造成了极大的影响,如图

3-12所示。同时,气流在高速的运动中摩擦轿壁,产生较大的空气噪声,特别是电梯井道中轿厢、对重占据了较大的空间,气流的运动空间相对狭小,空气阻力、空气噪声、脉动压力、能耗都随之增加,同时电梯轿厢侧向受到较大的风压,使导靴和导轨磨损加剧。此外,轿厢上通风孔的数量、形状、布局等,对高速电梯轿厢内部的流场变化影响也不同[108],轿顶和轿底的导流罩降压减噪的程度也不一致,故设计人员需根据电梯轿厢的高度、大小,运行速度的快慢,井道的尺寸等,选择合理的通风孔、导流罩,否则容易引起轿厢气场失稳,导致整个轿厢系统失效。

图 3-12　"活塞效应"

（3）由轿厢—对重交会气流波动引起的高速电梯轿厢失效

当高速电梯的轿厢和对重距离较远时,轿厢的运行气流和对重的运行气流产生的流场交错较小,几乎不会对高速电梯运行产生影响。然而,轿厢和对重在高速电梯井道内交会是不可避免的,当对重与轿厢交会时,由于 2 股强烈气流速度相近,方向相反,会在井道内出现对冲的现象。该现象在轿厢与对重交错时达到峰值,同时对重的楔入使得原本运行空间较为狭小的井道更为拥挤。这 2 股气流在狭小的井道内相互挤压,引起周围流场剧烈波动,在轿厢和对重之间的作用面上产生侧向的气动挤压力和挤压力矩,进而引发电梯轿厢的强烈振动,侧向的挤压力同时还会加剧导靴滚轮、轴承以及导轨面的磨损,引发钢丝绳之间交相抖振。此外,由于轿厢系统、导向系统等的安装误差,高速电梯与对重高速运行交会时气流刚性振动会对整部电梯的安全性产生极大的影响。该气流波动与轿厢和对重之间的水平距离关系较大,水平距离越大,则交会引起的气流波动幅度越小,同时在交会前后时刻,近对重侧的轿壁产生的振动噪声强度越大。

3.2.3　高速电梯轿厢系统的失效检测技术与方法

由于长期工作于高速重载的状态下,高速电梯在运行过程中产生的结构振动、风阻噪声、异常的声响等通过轿厢系统传递至轿厢内。且轿厢内部类似于一个封闭的空间,如果轿厢系统失效,其隔音隔振、降压减噪的效能将大大降低,或者调节轿厢运行平稳度的主动控制器出现故障,振动、噪声等则会在轿厢空间内被放大并反馈于乘客,使乘客产生不适感,严重时还会影响整个轿厢系统的稳定性。

在役高速电梯轿厢系统现有的失效检测一般通过外观检测、性能试验和轿厢乘运质量分析实现。外观检测除了与中低速电梯一致的检测之外,还应特别注意检测轿厢上下部的通风孔,应在保证气体能够有效流动且通风孔的有效面积不小于轿厢有效面积1%的前提下,尽量控制通风孔的面积和数量,否则容易出现轿厢封闭性不足、轿厢内气流紊乱无法调节的现象。性能试验主要侧重于电梯轿厢的安全性、运行功能的完整性以及电梯结构的稳定性;一般通过限速器—安全钳联动试验检测轿厢的安全性能;通过运行试验检测轿厢在各楼层的平层状况以及轿厢在空载、满载条件下的运行状况;该试验一般是检测人员主观感受的客观反映,主要依靠检验人员的经验判断。轿厢乘运质量分析是电梯安全舒适性的评价标准,通过分析,可以规定量化的最大振动峰峰值和A95峰峰值,还可通过分析水平/垂直振动和垂直运行控制的相关参数,对电梯轿厢内部的噪声信号进行定义和量化,从而检测轿厢系统振动、噪声引起的失效。

高速电梯的安装质量直接影响高速电梯运行的各项功能和整体的安全性、舒适度[109]。影响高速电梯安装质量的因素很多,有安装技术、人员执行、现场管理、设备选型、调试调整等,其中安装技术对电梯整体质量影响最大,特别是轿厢系统,安装作业人员需要从以下几个方面把握轿厢系统的安装质量:①需要检测轿架或轿壁等处部件的紧固程度,高速电梯运行时,轿厢需要承受很大的力,如果部件固定不到位,则容易产生相对位移,从而引起高速电梯的振动;②检测轿厢上下的减振元件是否安装正确;③检测轿厢组装方式正确与否,例如钢丝绳从轿底穿过的轿厢,要注意轿底与下梁的连接螺丝,如果安装错误则可能导致轿厢地板减振失效,轿厢运行时抖动;④检测轿厢系统在运行中是否发生机械共振;⑤检测轿厢的动静平衡。

在国内外相关检测技术和检测设备中,尚未见关于高速电梯轿厢内气压的检测方法,因此可以基于设备所处位置的相关的地理信息参数和轿厢所处的行程位置等建立一套检测高速电梯运行时轿厢内气压检测的方法[13],该检测方法应包括:①通过读取地理信息坐标获得电梯所处位置的标准参数;②在高速电梯轿厢轻载和满载条件下,分别测量高速电梯在不同行程高度处轿厢内的实测气压值;③根据地理信息标准参数计算测量过程中产生的气压偏差;④根据气压偏差修正实测气压值,得到修正气压值。这样一整套检测方法可以分别测量轿厢轻载和满载条件下的实测气压值,根据气压偏差修正实测气压值,获取更加精准的轿厢内的修正气压值,并基于该修正气压值调整轿厢内的气压,从而减轻乘客在搭乘高速电梯时的不适感。与该方法相匹配可以形成包含以下模块的检测系统:①检测模块,用于获取高速电梯轿厢内的气压值以及轿厢的实时速度值;②数据处理模块,用于根据实时速度值计算轿厢的高度值并根据气压值和高度值生成气压曲线;③数据传输模块,用于将气压曲线传至客户端,或者将气压值和实时速度值或高度值传输至客户端;④比对模块,通过实践得出轿厢内允许气压的临界值并预置入系统存储器,将实测值与临界值相比较,当实测值超过临界值时,系统能够实时告警。该检测系统基于检测模块获取的高速电梯轿厢内的气压值以及轿厢的实时速度值生成气压曲线,并将各数据传输至客户端,使得客户端获取实时气压值,进而根据气压数据及时地采取合理措施进行气压平衡[110]。

3.3　高速电梯井道结构特点及失效模式分析

3.3.1　高速电梯井道的基本结构特点

(1)井道内土建结构的特点分析

高速电梯的井道依托于建筑物,通常为处于建筑物内部的封闭空腔,其构造主要由井道壁、井道顶、井道底、层门门洞、机房孔洞、外召孔洞以及通风孔等组成。对于中低速电梯,除了井道顶的曳引钢丝绳和随行电缆孔洞以及井道壁上的层门门洞之外,不再对井道壁进行开孔。而高速电梯除了以上必要的开孔之外,还需要对井道壁进行开孔。高速电梯井道壁通风孔的设置情况如图 3-13 所示,图中 L 表示通风孔的长度,W 表示通风孔的宽度,D 表示通风孔沿竖直轴线的距离。

由于高速电梯的轿厢与对重在基本封闭的井道内运行,伴随着电梯的高速运行,井道内的气流和轿厢内的气流会发生急剧的变化,甚至造成轿厢的湍流现象,使轿厢受到严重气流压力,造成耳压、噪声或者振动,以致影响乘客的舒适度。因此,高速电梯井道壁适当地开孔,可以促使井道内排出气体,还可以降低电梯运行时井道内和轿厢内的气体湍流速度和压力。

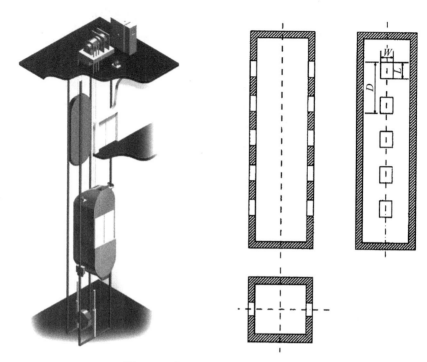

图 3-13　高速电梯井道壁通风孔设置

　　从理论上讲,通风孔的尺寸越大,越有利于井道内气体的排出,从而越有利于减小轿厢阻塞效应的影响,降低电梯轿厢在井道内运行时气体的湍流速度。但是由于建筑物的设计和施工往往会追求较高的实用面积而尽量减小电梯等辅助设备所需的建筑面积,因此会使电梯井道的空间被压缩,同时,设置较多的通风孔也会影响对应楼层的工作生活空间。通常情况下,轿厢在井道内运行时的阻塞比为0.50~0.65,而高层建筑大多采用剪力墙的核心筒结构设计电梯井道,这就要求井道壁能够承受非常大的支撑载荷,因此,为了保证建筑物的安全性,井道壁的开孔应尽量小。综上所述,井道壁通风孔的设计既受建筑物结构安全性的制约,又受到井道内轿厢阻塞比的影响。超高速电梯井道中部是电梯轿厢运行速度最高的部位,也是气流运行最为复杂的部位,因此在井道壁中部开设通风孔显得尤为重要。

　　(2)井道内空气流动特点分析

　　在进行井道内的压力分析之前,首先应分析影响井道内空气流动的因素有哪些。主要的影响因素有轿厢在运行时所产生的活塞效应、井道内的通风设施、自然风压以及气流与井道壁内的摩擦阻力等。电梯井道中的空气受到周围环境的影响,在井道中发生垂直运动,这种情况主要是由井道内/外、上/下的温差引起的,空

106

气的垂直运动会对高速电梯的噪声、运行等产生极大的影响,特别是高速电梯,井道的高度达到数百米,上下温差大,上部的气压小于下部的气压,因此井道内时刻都存在空气从下部向上部流动的现象,该现象被称为"烟囱效应"(如图 3-14 所示)。强烈的"烟囱效应"会导致候梯厅层门侧产生风噪,影响乘客乘梯、候梯的体验。在实际情况下,不同规格的轿厢在不同的井道内运行产生的"烟囱效应"也不同。

图 3-14　"烟囱效应"

一般而言,轿厢在井道中占据了绝大部分的面积,轿厢系统在井道内高速往复运行,空气被迅速压缩,使得气体只能从轿厢与井道壁之间的狭小缝隙通过,压缩的空气高速运动会产生空气噪声;流场的变化使得背离电梯运行方向的一端产生湍流,进而在轿厢周围产生一股气流,高速电梯上行时,该气流与井道"烟囱效应"的气流方向相反,下行时则相同,最终形成了或大或小的混合气流,传递到轿厢内部,产生轿内噪声,影响高速电梯的舒适性。

(3)阻塞比、开口比对高速电梯井道气动特性的影响分析

高速电梯的阻塞比是指高速电梯在井道内的各部件,包括轿厢系统、导向系统等在井道横截面上的投影面积与井道横截面积之比。电梯运行时,轿厢顶部的气流速度较小,且越贴近轿顶中心速度越低,但其静压很大,轿厢运行中所受到的阻力基本来源于空气压强的阻力;轿厢四周的气流高速流动,进入轿厢与井道壁之间的缝隙,一部分通过轿厢的结构缝隙进入轿厢内部,另一部分经井道壁墙体的结构缝隙排出井道外,这些气流在轿厢外部的不平整表面和井道壁上的层门地坎凸出处产生的阻力较大,在轿厢与对应交会时更为显著,是影响高速电梯运行平稳性的

主要因素。轿厢背离运行方向端形成的湍流会类似于反向的力拖住轿厢系统,不仅增加能耗,而且影响电梯运行的安全性。通过相关的研究可知,在相同的阻塞比下,轿厢的运行阻力随着电梯速度的提高而增加;相同的速度下,运行阻力随着阻塞比的增大而增加,阻塞比每提高 10%,可增加 3 倍的轿厢运行阻力,当井道和轿厢尺寸确定时,轿厢的运行阻力与运行速度的二次方成正比,气流速度与电梯运行速度成正比[29]。合理设计电梯井道结构和电梯的轿厢系统结构,得到最优的阻塞比,可极大地改善井道的气动特性。

高速电梯的开口比是指高速电梯井道顶部开口,包括通风孔、钢丝绳孔洞等的面积与井道横截面积之比,井道壁四周通风开口的面积与对应井道壁的面积之比,通常以井道顶部开口和井道截面积之比为基准。通过研究可知,开口比越小,井道内的电梯运行阻力越大;相同开口比下,电梯速度越高,轿厢运行时受到的压强阻力越大;相同速度下,开口比越大,压强阻力越小。然而,电梯的开口比不宜过大,须保证井道的封闭特性,否则会出现坠落、挤压、剪切等人身安全隐患。

(4)贯通井道电梯的基本结构特点

通常高速电梯梯群由几部甚至十几部电梯组成,在同一侧的高速电梯相邻平行布置。一般相邻高速电梯之间用混凝土墙隔开,一来可以避免井道中的运动部件距离过近造成人员伤害危险,二来电梯导向系统等部件的安装工作能避免较多不利因素。但是由于高速电梯井道高度达到数百米,为了降低土建成本,加快施工进度,有些建筑物内的井道并非完全隔开,而是多部电梯并排运行的贯通井道(如图 3-15 所示)。从常理而言,贯通井道应至少一侧没有实体井道壁,轿厢高速运行时,空气的流动空间较大,能够快速地排开并远离轿厢,对于削弱"活塞效应"具有良好的作用。然而,当 2 部或以上高速电梯同时运行时,其气体扰动更为复杂剧烈,特别是当 2 部高速电梯交会时,井道内的气流相互干扰,气动力瞬变,对轿厢的瞬态冲击较大,影响高速电梯的稳定运行。

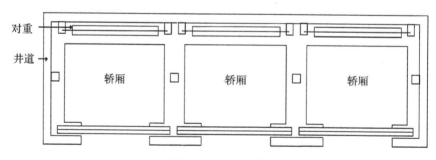

图 3-15　贯通井道

在高速电梯轿厢的运行过程中,轿厢与井道壁之间的缝隙和背离运动方向端空气流动速度快,在运动的后方湍流剧烈,气流速度高,空气流动快,气压较小,而轿厢运行的前方气压较高,甚至会出现尾流扰动轿厢运行,影响电梯平稳性。井道内 2 部电梯轿厢之间间距的大小对轿厢交会时的侧向气动升力影响较大,2 部电梯轿厢之间的距离越小,交会时的气动升力瞬间变化越强烈,对轿厢的扰动越厉害,而电梯轿厢离另一部电梯较远的轿壁外侧的气动力较小,因此单侧的气动力推动电梯轿厢产生细微的侧向位移将加剧导向系统的磨损,影响电梯运行的稳定性。

3.3.2　高速电梯井道的失效/故障分析

(1)失效模式及其表现特征

高速电梯井道最普遍和典型的失效模式体现为井道的结构设计不合理(阻塞比偏大,开口比偏小)、井道的通风口设置不合理,导致高速电梯运行时井道内气流紊乱,严重影响轿厢的稳定运行。井道的结构设计除了需要保证能够容纳安装高速电梯的各设备之外,还应满足一定的阻塞比,阻塞比为 $0.50\sim0.65$ 是比较合理的选择。同时,还需考虑电梯轿厢系统、对重系统在井道中所处的位置,尽量保证高速电梯各运动部件与井道壁之间的水平距离均等,否则当电梯高速运行时,轿厢系统周围的气体流速不一致,气流所产生的对轿厢的侧向气动力也不同,从而引起轿厢系统运行不稳。井道内的开口包括层门开口、通往井道的通道门和安全门,以及检修门的开口、气体和烟雾的排气孔、通风孔和钢丝绳孔开口,这些开口除了起到功能性的作用之外,还兼作井道的泄压孔。高速电梯由于运行速度高,压强阻力大,因此保证足够面积的通风孔能够有效减小轿厢的运行阻力,降低电梯运行能耗,减小轿厢内的噪声。高速电梯井道的"烟囱效应"是不可避免的现象,井道顶的开口一来起到排出"烟囱效应"气流的作用,二来可在轿厢高速上行时泄出压缩的高速气流。但是轿厢高速下行时,如果没有足够的通风孔,轿厢四周的气流高速流动,进入轿厢与井道壁之间的缝隙,轿厢四周的气流在轿厢外部的不平整表面和井道壁上的层门地坎凸出处产生的阻力较大,轿厢和对重交会的瞬态空间将严重影响轿厢的平稳运行,因此必须在高速电梯井道壁上进行开孔。这类通风孔通常设置在高速电梯层门的上方,并装设有百叶窗。

综上所述,高速电梯井道失效所产生的表现特征有:轿厢运行不平稳、导向系统部件磨损加剧、运行阻力增加、电梯能耗升高、轿厢内噪声增大、电梯舒适度下降。

(2)失效机理分析

高速电梯井道的失效从机理上可以分为结构性失效和功能性失效。结构性失效包括井道的顶层高度和底坑深度不足,引起轿顶的避险空间和间距、底坑避险空间和间距无法满足标准的安全性要求;支架间距超标将引起导向系统的结构支撑能力下降等。这一部分的失效机理将在下一节细述。功能性失效是指电梯井道降压减噪的能力下降甚至丧失,这类失效主要是由通风孔的设计不合理,井道内壁有凸出物,阻塞比、开口比不当,井道设计和轿厢系统设计不匹配引起的,且将导致电梯部件磨损加剧、运行阻力增加、轿厢噪声增大、电梯运行不稳等现象发生。下面详述 2 种高速电梯井道功能性失效的原因。

1)不合理的通风开孔引起的高速电梯井道失效

通常,在建筑物规划设计的过程中,设计师已将井道的整体结构设计基本涵盖在建筑物的设计布局中,其通风孔的数量和位置等也已确定,然而在高速电梯安装过程中,设计方案与实际难免会有出入。这种情况一是由于建筑施工人员未能完全按照图纸进行施工,致使井道通风孔的位置布置发生偏差,影响了后期电梯运行过程中井道气流的稳定性;二是由于电梯的安装作业人员在电梯安装放样的过程中预留的必要的功能性开口(例如钢丝绳的绳孔)与电梯系统的设计不匹配,后续施工人员又重新进行了开孔而对原预留的孔洞未做完整处理,导致电梯安装后气流窜动,轿厢运行不稳定。井道壁通风口上应有百叶窗防护,以保证井道的封闭性。百叶窗的开口有向上和向下的区分。一般而言,由于高速电梯上行时井道顶的开口兼做一部分疏导气流的作用,而下行时依靠百叶窗的通风孔调节下行的气流,因此向下的百叶窗面积应大于向上的,依据相关的经验,向上和向下的百叶窗面积比值为1∶1.2为宜,否则容易造成井道内运行气流紊乱的现象。

2)不合理的井道设备布局引起的失效

井道建造完成之后,电梯商会对井道进行重新测量,依据测量的结果进行轿厢系统、导轨系统以及曳引系统设计,设计方案基本确定了高速电梯的性能参数和在井道中的位置。然而,不合理的井道结构和轿厢系统结构会造成井道气流紊乱,不能起到有效的降压减噪效果。当电梯载重量过大时,相应轿厢系统的横截面积也同时增大,轿厢占据了大部分的井道截面积,阻塞比较大,电梯高速运行时气流无处散逸,气压阻力增大,使轿厢运行失稳。贯通井道 2 部电梯之间应留有足够的气流间隙,根据特种设备安全技术规范 TSG T7001—2023 要求,一部电梯轿厢顶部边缘和相邻电梯的运动部件之间的水平距离小于 0.5m,则 2 部电梯之间的隔障应贯穿整个井道;如果设计时考虑不周或安装时私自调整电梯设备布局,导致水平距离小于0.5m,则需要加装隔障,该措施导致轿厢与隔障之间的间隙减小。此外,由于高速电梯层门侧井道壁安装了数十套甚至数百套层门,故这一侧的井道壁较难做到平整光滑,同时对层门门框与预留的层门门洞之间的缝隙也应进行合理的处理,否则即使电梯停止运行,也有"烟囱效应"产生的井道气流致使层门风噪较大,当高速电梯运行时,强烈的气流波动和噪声极大地影响了高速电梯运行的稳定性和乘客乘坐的舒适性。

3.3.3　高速电梯井道的失效检测技术与方法

对高速电梯井道的失效机理进行分析,可总结出关于井道失效的检测方法。对于高速电梯井道结构性失效的检测,可以从以下几个部分着手。①由具有丰富经验的电梯检验人员对井道进行初步的观测和分析,观测和分析包括对整个井道的通风孔、功能性开口情况、观测井道壁表面的凸出物及结构缝隙的观察,对于贯通井道还应观察混凝土横梁的连接状况。②由于高速电梯的井道高度较高,在建筑物建造的过程中,无法完全保证井道的垂直度,GB/T 7025.1—2023[111]要求高速电梯井道尺寸垂直允许偏差应符合电梯土建布置图的要求,通常,垂直偏差不应大于 100mm,如果垂直偏差超过标准要求,电梯的安装就会遇到诸多的安装难题,例如电梯的层门无法保证在同一垂直面上,极大影响电梯的开关门、导向系统的安装,导轨的垂直度等也无法保证等,由于井道较高,可采用全站仪等高精度的检测仪器进行垂直偏差的定量检测。③对于井道尺寸的全方位测量,包括井道的横截面积、深度、宽度,顶层高度、底坑深度,井道预留的层门门洞开口尺寸,井道安全门门洞、检修门门洞、贯通井道混凝土横梁的间距。通过测量,可以全面掌握井道的基本参数,结合电梯的轿厢系统设计,可以得出电梯的阻塞比,计算轿顶和底坑的避险空间和间距。电梯安装完成之后,应再对此数据进行精确的测量,并检查井道顶的最低部件与轿顶的最高部件、底坑的最高部件与轿底最低部件之间有无垂直投影面上的干涉而导致安全距离不足。④电梯安装完成之后,应检查电梯井道壁的结构缝隙、层门门洞缝隙的回填及表面平整度的情况。

国内外对于高速电梯井道的功能性失效检测的文献记载和资料均比较少见,结合前文所述的关于高速电梯运行轿厢内气压的检测技术和方法,井道的功能性检测主要基于井道内外的气压分析和建筑物所处位置的地理信息参数,测量井道顶的开口、井道壁的通风孔,以及层门与立柱、层门之间的结构性缝隙等参数。该检测方法也需要对外界的干扰进行必要的修正。高速电梯井道失效的检测系统同样包含检测模块、数据处理模块、数据传输模块等,对高速电梯在停止状态和上下行状态下各个被检测部位依次进行数据测量,通过对数据的分析,可以形成从上到下的气压和噪声曲线,建立高速电梯井道通风孔的尺寸、位置与气压、噪声之间的在线分析系统,为井道的功能性检测提供新的方法。

3.4 高速电梯其他主要安全部件结构特点及失效模式分析

3.4.1 高速电梯轿顶空间的结构特点及失效模式分析

(1)高速电梯轿顶空间基本结构特点

轿厢在封闭的井道中运行如同活塞在气缸中做往复运动,"活塞效应"导致轿厢的运行阻力增大,同时在轿厢外部出现额外的噪声,对乘客的耳朵造成额外的压力,降低乘坐的舒适感。与此同时,轿厢外部的噪声传递到轿厢内部,会使乘客明显感觉到身边的风噪较大,容易产生恐惧感。

一般而言,高速电梯($2.5\mathrm{m}\cdot\mathrm{s}^{-1} < v \leqslant 6.0\mathrm{m}\cdot\mathrm{s}^{-1}$)与中低速电梯一样,应根据需要在轿顶周围装设护栏,在护栏的内部通过规划设备布局等方式可减少影响电梯的不利因素,$6\mathrm{m}\cdot\mathrm{s}^{-1} < v \leqslant 10\mathrm{m}\cdot\mathrm{s}^{-1}$的高速电梯采用在护栏的内部加设导流罩的措施,而$v > 10\mathrm{m}\cdot\mathrm{s}^{-1}$的超高速电梯取消了轿顶护栏,轿顶被导流罩全封闭,导流罩上设有必要的开口,便于作业人员在轿顶对相关的设备进行检修,同时进入轿顶区域的导流罩的开口设有电气安全装置,防止作业人员出入轿顶时电梯突然运行。

电梯轿厢/对重的最高位置是指轿厢/对重完全压缩缓冲器后,轿厢/对重所处的位置加上$0.035v^2$的弹跳行程。然而,高速电梯运行速度快,$0.035v^2$的弹跳行程需要占用较多的建筑高度,因此对于具有补偿绳及张紧装置的高速电梯,该行程可用张紧轮可能的移动量加上轿厢行程的1/500来代替。通常,对于$10\mathrm{m}\cdot\mathrm{s}^{-1}$的高速电梯,该值不小于1m。

为了防止高速电梯运行时出现越程,并保证人员在轿顶进行检查和维护作业的安全,高速电梯的顶部应有足够的安全距离,如果顶部空间不够,将存在对作业人员产生挤压剪切的安全隐患。高速电梯由于运行速度高、缓冲器压缩行程大等特点,其顶层高度通常需要7~8m,甚至10m以上才能满足要求,因此在井道建造时需要保证足够的顶层高度。根据GB/T T7588.1—2020对电梯行程末端的减速进行监控,可以减小缓冲器的压缩行程,柱塞采用多级装配的方式,可以降低缓冲器的总高度,从而进一步降低顶层高度、底坑深度,减少资源的浪费。

(2)高速电梯轿顶空间的失效/故障分析

1)失效模式及其表现特征

足够的顶层高度是保证电梯轿顶避险空间和顶层间距的前提,当轿厢或对重位于前文所述的最高位置时,导轨长度应能提供不小于 0.10m 的进一步制导行程,如果无法保证制导行程,则当高速电梯出现"冲顶"或"蹲底"的意外情况时,轿厢/对重脱离导向系统,会使高速电梯丧失导向能力。如果轿厢内载荷分布不均匀,则极有可能出现轿厢/对重倾覆的重大安全隐患。而对于轿顶作业人员的避险空间,当轿厢位于最高位置时,以作业人员蜷缩的姿态为例,避险空间的高度不应小于 1.0m,若无法满足该高度,则存在作业人员被挤压的风险。同样,轿厢在最高位置时,井道顶的最低部件与轿顶设备的最高部件之间的垂直或倾斜距离不小于 0.50m,如果轿顶设有护栏,则护栏内侧 0.40m 和外侧 0.10m 范围内,垂直或倾斜距离不小于 0.30m,在护栏内部超过 0.40m 的范围内,垂直或倾斜距离不小于 0.50m,如果不能满足以上的顶层间距,则当出现"冲顶"意外时,轿厢到达最高位置,由于惯性的作用继续上行,轿顶的设备、部件等撞击井道顶的最低部件,导致电梯的安全性、舒适度降低或者电梯无法继续运行,如果恰好有作业人员在轿顶作业,头部伸出护栏外,将会受到剪切伤害。

当高速电梯向上运行时,井道内的空气急剧压缩,声压级升高,轿厢外的风噪显著增大。该噪声一部分通过轿厢结构固有特性放大、传播到轿厢内,另一部分通过轿厢结构的缝隙传播到轿厢内,使轿厢内噪声增大,同时增加高速电梯的能耗。导流罩形状设计对降低高速电梯的风噪起着重要的作用,不同形状的导流罩气动性能不同,对于风噪的削减效果也不一致,因此在高速电梯导流罩的选型设计时,需要根据其运行速度对导流罩的形状、高度进行优化设计。如果选型设计不合理,轿厢的降压减噪效果不明显,人员乘坐的舒适感将无法得到保证。

综上所述,高速电梯轿顶空间失效所产生的表现特征有:电梯丧失导向能力,设备/部件撞击损坏,人员挤压、剪切风险,风噪增加,舒适感降低。

2)失效机理分析

在轿厢尺寸、楼层间距确定的情况下,避险空间和间距主要由井道土建设计建筑中顶层高度和底坑深度决定。此外,还应重视轿顶设备的空间布局,以免有相对运行的设备或部件在垂直投影面内出现干涉,进而引发两者之间的安全距离不足,导致高速电梯出现故障和意外发生,以上安全空间/距离不足的情况出现则表明轿顶空间的失效,并且该情况也较难整改,唯有通过改变井道土建结构,降低轿厢高度等才能达到相关标准的要求。

轿顶导流罩的设计是削减轿厢内外噪声,减小空气阻力,降低电梯能耗的主要措施。导流罩失效的机理主要体现在结构选型设计不合理和制造/安装工艺不达标这 2 个方面。按照降压减噪的效果从低到高的顺序排列,传统的导流罩有锥形、梯形、拱形、圆弧形等多种样式,随着速度梯度的升高可逐一选择,然而其制造的工艺难度、成本等也随之提升。因此,合理地选择导流罩的形式也能避免资源的浪费。在高速电梯导流罩的制造安装工作中,特别需要处理作业人员进出和检修设备时留下的必要开口以及导流罩底部和轿顶之间的结构缝隙,这些缝隙是噪声传递到轿厢内部的主要渠道,如果处理不当,则会导致导流罩内部形成"气旋""声涡",使轿厢的降压减噪效果大大降低。

3)失效状态与原因分析

伴随轿顶机构装置失效、电梯自身功能的故障、零部件的损伤,电梯安全事故也屡见不鲜,这对乘客的生命、财产安全造成严重的威胁。故应在高速电梯的选型设计及安装工作中,全面评判轿顶的整体安全,确定具体运行中轿顶相关装置能否正常运行,还应考虑因特殊外部环境所造成的突发事故等方面的问题。轿顶是电梯中相对危险的部位,因此对于可能发生的失效现象更要有针对性地进行处理,我们根据各个电梯事故安全报告中关于轿顶方面的描述,针对轿顶出现的问题总结了以下常见的失效状态与原因,如表 3-6 所示。

表 3-6　轿顶空间常见的失效状态与原因

类别	状态	原因
脱轨	对重完全压在缓冲器上,轿厢由于惯性继续上行导致导靴脱离导轨	导轨制导行程不足,电梯井道顶层高度不够
设备撞击	轿顶的最高设备与井道顶的最低设备之间发生撞击,电梯无法继续运行	轿顶空间和顶层间距不足,设备在轿厢的垂直投影面内干涉且没有足够的安全距离
部件撞击	导靴、滚轮、钢丝绳附件等与井道顶的部件发生撞击,电梯安全性能、舒适度受到影响	轿顶空间顶层间距不足,部件在轿厢的垂直投影面内干涉,且没有足够的安全距离
挤压、剪切	发生冲顶事故时,轿顶的作业人员由于没有足够的避险空间而遭受到挤压或剪切的伤害	井道顶层高度不够,避险空间不合理,轿顶设备布局不合理,轿顶护栏顶层间距不足
导流罩变形	导流罩受到机械冲击产生变形,影响其安全性和降压减噪作用	顶层高度不够,导流罩撞击到井道顶的最低部件产生变形,影响内部的安全性,导流罩因撞击出现/扩大缝隙,影响降压减噪作用
锈蚀、老化	轿顶空间的设备、部件由于长期没有有效的保养,易损件没有定期更换出现锈蚀、老化	导流罩结构设计不合理,轿顶的某些设备、部件处无法到达而缺少检查、保养;维保人员没有对设备进行仔细检查
风噪大、能耗高	高速电梯运行风噪进入轿厢内部,高速电梯运行阻力大,耗能高	导流罩设计、制造、安装不合理,结构缝隙大,风压高,降压减噪效果不明显

（3）高速电梯轿顶空间的失效检测技术与方法

轿顶空间的环境直接关系到轿顶设备的工作安全和高速电梯运行的舒适状态,如果不能保证足够的避险空间和顶层间距,轿顶的设备、部件、作业人员均将处在不安全的状态下,高速电梯一旦发生"冲顶"等意外,对电梯本身、乘客及作业人员所造成的伤害将是不可估量的。与此同时,各高速电梯厂商在设计制造高速电梯时,不仅要考虑速度、载重能否达到要求,而且应在意高速电梯的舒适度、乘客的体验感和设备的绿色环保性。因此,通过改变轿顶空间的结构疏导井道中的气流,降低运行中的阻力,削弱"活塞效应"和"烟囱效应",节约能源,提高乘运质量是高速电梯设计制造追求的目标。

GB/T 7588.1—2020 规定了电梯的各项参数和多种要求,其主要的目的是:①保护人员,包括乘客、作业人员以及可能受到电梯影响的人员;②保护物体,包括轿厢内的,轿顶上的,以及安装电梯的建筑和电梯附近区域的物体。轿顶空间在电梯上处于相对不安全的位置,因此必须达到标准要求的相关的空间、间距尺寸才能起到一定的保护作用。GB/T 10058—2009[114] 规定了中低速电梯在恒加速度区段振动的最大峰峰值和 A95 峰峰值以及电梯各机构在工作时的噪声允许值,GB/T 24474.1—2020[115] 对构成电梯乘运质量的振动和噪声的测量、处理、表述方式方法进行统一,目的是通过减少因信号采集和量化方法的不同而引起的电梯乘运质量测量结果的差异,高速电梯可参照以上的标准进行检测。

对于高速电梯轿顶空间的检测一般是通过直接测量法或间接测量法＋计算法来实现的。依照安全技术规范的检验方法,计算对重完全压缩缓冲器时的轿顶空间尺寸(所得算)以及高速电梯额定速度下的轿顶空间最小值(极限值)这两者相比较后判定所得值是否超过极限值,若没有超过则为符合,如果超过了则为不符合。超高速电梯的驱动主机一般都进行速度监控以降低缓冲器的高度,因此需注意 $0.035v^2$ 这一数值。对具有补偿绳及张紧装置的曳引式高速电梯,该值可用张紧轮可能的移动量再加上轿厢行程的1/500代替,如果忽略了该步骤,则会导致错误的检测结果。同理,导流罩内的避险空间也应满足上述要求。

对高速电梯轿顶导流罩的检测应重视选型设计,可依靠软件分析的结果建立高速电梯运行速度与导流罩的形式、高度、内部容积的关系,为选型设计提供更加便捷的方法。此外,还应对导流罩进行强度测试,以免其在较大的气压下变形。对于降压减噪的结果,可运用乘运质量测试仪对电梯轿厢内部的噪声、振动等进行全方位的测试。一般而言,高速电梯由国内外规模较大的厂商生产,生产厂商也应根据高速电梯的特点,设计制造对应的检测仪器。

3.4.2 高速电梯底坑空间的结构特点及失效模式分析

(1)高速电梯底坑空间的基本结构特点

中低速电梯的底坑深度一般不超过 2.5m,通常仅为 1.4~2.0m,而高速电梯由于需要将足够压缩行程的缓冲器布置在底坑内,且补偿绳张紧装置也需要占据一部分的空间,因此其底坑较深,少则 4~5m,多则超过 10m,GB/T 7588.1—2020 规定:如果底坑深度超过 2.5m,则进入底坑应设置通道门,该通道门尺寸应符合进入滑轮间的门的相关要求,并且应设置电气安全装置以验证门的关闭状态(轿厢、对重最低部分与底坑地面垂直距离大于 2.0m 除外)。高速电梯由于底坑深度较深,同时配置了大行程的缓冲器,导致其轿底部件与底坑地面的垂直距离较长,维保时难以对轿底部件进行必要的检查,因此须在底坑地面上一定的高度范围内设置检修平台(如图 3-16 所示),以方便保养维修。作业人员通过底部的通道门进入坑底,随后经底坑与检修平台之间的爬梯进入检修平台,故通往检修平台还需设置爬梯,在检修平台上应能检查下列设备:安全钳、缓冲器、下导靴、轿底超载保护装置、减速开关、限位开关、极限开关等。检修平台应满足以下几点要求:①安全方便,平台上有必要的防护及安全警示标志;②满足轿底避险空间和间距的相关规定;③平台有足够的承载能力,在任何位置均能支撑 2 个人的重量而无永久变形。

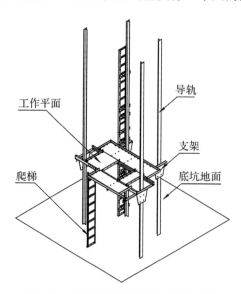

图 3-16　高速电梯底坑固定式检修平台

缓冲器的结构型式不同于中低速电梯,是高速电梯主要特点之一,根据电梯制造标准对运行中的主机在行程末端的减速情况进行监控,则可以大大缩短液压缓冲器的压缩行程,该类缓冲器被称为减行程缓冲器。在满足电梯设计要求的前提下,使用减行程缓冲器可以极大地缩短顶层高度和底坑深度,节约空间,降低电梯使用成本。以运行速度为 10m·s⁻¹ 的高速电梯为例,主机行程末端减速没有监控,缓冲器的压缩行程可达 6.7m,再加上缓冲器的支座以及轿底的导流罩等部件,底坑深度需要达到 8~9m,而如果具备监控,轿厢缓冲器的行程可以减少到正常情况的 1/3(即 2.23m),可以极大地减少底坑过深带来的诸多不利因素,例如积水、检修不便等。当高速电梯的额定运行速度超过 10m·s⁻¹ 时,其上行和下行的速度通常是不一致的,下行的速度一般不大于 10m·s⁻¹,因此轿厢"蹲底"时接触的轿厢缓冲器和"冲顶"时接触的对重缓冲器的压缩行程也不相同。如额定运行速度为 18m·s⁻¹ 的高速电梯,电梯上行时速度为额定速度,因此即使对行程末端的主机速度进行监控,对重缓冲器的行程也达到了 7279mm,而下行时由于采用了减速控制,最大速度为 10m·s⁻¹,最小缓冲行程可以缩短至 2247mm。考虑到轿厢在底层平层的需要,采用多级减行程缓冲器(如图 3-17 所示)可以缩短底坑深度,降低土建成本,避免资源浪费,但同时也对高速电梯的行程速度监控提出了更高的要求。

图 3-17　高速电梯多级减行程缓冲器

　　传统的中低速电梯一般采用补偿链/缆补偿曳引钢丝绳的重量,使电梯处于相对平衡的运动状态。然而高速电梯长期处于高速的变速变载工况下,如果采用传统的补偿装置,在其运行或换向时补偿装置容易剧烈抖动,影响高速电梯的运行,产生安全隐患。因此,高速电梯需要采用固定式的补偿绳轮装置平衡曳引钢丝绳的自重,补偿形式一般为将补偿钢丝绳绕过补偿装置的绳轮,一端连接到轿厢侧,另一端连接于对重侧,与电梯的曳引钢丝绳形成"闭环"的环绕,绳轮与曳引轮相对,曳引钢丝绳与补偿钢丝绳相对,这样一套装置在井道空间内处于平衡状态,更有利于高速电梯的电气拖动和重量平衡,其结构如图3-18所示。为了防止补偿钢丝绳在长期的使用之后自然伸长,导致其无法起到张紧作用和防止钢丝绳跳槽的作用,应在补偿钢丝绳下设置电气安全装置并检查最小张紧位置,电气安全装置动作时驱动主机停止运转。超高速电梯还应设置防止补偿绳脱槽的防跳装置并由电气安全装置检验。

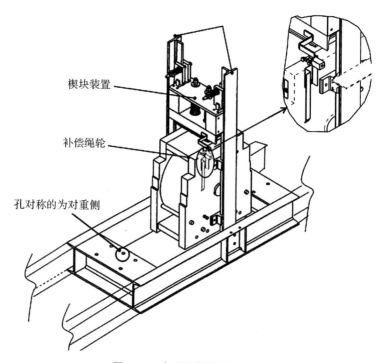

楔块装置

补偿绳轮

孔对称的为对重侧

图 3-18　高速电梯补偿绳轮装置

(2)高速电梯底坑空间的失效/故障分析

1)补偿装置的失效/故障分析

①失效模式及其表征

高速电梯的补偿装置是为了补偿上下运行时曳引钢丝绳两侧长度不一引起的重量偏差,从而改善电梯的曳引能力,提高电梯运行的平稳度,节约能耗。高速电梯通常采用补偿绳轮装置,如果采用普通的补偿链/缆,则在高速运行期间补偿绳/缆容易出现窜动,一方面会引起轿厢系统不稳定,另一方面若补偿链/缆挂在井道中的其他部件上,甚至可能出现整部电梯崩塌的极端现象。高速电梯的补偿绳与曳引绳串联了轿厢和对重,形成了"闭环",补偿绳在井道中随着电梯轿厢运行时,由于建筑物在风力等影响下出现摆动,该摆动激励的频率如果与补偿绳的固有频率一致,则将引起共振,使补偿绳摆动的幅度增大,从而撞击井道壁或井道中的其他部件,引起电梯系统的失效。由于钢丝绳具有一定的延展性,高速电梯的曳引钢丝绳的伸长量通常通过对重缓冲距离进行调节,必要时可通过裁剪钢丝绳的方式保证整个曳引系统的稳定性,而补偿钢丝绳的延展需要通过张紧装置予以调整。该调节方式可以是机械式的,如利用限速器张紧轮的配重调节。也有公司开发了液压式的张紧装置[116],其原理类似于拉伸弹簧的液压缓冲器,补偿绳延伸下垂,在弹簧的拉伸下压缩缓冲器;如果缓冲器尚未完全压缩,其上的电气安全装置就已被触发,此时就须采用裁剪钢丝绳的方式进行调整;如果张紧装置的电气安全装置失效,无法预警补偿绳的延展,当达到一定的伸长量时,补偿绳松弛,抖动剧烈,有可能出现跳槽或钢丝绳缠绕扭结的现象,极大地影响了电梯的运行安全。高速电梯在运行时,其补偿绳直接面对井道中的空气阻力变化、绳轮摩擦等影响,会出现一定程度的晃动,进而引起轿厢运行不稳定。特别是在电梯紧急停止状态时,补偿绳承受的瞬间冲击巨大,可能会影响轿厢和对重部件的安全,例如补偿绳撞击使防跳装置变形,钢丝绳脱槽在井道中自由晃动。

综上所述,高速电梯补偿装置失效的表征有:轿厢运行不稳定、电梯共振、运行安全性降低、电梯结构被破坏。

②失效机理分析

由高速电梯补偿装置的结构原理和实际受力分析可知,补偿装置除了需要承受补偿绳的重力之外,还应考虑电梯紧急制停时钢丝绳瞬间跳动冲击对补偿绳轮装置的冲击影响。补偿绳的结构相当于一侧拉住轿厢,另一侧拉住对重,两侧虽各有拉力,却相互平衡抵消,因此补偿绳的运动无需驱动主机提供额外的动力,这样的结构设计一来可以平衡曳引钢丝绳的重量,二来可以减小电梯加减速时的驱动负载,当电梯运行速度大于 $3.5\mathrm{m}\cdot\mathrm{s}^{-1}$ 时,还应安装一个防跳装置,防跳装置动作时由电气安全装置进行监测。曳引钢丝绳和补偿钢丝绳的延展都将会使张紧装置位置下移,补偿装置到达底部后张紧力消失,就会引起曳引能力下降,甚至导致高速电梯整套曳引系统崩塌。

由于高速电梯一般采用减行程缓冲器,计算轿顶避险空间和顶层间距时,弹跳距离($0.035v^2$)可用张紧轮可能的移动量再加上轿厢行程的 1/500 代替,因此张紧装置在设计制造和安装的空间要求上都必须保证一定的导向行程,如果导向行程无法得到保证,则补偿装置的空间性失效。补偿装置的设计和质量由电梯系统的张紧力决定,同时与曳引钢丝绳的长度和数量有关。通常,轿厢自重越重,提升高度越高,曳引钢丝绳的长度越长、数量越多。轿厢自重系数的不同,张紧装置的需求也不同,不能满足补偿钢丝绳的数量、质量与轿厢自重之间的比例系数导致的补偿装置失效被称为结构性失效。此外,安装高速电梯的建筑物固有频率与运动中钢丝绳的振动频率之间也存在着频率越接近振动越大的关系,当两者频率同步时,产生共振,钢丝绳振幅增加,电梯系统的稳定性将受到极大影响。本节主要从补偿装置自身出发,对以下几个方面的失效机理进行分析。

a)张紧装置移动量不足引起的失效

通常,可用张紧轮可能的移动量加上轿厢行程的 1/500 代替高速电梯的导向行程 $0.035v^2$,以速度为 $10\text{m} \cdot \text{s}^{-1}$ 的电梯为例,$0.035v^2$ 等于 3.5m,而采用上述的替代值,可以极大地降低顶层高度,节约空间资源。然而即使使用减行程缓冲器以及上述替代值符合要求,补偿绳张紧装置的有效行程也不应过短,其应满足以下条件:

$$H_{dx} = \frac{H}{500} + H_{zj} \geqslant 0.20 + H_{zj} \tag{3-4}$$

式中,H_{dx} 为导向行程,$0.035v^2$;H 为提升高度;H_{zj} 为补偿绳张紧装置可能的移动量。

如果补偿绳张紧装置的可能移动量不足(配重的下垂与底坑地面之间的间距偏小或液压张紧装置柱塞的压缩行程不足),当轿厢出现意外情况上行"冲顶"时,依据张紧装置的可能移动量设计的高速电梯顶层间距和避险空间仍将出现较大的向上的弹跳行程,冲击过猛时,将会导致导靴脱出导轨,轿顶部件受到撞击变形失效的现象发生。

b)补偿装置重量与结构设计不合理引起的失效

高速电梯补偿绳张紧装置的配重重量、液压张紧装置拉伸弹簧的弹力以及补偿装置的结构设计都应依据高速电梯的自重、速度等因素确定。通过查阅相关资料可知,张紧装置的设计重量或拉伸弹簧的弹力一般为轿厢自重的 $0.5 \sim 0.7$ 倍[117],同时随着电梯提升高度的增加,张紧装置的重量或拉伸弹簧的弹力也将进一步增大。如果不能满足该条件的要求,不仅会使张紧轮可能的移动量不足,由于质量的减小,还会导致张紧力不足,张紧装置对于曳引钢丝绳的平衡补偿能力下降,进而影响整部高速电梯的曳引能力,甚至造成高速电梯在不同工况下无法满足曳引条件的严重缺陷。补偿装置的结构设计也应避免使用过程中的各种陷阱,补偿装置绳轮的轮槽尺寸决定了其应匹配何种钢丝绳,而钢丝绳振动频率与建筑物的固有频率有很大的关系,有研究表明[118],补偿绳的频率大于建筑物频率的 10%,才能有效避免共振产生的危害。

③失效状态与原因分析

高速电梯补偿装置在进行电梯的曳引能力改善与性能提升的同时,由于受到载荷、提升质量等外部因素的影响,会出现众多的故障形式。常见的失效状态与原因如表 3-7 所示。

表 3-7　高速电梯补偿装置常见的失效状态与原因

类别	状态	原因
过度磨损	电梯运行不稳定,运行过程中产生异响	补偿钢丝绳或补偿装置绳轮及轮轴在长期的使用之后磨损过度,运行抖动或出现窜动
异常振动、噪声大	运行时补偿绳轮出现异常振动或者异响;轮轴径向冲击载荷大,转矩和弯矩过大;轮轴在长期的振动下偏心	轮轴不断进行负载情况下的正反转运行,轴本体与轴承、滚子与轴承内外圈、轴承与轴座之间出现间隙,轮周不均匀磨损
塑性变形	补偿绳轮轮槽在冲击下产生变形、凹坑等	电梯高速重载以及长期的正反转运行,载荷冲击过大
腐蚀、变色	绳轮表面腐蚀,颜色异常	安装前存放未加保护措施;补偿装置绳轮安装于地下十多米甚至几十米深的底坑环境中,湿度大,金属材质容易出现腐蚀
晃动	补偿钢丝绳松动,在电梯运行期间抖动幅度较大,影响稳定性	钢丝绳的伸长量过大,张紧装置未能起到有效的张紧作用,建筑物受风力等因素影响较大
跳槽	补偿钢丝绳脱出绳轮轮槽,钢丝绳缺少约束,对电梯运行的稳定性和安全性造成危害	电梯紧急制停,补偿绳轮偏轴,防跳装置未能起到有效作用,电气安全装置失效
共振	补偿钢丝绳晃动幅度大	钢丝绳的固有频率与建筑物的固有频率相同或接近
电气安全装置失效	张紧装置张紧力不足,补偿绳松弛,电梯仍"带病"运行	验证防跳装置以及张紧装置动作的电气安全装置失效
减行程监控装置失效	电梯"冲顶"或"蹲底"时高速冲击,导致轿顶或底坑的避险空间和间距出现一定的安全隐患	电梯高速冲击,张紧装置的导向行程不足以保证 $0.035v^2$ 这一安全标准

2)减行程缓冲器的失效/故障分析

①失效模式及其表征

通常,高速电梯的缓冲器相当于电梯"蹲底"或"冲顶"的最后一道保护装置,起着吸收轿厢撞击动能,降低撞击速度,最大限度保护设备、乘客以及作业人员安全的作用。由于缓冲器的压缩行程与电梯运行速度的平方成正比,故高速电梯运行速度越大,缓冲器压缩行程也越大。如果采用单级的缓冲器,则柱塞的高度应较高,复位用的弹簧也将占用较高的高度,且柱塞运动的油缸也需要足够的容积。因此,如何从结构上降低缓冲器的高度,节约空间,研发适用于高速电梯的抗冲击小尺寸的缓冲器也是高速电梯领域的研究重点之一。高速电梯的专用缓冲器一般将柱塞做成3~4级,类似于汽车起重机的起重臂,大大减少了柱塞的压缩空间,但是需要足够的油缸容积容纳柱塞,这就需要增大油缸的横截面积,同时提高对液压系统密封性的要求。因此,如何选择橡胶密封圈,并使其具有合适的应力范围以满足缓冲器压缩期间的标准要求也是需要研究的问题。如果制造工艺有缺陷,则会引起液压油泄漏,失去缓冲作用,最终导致高速电梯缓冲器整体失效。柱塞之间的接头处理也对制造工艺提出了较高的要求,若接头处理不当造成卡阻,在压缩的过程中,电梯轿厢系统或对重系统强大的压迫力将会使缓冲器柱塞侧向弯折,造成缓冲器整体损坏失效。在轿厢或对重的压缩柱塞进入油缸的过程中,液压油需要一定的流动空间,以免在压缩的过程中,柱塞前端压力过大,造成缸体破碎,使缓冲器整体失效。同时,缓冲器的压缩弹簧也需要一定的强度和刚度,避免压缩之后弹簧塑性变形丧失恢复能力,使缓冲器无法再次起到保护作用;然而,弹簧的弹力也不宜过大,否则会导致回弹速度过快,对轿厢造成二次冲击。此外,减行程缓冲器需要对驱动主机运行末端进行速度监控,如果监控失效,轿厢或对重以超过缓冲器设计的速度撞击柱塞,则会造成缓冲器超过屈服极限而失效,甚至会出现轿厢或对重高速"蹲底"或"冲顶",造成乘客伤亡。

综上所述,高速电梯减行程缓冲器失效的表征有:电梯丧失缓冲的保护能力、轿厢"蹲底"或"冲顶"速度过快、缓冲器油缸破裂完全失效。

②失效机理分析

由高速电梯减行程缓冲器的结构原理和实际作用可知,缓冲器需要承受轿厢或对重系统撞击时的动能和在压缩过程中的重量载荷,其所承受的重量或冲击载荷是巨大的。缓冲器的整体设计也应有抵抗快速压缩的能力,在允许的不利状态下,柱塞运动的平均减速度不应大于 $1.0g_n$,通常在轿厢系统和对重系统与缓冲器接触瞬间减速度较大,但该减速度值也不应大于 $2.5g_n$,采用减行程缓冲器后,底坑深度大大缩短,但是使用该设计方案具有一定的风险性。

减行程缓冲器的失效机理体现在以下 2 个方面。①安全监控装置的失效。减行程缓冲器需要对驱动主机在行程末端进行速度监控,如果该监控失效,当高速电梯"冲顶"或"蹲底"时,轿厢或对重以超过减行程缓冲器设计的瞬间接触速度撞击缓冲器,不仅会造成缓冲器本体的破坏,而且会因为过高的速度导致避险空间被进一步压缩,使作业人员受到伤害,甚至使在轿厢内的乘客在极大的惯性下受到冲击伤害;缓冲器动作的电气安全装置也是电梯安全回路的一部分,切断电气安全装置可以避免驱动主机的附加动力对轿厢和对重系统造成过量的破坏,同时其复位的验证可确保缓冲器具有足够的缓冲行程。②机械结构的失效。高速电梯的减行程缓冲器一般为多级柱塞,柱塞之间的接头处理以及和液压缸之间的密封是制造工艺的重要环节,若出现卡阻,当轿厢或对重接触缓冲器时,则容易造成柱塞折断、液压油泄漏,导致缓冲器的缓冲能力下降,造成高速电梯系统受到极大的冲击而失效。

a)由主机速度监控故障引起的减行程缓冲器失效

高速电梯驱动主机行程末端减速监控装置一般在顶层或底层区域加设一套或多套速度或脉冲监控装置,在高速电梯的控制系统中也有该监控装置的安全电路,监控装置一般由处理器模块、传感器模块、GPRS 通信模块等组成,同时该监控装置应独立进行型式试验验证其可靠性,其原理是当高速电梯运行至行程末端附近,进入监控装置的监控范围时,如果运行速度超过缓冲器预设值的阈值,减速监控装置动作,切断电气安全回路,驱动主机停止运转,确保高速电梯在撞击缓冲器的瞬间,其速度在缓冲器的设计范围内。然而我们通过查阅相关的文献资料发现,减行程的速度监控并不是非常可靠。由于处理模块的相关执行依托于程序员编写的设计程序,可能会出现故障,当监控装置出现故障时,高速电梯以超过最大允许值的速度撞击缓冲器,其瞬间减速度超过 $2.5g_n$,平均减速度超过 $1g_n$,将造成缓冲器因承受的冲击过大而失效。

b)由机械机构设计制造不合理引起的减行程缓冲器失效

缓冲器的型式试验确定了缓冲器的额定速度范围、最大撞击速度、最大允许质量、最大缓冲行程等参数,这些参数基本上确定了不同电梯应配置的对应缓冲器。缓冲器的机械机构设计需要进行安全校核,包括柱塞的压缩应力,对多级柱塞应考虑每一级的安全强度;液压缸的最大耐受应力和屈服极限应在设计值的基础上留有一定的安全系数余量;安全校核工作为缓冲器的选型和机械性能测试分析提供相应的参数整定。采用多级柱塞的缓冲器,其缸体的容积相较直顶式的缸体更小,而柱塞的要求行程不变,因此液压油受到的压力相对增大,其发热速度也相对较快,易引起密封圈的材质软化,有造成液压油泄漏的可能性。而一旦泄漏液压油,缓冲器的缓冲能力将极大地减弱,导致其因无法承受电梯系统的冲击载荷而失效,因此液压油的油号选择也是设计制造工作需要考虑的因素,但油号的选择也会因纬度不同、海拔不同有所差异。

③失效状态与原因分析

根据减行程缓冲器的失效表征和机理分析,研究人员进行了严密的相关数学推导,系统地综述了其失效问题的成因及表现,并按照现实社会生活中有关减速缓冲装置问题的分析报告,整合总结了普遍存在的失效类型,具体描述了失效发生全的过程,深入解析其出现的原因,其成果如表3-8所示。

表 3-8   减行程缓冲器常见的失效状态与原因

类别	状态	原因
弹簧老化	缓冲器的压缩弹簧老化,缓冲能力减弱,电梯撞击缓冲器时速度过快引起系统失效	缓冲器达到使用年限,弹簧在长期使用后弹力减弱,底坑内的环境湿度较大,弹簧更易老化
液压油变质	液压油变质,缓冲器缓冲能力下降	缸体内的液压油达到一定的使用年限之后黏度降低,产生质变,导致缓冲器缓冲能力降低
卡阻	电梯压缩缓冲器时柱塞卡阻,弯折变形	缓冲器柱塞之间接头处理不当,两级柱塞之间机械卡阻,经轿厢或对重压缩后柱塞无法承受压力而出现弯折
缸体破裂	轿厢或对重压缩缓冲器期间,缓冲器缸体超过极限而破裂,丧失缓冲能力	压力过大、电梯速度过快、导致缸体无法承受
电气失效	电梯"冲顶""蹲底",驱动主机继续运转	验证缓冲器动作和复位的电气安全装置失效
减行程监控装置失效	电梯在行程末端的运行速度超过缓冲器的设计速度,而监控装置未能有效采取相应的动作,切断主机动作	末端监控装置失效,控制系统的安全回路故障,控制柜内的相关系统出现故障

(3)高速电梯底坑空间的失效检测技术与方法

对于高速电梯底坑空间的失效检测,最主要的是检测其避险空间和轿底下深护脚板等部件与底坑地面之间的距离是否能够满足国家标准的要求,该项要求是为了保护底坑作业人员的人身安全。以GB/T 7588.1—2020要求的最极端的空间为例,在作业人员躺下的情况下,应有一块水平尺寸为 0.70m×1.00m,高 0.50m 的空间保证作业人员的安全。同时,GB/T 7588.1—2020 还规定了护脚板、导靴、安全钳的最低安装位置,当补偿绳张紧装置位于最高位置时,其与轿厢最低部件之间的距离不得小于 0.30m,该间距确保了作业人员的头部不被剪切。以上的尺寸和间距可以通过直接测量和计算的方法得出,如果不能满足上述要求,可以判定底坑空间的结构失效。

底坑检修平台的设置是为了方便作业人员检修轿厢底部的设备和部件,同时也保障了作业人员的安全。若通往底坑的通道门设置在平台平面上,则作业人员应先进入检修平台,再通过检修活板门和爬梯进入底坑地面;若通道门设置在底坑地面平面上,则作业人员应先进入底坑,再通过上述的门和爬梯爬上检修平台进行作业。在这样的情况下,平台相对于底坑地面处于危险的空间,因此必须确保平台上具有符合标准的避险空间。如果轿底相关部件的垂直投影在平台上,也应确保该部件与平台的间距满足要求。在进行底坑空间的失效检测时,应检查平台四周有无作业人员坠落的风险,底坑的通道门和检修活板门的关闭应由电气安全装置验证。

驱动主机末端减速监控装置是高速电梯的重要部件,也是缩短顶层高度和底坑深度、节约建筑成本、降低电梯作业风险的重要手段。减速监控装置的功能实现和控制手段与高速电梯的调速系统相结合,形成了具有安全回路特点的控制系统。该系统应经过型式试验机构认证,以确认其安全性。在失效检测时,检测人员应结合设计计算说明文件、相关的操作程序以及型式试验证书的规格参数;还应利用电梯控制板的位置检测单元和速度监测单元,监控驱动主机速度的调节情况,以确保在轿厢到达行程末端位置监测区后,其实际运行速度已降低到缓冲器的设计安全速度,由于该功能的失效将严重影响高速电梯的安全,并诱发诸多的不利因素,因此必须确保其可靠性。

补偿装置依靠钢丝绳系统的闭环,实现整个系统的平衡。在设计补偿绳时需要考虑其质量、刚性和振荡阻尼等,以达到平衡系统的目的。补偿绳在使用中需要有一定的张紧力,以确保其不至于松弛摇曳,影响电梯系统的安全性。然而张紧力太大不仅会增加能耗,而且会造成部件的磨损加剧,影响使用寿命,因此,须定期检测补偿绳的张紧力,确保其处于合理的运行状态。速度大于 $3.5\mathrm{m \cdot s^{-1}}$ 的高速电梯需要增设防跳装置,防止补偿绳在紧急制动或剧烈晃动的意外情况下跳出绳槽或绷断。防跳装置必须具有足够的强度,一般以钢板、钢筋制成,检验缓冲器时应分析其材质,验证其强度的可靠性,同时应检测验证防跳装置的电气安全装置失效与否,以及其安装位置的合理性和能动性。补偿装置的张紧装置的导向行程是失效检测关键点,应结合导向行程、张紧装置的上下安全间距、紧急制停的轿厢行程等综合判断张紧装置的安全性和可靠性。对于补偿装置本体,一般可通过目测检验,必要时需采用无损探伤等方法进行失效检测。

设置高速电梯的减行程缓冲器是缩短底坑深度的有效途径,在失效检测工作中应根据产品的型式试验证书和调试合格证等,结合高速电梯的自重、运行速度等实际参数评估其可靠性。对于缓冲器的压缩状况,应结合电梯的空载曳引能力试验,在电梯轿厢/对重接触缓冲器后进行观测;此外,还需观测液压缸体的外观和液压油的泄漏情况,目测并利用工具测量柱塞的垂直度,采用温度传感器等工具测量缸体的发热情况等,从而综合判断缓冲器是否能够起到有效的缓冲效果,并验证电气安全装置的动作情况。

通常,高速电梯的补偿装置和减行程缓冲器均在驱动主机终端速度监控的条件下设计制造,因此,可以速度监控为基础,结合电梯的物联感知技术,从控制板上读取相关的参数,建立减行程的速度、补偿张紧装置的导向行程、补偿钢丝绳的张紧力、缓冲器的压缩行程、柱塞的压缩速度、缸体的发热情况的综合实时在线监测系统,由此形成高速电梯轿底空间及设备的综合检测方法,为高速电梯失效检测技术的发展和创新提供新的思考方法。

3.4.3 高速电梯导向系统的结构特点及失效模式分析

(1)高速电梯导向系统的基本结构特点

随着高速电梯运行速度的不断提高,由导轨和井道内气压的不均匀导致的轿厢横向振动也会不断增大,当运行速度超过阈值时,如果不加以控制,轿厢横向振动峰峰值就会超过相应的国家标准,不仅会影响零部件之间的位置配合,大大降低乘坐电梯的舒适度,而且严重时会导致高速电梯不受控,安全性能丧失,造成安全事故。

高速电梯一般服役于楼高大于 100m 的大楼,相较于中低速电梯,乘客使用/乘坐电梯的时间较长,因此高速电梯的设计制造工作不仅要保证安全性,而且要考虑乘客舒适的感官体验。高速电梯与大楼之间存在相互影响,而与大楼直接作用的就是高速电梯的导向系统。地震、大楼横向的风荷载等因素会引起大楼摇摆,大楼摇摆不光会影响乘梯的舒适度,而且会影响高速电梯的安全运行。在高速电梯的设计工作中必须充分考虑这些问题,并采取有针对性的措施,减少大楼摇摆对高速电梯系统的影响,从而提高高速电梯的安全性。导向系统所产生的主要是结构传导噪声以及运行过程中的横向振动,在高速电梯的安装中,如果导轨的垂直度、直线度未达到安装标准,无论今后如何调节,电梯都难以达到最优的状态。

高速电梯导向系统结构的主要组成部件是导轨和滚轮导靴,其结构设计的特点是应能够将传导至大楼的噪声降到最低,同时能够弥补大楼结构收缩造成的影响,并且克服井道内压差对电梯抑制的影响。高速电梯一般采用弯曲与接头台阶差较少的高精度导轨,这种导轨强度较大,装配精度较高,可以在导轨本体上抑制轿厢的横向振动。高速电梯导向系统结构如图 3-19 所示。放眼今后,电梯磁悬浮导向装置也会首先被应用于高速电梯的导向系统中。当被动控制策略不能满足高速/超高速电梯抑制振动的要求时,需要设计轿厢横向主动控制技术[119,120],例如:先进的高速滚轮主动减振导靴,通过预存储

图 3-19 高速电梯导向系统

导轨不平度、PID 控制器、优化补偿技术，滚轮导靴在导轨轻微变形的位置能够自动调整，保证轿厢平稳运行，在变载、偏载工况下，主动调节多向挤压力，提高乘客乘坐的舒适度。

(2)高速电梯导向系统的失效/故障分析

1)导轨系统的失效/故障分析

①失效模式及其表征

导轨是电梯导向系统中最重要的部件，导轨的质量控制、失效与否是电梯安全性与舒适度的关键。高速电梯导轨失效的主要表现形式有：表面磨损、弹性弯曲、接头偏斜、接头台阶和位置度超差、间距超差。研究表明，高速电梯导向系统的缺陷和失效是引起轿厢横向振动的主要原因。导向系统由导轨系统（导轨、支架）和导靴组成，其作用是限制电梯的运行路径，使轿厢和对重只能沿着导轨运行。高速电梯长期处于变速变载工况下，对于导轨、支架的要求也应较高，如果导轨和支架刚度不足或者其在高速电梯提升高度范围内刚度不一，就意味着高速电梯轿厢在刚度大的区段运行平稳，在刚度小的区段出现较大的不规律的横向振动，同时轿厢的振动也会反作用于导轨，当高速电梯在井道内运行产生振动引起导轨刚度变化时，随着运行时间的增加，整个导向系统就会丧失稳定性。导轨的安装对电梯安装人员的技术水平有较高要求，安装缺陷会引起电梯轿厢横向振动。

②失效机理分析

高速电梯的导轨均为冷拉实心钢材，摩擦表面采用机械加工方法制作，一般来说，为抵抗建筑物风荷载及运行过程中的晃动，导轨与导轨支架固定在建筑物上后应留有一定的调节余量，以补偿建筑物的正常沉降和混凝土收缩的影响，导轨附件不应出现转动造成导轨松动，高速电梯的导轨固定组件不应采用非金属材料。由高速电梯导轨系统的作用和实际受力分析可知，导轨主要受到以下几个力：ⓐ横向力。理想状态下导轨是不受横向力的，然而在高速电梯实际运行过程中，轿厢自重、额定载荷、曳引系统、补偿系统、随行电缆等必然产生横向力，并有一定的冲击作用在导轨上；大楼受到风荷载以及沉降产生横向力。ⓑ垂直力。来自安全钳动作时的制动力；导轨的自重，固定在导轨上的附件及导轨压板所传递的力。ⓒ附加设备以及动态冲击产生的力矩。

高速电梯导轨的失效按照机理可分为：磨损失效，接触疲劳失效，塑性变形失效，表面胶合腐蚀失效、冲击失效等几种形式。导轨系统长期处于横向力的挤压作用下，除了正常的磨损之外，还会引起振动，导致轿厢横向晃动剧烈，如果导轨磨损过度，安全钳钳体与导轨之间间隙过大，则在紧急情况下，安全钳无法安全可靠地制停在导轨上，易引发安全事故。高速电梯导轨失效的原因有以下几种。

a)选型设计引起的失效

高速电梯通常采用高精度导轨,这种导轨强度大、精度高,可以有效地抑制轿厢的横向振动。然而不仅是导轨本体,支撑导轨的支架也需要具有比中低速电梯更高的强度和硬度。在导轨的选型计算中,需要综合考虑高速电梯的各种工况以及大楼所处的位置情况等,充分考虑导轨受到的载荷和力、冲击系数以及允许变形量,同时对于高速电梯导轨和支架在建筑物上的固定,应能够在高速电梯运行中自动地进行调节,因此设计时要保证一定的调节量,对建筑物的正常的沉降也应予以考虑。高速电梯应选用 13K 以上的导轨,在制造高精度导轨时更需要注重直线度、接头的处理等。如果导轨和支架的材质选型有误,则高速电梯使用后会因质量无法满足长期的高速变载工况而失效,而设计时没有考虑周全,则会导致导轨垂直度、直线度偏差,更有可能导致高速电梯井道风力循环被破坏,压差不均匀,使高速电梯出现异常的振动。

b)安装工艺不达标引起的失效

高速电梯导轨安装的好坏直接影响整部电梯的运行舒适度及安全性,因此对安装人员的技术水平要求较高。导轨的安装工艺缺陷主要包括:导轨垂直度偏差、两段导轨之间的接头不平整、导轨相对于轿厢的对中误差、导轨轨距超标、支架间距超标、导轨与导靴之间的间隙配合不良等。标准导轨的长度为 5m 左右,由于长度较长,因此导轨在安装时容易跌落、受到撞击,或因调整时安装人员使用工具的强烈冲击等产生形变,影响电梯运行的横向稳定性。

c)使用维护不当引起的失效

高速电梯由于长期处于变速变载工况下,加上乘客站位不均匀,井道内风压不平衡等,处于偏置的状态;长期的使用将使单侧的导轨磨损加剧甚至出现塑性变形。导向系统的各个紧固部件在长期的振动中如果出现松动未能及时得到发现和解决,则会引起电梯振动。在紧急情况下,限速器—安全钳动作,安全钳的钳体直接作用在导轨上,若需制停高速状态下的轿厢,钳体与导轨的作用距离必然会很长,若后期再经过打磨处理,导轨顶边宽度将缩短,若多次发生该情况,则无法安全可靠地制停轿厢,此时导轨失效,需要更换。

③失效状态与原因分析

导轨是用来支撑和引导运动部件沿给定方向直线往复运动的组件。首先,由于外部冲击力过大,导轨本身的刚度不足以支撑过大的冲击力,导致其断裂或开裂。其次,导轨的轴承载荷过大,滚动元件润滑不良,使导轨的摩擦阻力增大,磨损量也增加。因此导轨系统很容易出现故障。导轨系统常见的失效状态与原因如表3-9所示。

表 3-9　导轨系统常见的失效状态与原因

类别	状态	原因
表面磨损	导轨顶面及侧面触感有凹陷	导轨达到服役期限,轿厢偏载,单侧长期受压,磨损加剧
弹性弯曲	轿厢横向振动加剧,乘坐舒适度差	导轨材质不达标,在电梯的使用中出现弹性弯曲;大楼长期承受风荷载或地面沉降影响,支架间距超标,两支架间导轨支承力不足,轿厢偏载运行
接头台阶差	轿厢运行有突兀振动、抖动	安装工艺不达标,接头台阶处理不符合要求
导轨偏斜	轿厢运行横向振动、晃动	安装工艺不达标,导轨轨距超标,垂直度不符合要求
表面锈蚀,点状缺陷	导轨表面锈蚀,运行噪声偏大	电梯长期未使用,井道中湿度较大或含有腐蚀性的气体;导轨黏附硬质杂物,运行导靴在导轨表面硌出凹坑
表面胶合	高速电梯运行阻力较大,伴随异常噪声	高速电梯长期未使用,导靴表面橡胶轮老化、热软化,运行后胶结在导轨上

2)导靴的失效/故障分析

①失效模式及其表征

高速电梯上使用的导靴通常为滚轮导靴,其具有多个滚轮,安装在导轨的 3 个工作面上。滚轮在弹簧压力的作用下,压实在导轨上,电梯运行时,滚轮在导轨上滚动,这样的设计大大减少了摩擦损耗,降低了能耗,提高了高速电梯克服压差的能力,同时,由弹性材料覆盖的滚轮具有良好的缓冲作用,能够补偿导轨轻微的误差。超高速电梯的滚轮导靴如图 3-20 所示。

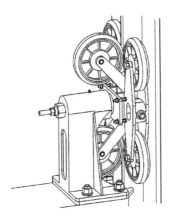

图 3-20　超高速电梯滚轮导靴

　　高速电梯的导靴除了起到普通导靴的导向作用以外,还能采取控制策略抑制轿厢的横向振动,否则由导轨和空气压差激励产生的振动将影响轿厢的舒适度和安全性。目前普遍的控制轿厢横向振动的策略可分为:ⓐ消除振源,该方式通过改变导靴的结构设计或提高导靴的精度来减小或消除电梯运行过程中产生的振动;ⓑ被动控制,该方式通过优化轿厢减振措施以达到抑制轿厢振动的目的;ⓒ主动控制,该方式通过电梯的自学习预存了整个运行区段的不利因素,采用主动控制装置提高电梯运行的舒适度;ⓓ混合控制,该方式结合了被动控制和主动控制技术,同时进行优化设计,得到最优的轿厢振动控制参数。

　　高速电梯导靴失效的主要表现形式有:磨损、滚轮轴断裂、弹簧失效、滚轮表面弹性材料老化、主动调节功能丧失等。

　　②失效机理分析

　　高速电梯由于载重大,轿内面积大,偏载是常有的情况。长期的偏载会使得导靴滚轮单侧长期受压,磨损加剧,而另一侧滚轮长期不运行,轴承锈蚀,运行卡阻。实际上,滚轮导靴和导轨之间的接触面并不是平整的,由于制造和安装误差,导靴上每一点的法向接触并不平顺,长期的运行、滚轮的圆度超差,都会使轿厢振动加剧。主动调节的导靴通常采用电磁或液压主动控制,并由阻尼控制器、PID 控制器、H∞最优控制器等进行调节[121,122],如果执行元件或者控制器损坏,软件异常,滚动导靴就会丧失调节功能,使高速电梯运行舒适感、安全性受到极大影响。

　　高速电梯导靴的失效主要是由不恰当的安装造成的,特别是对于超高速电梯,其滚轮导靴分为上部滚轮导靴和下部滚轮导靴。首先需要检查滚轮导靴是否适用于此类型的导轨,如选型不当,使用之后即会造成导靴失效。安装时应保持轿厢架处于居中的位置,释放补偿绳的张力,悬挂钢丝绳应夹紧对中,同时为了保持轿厢平衡,轿内的装饰板等应安装齐全,否则容易造成偏载,使导靴两侧压力不均,加速磨损,甚至引起滚轮轴受力断裂。导靴主体安装完成后,需要调整主动调节导靴弹簧的压紧力。

　　③失效状态与原因分析

　　滚轮导靴为高速电梯最常用的一种导向装置,在长时间应用的过程中,滚轮与导轨接触,容易发生磨损的情况,间接影响高速电梯运行的安全性和舒适性。为了避免出现安全事故,应当对高速电梯滚轮导靴的磨损等失效的原因予以分析,进而采用科学的方法加以维护,确保高速电梯滚轮导靴可以高质高效地应用。导靴常见的失效状态与原因如表 3-10 所示。

表 3-10　导靴常见的失效状态与原因

类别	状态	原因
磨损	导靴滚轮磨损,电梯运行抖动	导靴达到服役期限,长期偏载使得导靴滚轮与导轨接触面压力较大,磨损加剧
轴承锈蚀	导靴滚轮轴承锈蚀,滚动卡阻	长期偏载使得一侧的滚轮与导轨没有接触,滚轮轴承长期不运转,从而锈蚀、卡阻
滚轮轴断裂	导靴滚轮轴断裂,电梯导向系统丧失能力	滚轮受到较大的冲击引起轴断裂;电梯导轨弯折,滚轮在该运行期段超过屈服极限
调节弹簧失效	电梯滚轮与导轨接触面的压紧力无法调节,电梯丧失主动调节能力	弹簧丧失弹力,弹簧间隙内有杂物进入
滚轮表面弹性材料老化	电梯运行横向抖动剧烈并伴随异常噪声,导靴与导轨未接触或间隙偏大	弹性覆盖材料达到使用年限,温升、潮湿的空气、腐蚀性气体导致材料裂纹,硬度、强度降低
主动调节控制器故障	电梯丧失主动调节能力,运行横向抖动	阻尼控制器、PID 控制器、H∞ 最优控制器等电磁或液压控制器出现故障

（3）高速电梯导向系统的失效检测技术与方法

高速电梯的导向系统通常由高精度导轨和滚轮导靴组成,由于直接与大楼作用,导向系统不仅需要克服电梯运行过程中不均匀压差产生的横向振动,而且需要调节与控制大楼因受到的横风荷载以及摇摆产生的横向振动,以保证电梯运行的舒适性和安全性。导向系统的导向功能是保证电梯能够沿着导轨运行的前提,丧失了导向功能则意味着导向系统完全失效。电梯行业的经验表明,对乘运质量进行测量分析可以量化评价乘坐电梯的舒适度。在传统的导向系统的检测方法中,针对导轨的有目测导轨整体的结构稳定性、测量两列导轨的顶面距离、测量支架的间距、采用垂线法或者红外激光准直仪测量导轨的直线度等;针对导靴的有目测导靴整体导向功能的完整性、观察导靴滚轮面与导轨的接触间隙、手动动作滚轮、感知滚动的灵活度等。上海交通大学结合国内外已有的电梯导轨直线度测量技术,提出了一种六探头电梯导轨直线度扫描检测法[123],并试制了检测系统平台。高速电梯的导轨现场检测的距离长,需要测试的参数多,而且对实时性的要求较高,天津大学在美国联合技术公司开发的电梯导轨质量检测系统的基础上,开发了一种嵌入式的导轨质量测量仪[124],该测量仪通过瞬间的加速度对导轨接头台阶产生的横向振动进行量化,能够合理地评价导轨的安装质量,也可应用于导轨横向振动的失效检测。

结合曳引与强制驱动电梯安全技术规范对导轨支架、安装固定、工作面铅垂度和两列导轨顶面距离偏差的要求以及高速电梯的特性，导轨顶面距离偏差应控制在 1mm 以内，两列导轨工作面的垂直度每 5m 不应大于 0.7mm，导轨接头在整列导轨上不应存在通缝，台阶面的间隙不应大于 0.5mm，导轨接头的台阶高低差不应大于 0.05mm。电梯行业的经验表明，乘客乘坐电梯的舒适度可通过电梯运行期间的最大振动峰峰值和 A95 振动峰峰值来量化评定。

针对高速电梯导轨，GB/T 10059—2009 要求相关人员按照 JG/T 5072.2—1996 和 JG/T 5072.3—1996 规定的方法进行试验。GB/T 10058—2009 规定导轨除应符合 GB/T 7588—2003 的要求外，其 T 形导轨还应符合 GB/T 22562—2008 的规定。对比分析国内外现有的检测技术和仪器设备可以发现，国内外现有的检测技术和仪器设备对导轨的失效检测和参数采集比较完善，而对于导靴的相关技术方面的检测分析较少。因此，在整体上，首先必须进行整梯的乘运质量分析，对于首次开发的高速电梯，应按照型式试验的要求对导向系统各部件进行可靠性检测。由于高速电梯行程较长，故可在模拟测试系统中对其进行检测。对于导轨系统，应在材质上进行质量控制，并在制造环节进行全面的检测，除了必要的尺寸测量外，还应对冷拉钢材的强度和硬度进行检测，同时还要测量直线度、检查接头台阶的处理情况等；在安装环节，质检人员应严格按照安全技术规范的要求进行检测，后期可在维护保养时结合先进的检测设备和仪器采集导轨的实时动态参数进行评价和失效分析。对于滚轮导靴，主要应把控安装质量，特别是在细节上检查滚轮导靴在两侧的运行间隙以及滚轮导靴的运行间隙是否小于安全钳与导轨之间的制动间隙。在导靴的制造环节，除了必要的质量检测之外，还应测试橡胶滚轮的耐磨性、橡胶面与滚轮轮毂的黏合性、橡胶弹性面的形变能力，以检测滚轮导靴的设计是否符合高速电梯的要求，在后期维护保养中，应动态观测导靴的运行状况，判断其失效与否。

3.4.4 高速电梯限速器—安全钳的结构特点及失效模式分析

(1)高速电梯限速器—安全钳的基本结构特点

限速器—安全钳是电梯安全保护系统中至关重要的组成部分。从所需的限速器动作反馈机构和触发装置在圆周上的分布情况来看，高速电梯均采用连续捕捉型限速器[125]，以防止当其超速时限速器不能及时监测并作出相应动作，当高速电梯出现超速的紧急状况，其限速器（一般为旋转编码器）监控到该情况，则会触发其夹紧机构夹住限速器钢丝绳，从而带动安全钳提拉机构，安全钳的楔块夹紧在导轨系统上，产生极大的摩擦力，在楔块受力自紧的双重作用下，轿厢被夹持在导轨上，从而最大限度地减少设备损害以及人员的伤亡。

中低速电梯一般上、下行速度相同,而高速特别是超高速电梯为了减少乘客乘坐时的恐惧感,其下行速度有限定值,一般均不大于 $10\mathrm{m \cdot s^{-1}}$ 且小于上行速度,因此对应于超高速电梯上、下不同的运行速度,需要通过限速器不同的动作速度来进行触发控制超速。其中,下行超速触发电梯的下行安全钳,上行超速触发超速保护装置或者电梯的上行安全钳。一般来说,针对高速电梯上下行速度不同的特殊情况,限速器的速度监测装置通过配置满足可编程电子功能安全要求的双编码器来实现速度控制。由于高速电梯高速重载的特殊状态,限速器在选型设计上要求更为严格,对于性能的要求也更加高。当安全钳动作时,提拉机构的巨大的反作用力作用在限速器钢丝绳上,因此高速电梯限速器钢丝绳应足够安全。下行速度为 $10\mathrm{m \cdot s^{-1}}$ 的高速电梯限速器如图 3-21 所示。

图 3-21　高速电梯限速器

中低速电梯一般采用铜(钢)制安全钳,但是这类安全钳若使用在高速电梯上,紧急制停时其楔块会与导轨剧烈摩擦,产生高温,致使楔块发生质变,若楔块强度不足甚至会出现部分组织热熔化的现象,导致安全钳整体失效,使电梯处于不安全状态。目前,国内外在对高速电梯安全钳楔块的新材料、新技术的研发中,参考了航天器高速穿越大气层的相关技术,研究了多种耐高温耐摩擦的复合型材料,例如氮化硅陶瓷材料、碳/碳(C/C)复合材料、含有金属陶瓷复合涂层的材料等[126,127]。虽然高速电梯安全钳使用的复合型材料与航空用的陶瓷材料都是通过调整研究物质在复合材料中的占比来改善材料的强度、硬度等特性,但是由于使用环境的区别,特别是安全钳与导轨(钢)之间的摩擦情形,安全钳动作必然会造成高速电梯高精度导轨的形变,但导轨在抵抗变形的过程中同时对安全钳楔块产生反向的冲击,而陶瓷型复合材料存在硬脆性,其抗冲击能力较差。安全钳动作瞬间横向冲击力巨大,陶瓷型复合材料极有可能出现破裂,导致安全钳无法制停轿厢,使轿厢失速,造成严重后果。因此,研制出同时具备陶瓷和金属(铜、钢)双重特性的复合材料,是非常重要且紧迫的。

(2)高速电梯限速器—安全钳的失效/故障分析

1)限速器的失效/故障分析

①失效模式及其表征

中低速电梯限速器在正常运行阶段,其压紧弹簧、甩块、摇臂、卡件等处于一种相对平衡状态,该状态下,限速器在钢丝绳摩擦力的带动下随着轿厢运动。然而,当限速器运行速度超过限速器的动作速度时,在离心力的作用下,限速器呈现向外扩张的状态,随着电梯不断加速,限速器的电气安全回路切断,随后摆臂脱离卡件,在压紧弹簧的作用下压紧限速器钢丝绳,从而带动安全钳提拉机构,实现限速器—安全钳联动。目前,有的高速电梯限速器配置了满足可编程电子功能安全要求的双编码器以实现对速度的监测。

结合对高速电梯限速器的工作状态和工作条件的分析可以发现,高速电梯限速器主要的失效模式有:ⓐ压紧动作机构轴销生锈不灵活,压紧弹簧被异物卡阻导致压紧力不足,摆臂卡件无法压紧钢丝绳;ⓑ限速器摆臂卡件和钢丝绳在使用过后磨损量较大,无法压紧,钢丝绳打滑,使电梯继续加速运行;ⓒ限速器的压紧弹簧被人为调节过,导致机械动作的速度超过标准值或者无法动作;ⓓ限速器的绳槽与钢丝绳不匹配;ⓔ编码器位置信号丢失或者出现故障,限速器无法正常工作。

综上所述,高速电梯限速器失效的表征有:电梯超速运行、限速器—安全钳联动失效。

②失效机理分析

限速器的选型应和与之配套使用的安全钳相适应,每台限速器均有适用的速度范围,在限速器动作时,应有足够的限速器钢丝绳提拉力使安全钳动作并留有适当的余量。GB/T 7588.1—2020对限速器的定义为高速电梯达到预定的速度时,使高速电梯停止,且必要时能使安全钳动作的装置。从失效分类上来区别,首先,当高速电梯的限速器无法满足该定义的要求时,意味着限速器完全失效;其次,限速器触发的标准条款规定了某一电梯额定速度下的限速器的最小和最大动作速度,如果实际动作速度不在该范围内,表明限速器处于部分失效的状态。

高速电梯的限速器失效从机理上可大致分为:ⓐ磨损失效,这是最常见的失效形式,包含组件、钢丝绳磨损;ⓑ疲劳失效,金属部件(例如弹簧)在长期的使用之后必然产生疲劳损伤,造成失效;ⓒ冲击变形,在高速变速变载的工况下,限速器各组件之间由于意外情况产生撞击;ⓓ零部件位移失效,限速器的动作速度区间不大,任何零部件的轻微位置变化极有可能导致动作速度的变化,当速度不在区间内时,意味着限速器失效。限速器失效的原因有下列几种。

a)机械机构设计、强度校核引起的失效

限速器的强度验算是设计制造的前提,高速电梯的限速器涉及面较广,其设计制造应考虑到诸多的受力以及工况,若设计不周全,制造的产品达不到要求,则会引起限速器失效。在结构设计上,当高速电梯正常运行时,限速器各部件之间应保持相对平衡的状态,不会因电梯的运行、振动而产生较大的位移,以免误动作;当高速电梯超速运行时,甩块的行程、卡件的卡紧尺寸、电气安全装置的尺寸、弹簧的压紧力等都应在合理的范围内,如果各部件之间配合不当,限速器无法动作,即为失效。

限速器的主要部件必须经过强度校核验算,满足高速电梯的需求后才能投入试制。我们通过查阅相关文献发现,轮轴的强度和刚度的许用应力应大于一定安全系数的限速器所受最大合力产生的扭矩;轴承应既满足额定静载荷的要求,又满足额定动载荷的要求,且其预期使用寿命得到应及时验算;应对压紧弹簧和甩块弹簧进行力的校核,其他部件例如立柱、摇臂等也应进行强度计算以满足一定的额定速度、最大载重量的要求。限速器各部件的强度校核验算是设计制造重要的一环,如果计算中有所疏忽,数据不精确,误差较大,则会造成限速器的整体失效。

b)使用维护不到位引起的失效

限速器作为高速电梯重要的安全部件,其日常的维护保养不容忽视,特别是高速电梯长期处于变速变载工况下,限速器轴承座容易松动,引发失效。维护保养的原因主要有以下几点:ⓐ使用年限长,轴承严重缺油、磨损、卡阻,机构运转阻力大;ⓑ部件之间锈蚀,弹簧弹力缺失,限速器动作不灵活;ⓒ非专业人员人为调整限速器各部件时,未对限速器定期进行动作速度校验;ⓓ限速器钢丝绳油污,钢丝绳拉伸触地,导致限速器动作时摩擦力过小,提拉机构无法动作;ⓔ电梯安装人员误将限速器反装。电梯的使用维护中存在的问题大部分能够通过日常的检查保养进行排除,对于高速电梯更是不能掉以轻心,否则极容易引发安全事故。

③失效状态与原因分析

高速电梯在出现断绳、超速等问题后,安全钳和限速器可以为轿厢提供有效的安全防护,因此,安全钳和限速器是电梯验收、定检阶段必须检验的重要部件。安全钳与限速器是联动的,因此出现问题的原因是多方面的。为了避免电梯安全装置的安全隐患,探究限速器的常见问题以及相关校验技术尤为重要。限速器的常见失效状态与原因如表 3-11 所示。

表 3-11 限速器常见的失效状态与原因

类别	状态	原因
油污	限速器动作时无法压紧钢丝绳,使钢丝绳打滑	限速器钢丝绳绳油溢出,摩擦力减小
轴承锈蚀	高速电梯运行时限速器轮与钢丝绳之间打滑	限速器滚珠轴承锈蚀,滚动卡阻
滚珠轴承破损	高速电梯运行时限速器钢丝绳卡阻,安全钳机械动作,高速电梯骤停	滚珠轴承受到较大的冲击产生位移或者破损;滚珠脱落
限速器部件锈蚀、积灰、	限速器在离心力下甩动幅度大、限速器锁止、甩块动作不灵活	长期维护保养不到位,未对限速器进行检查
电气失效	限速器动作时,没有切断电气安全回路	限速器电气安全装置位置存在偏差,触发机构变形
磨损	动作摆臂,限速器钢丝绳磨损	维护保养不到位,未进行限速器—安全钳联动试验检查
监测失效	电梯超速运行时限速器不动作	编码器故障
弹簧失效	电梯超速运行时限速器动作无法压紧钢丝绳	弹簧被人为调整,弹簧在长期使用后压紧力降低

2)安全钳的失效/故障分析

①失效模式及其表征

随高速电梯高速运行的安全钳在动作时直接与高精度导轨在极大的正压力下接触,因此需要较高的屈服极限,良好的耐磨性、耐高温性、耐腐蚀性等优良性能。高速电梯安全钳最普遍和典型的失效模式体现为楔块摩擦面在高速重荷载下因高温高热熔化,摩擦表面复合材料表面显微组织发生变化[128],导致其力学性能改变,强度不足,安全钳完全失效。安全钳动作时,其制动的平均减速度应在 $0.2\sim1.0g_n$,以 $10\text{m}\cdot\text{s}^{-1}$ 的高速电梯为例,安全钳的制动距离应达到 $5.1\sim25.5\text{m}$,在这样重载荷、长距离的摩擦下,如果安全钳的表面材质无法承受,则意味着失效。当高速电梯出现超速、悬挂装置破断等紧急情况致使安全钳动作时,在动作瞬间,提拉机构拉动安全钳夹紧在导轨上,导轨的反作用力同时作用在安全钳楔块上,这就要求安全钳必须具有较高的屈服强度和良好的冲击韧性,不至于在反作用下破碎。由于安全钳是电梯紧急情况下的制动部件,而其在高速电梯正常运行时处于非工作状态,如果长期不工作,楔块表面容易生锈腐蚀,锈蚀会对楔块的表面强度、摩擦系数等造成极大的影响,造成制动距离过长,甚至导致安全钳动作失效。限速器与安全钳联动的提拉机构相当于它们中间的“桥梁”,高速重载的高速电梯同样要求该“桥梁”具有一定的强度和刚度,若强度不足,提拉机构会在动量的冲击下断裂,若刚度不足,则会在动作瞬间破断,而且提拉机构的提拉行程也应保证足以让安全钳楔块接触夹紧导轨。

在安装安全钳时,应保证楔块与导轨之间有一定的间隙,该间隙一般为 3mm 左右,间隙太小容易引起误动作,间隙太大则安全钳动作时无法夹紧导轨,导致制停失效。此外,如果安装完毕的安全钳钳口内存在砂粒、建筑垃圾等异物,或者钳口油污未清理干净,会导致楔块无法夹紧导轨,使限速器—安全钳联动功能失效。

综合以上失效模式的分析,安全钳失效的表征有:楔块摩擦面热熔化,楔块纹路磨损,楔块破裂、锈蚀等等。

②失效机理分析

由高速电梯安全钳的结构原理和紧急制动时的实际受力分析可知,高速电梯正常运行时安全钳不受力,与限速器一致,也处于相对平衡的状态。安全钳动作时,钳体既受到水平力又受到垂直力,楔块与钳体之间还存在倾斜的力,包括动载荷、静载荷和附加载荷。GB/T 31821—2015 详细描述了安全钳钳体、弹性部件、导向件、提拉装置等部件的报废条件。

高速电梯安全钳失效主要包括提拉机构失效和安全钳本体失效。提拉机构失效基本由日常维护保养不到位造成,其强度和刚度可通过选用优质钢材来保证。安全钳本体主要由钳体、夹紧件(楔块)、弹性元件组成。按失效机理,可大致分为内部因素、整体因素和外部因素引起的失效,内部因素引起的失效即安全钳自身设计、制造、安装、调整的异常造成的失效;整体因素引起的失效,即限速器—安全钳这一套整体的安全保护装置的异常造成的失效;外部因素引起的失效,即与安全钳相适配的高精度导轨的异常造成的失效。

a)内部因素引起的安全钳失效

传统的灰铸铁制动材料在高速电梯长距离高速摩擦下,产生高温高热,甚至能达到 1000℃ 以上,造成摩擦系数下降甚至热熔,因此无法满足高速电梯的安全性能要求。将高性能的复合材料用作高速电梯的安全钳制动材料是目前国内外科技人员的研究重点和热点。设计制造人员在设计试制时必须经过充分的论证,必要时需用计算机软件仿真测试;在工艺的研究过程中,复合材料的种类、比例等添加不当,会造成新的缺陷从而引发失效。例如,在铸铁材料中加入了碳成分,使楔块的硬度得到了很大的加强,但是碳的硬脆性会使其在受到强烈冲击时碎裂。此外,安全钳安装质量的好坏直接影响了安全钳动作的可靠性和高速电梯系统的安全性,安全钳的楔块沿着导轨保持一定的间隙在整个高速电梯行程内运行,由于高速电梯的导轨长达几百米,安全钳的安装精度依赖于导轨的安装和校准质量,同时也需考虑建筑物的风荷载以及热胀冷缩的影响,否则容易引起安全钳误动作,导致高速电梯无法正常工作。

b)限速器引起的安全钳失效

限速器与安全钳是一整套系统,限速器是监测装置,而安全钳是执行元件,如果限速器压绳机构的力较弱,就极有可能导致限速器钢丝绳打滑,无法通过提拉机构拉起安全钳。限速器绳磨损、轮槽磨损等前文所述的限速器的失效形式均会造成安全钳动作失效。

c)外部因素引起的安全钳失效

由于安全钳制动时是与导轨直接作用的,导轨的抗拉强度直接影响制动性能,当电梯的导轨抗拉强度不满足要求时,会导致安全钳动作时对导轨造成一定的损伤,需要后期打磨处理,然而经过打磨的导轨尺寸减小,有可能出现安全钳在导轨打磨后的区段无法有效制停,特别是对高速电梯而言,若在该区段无法有效减速导致制停距离增加,则相当于安全钳失效。因此,在产品研制时应对安全钳进行渐进式的数据分析,及时调整和更改,避免失效。此外,如果导轨表面粗糙度过大,则会导致安全钳制动减速度超过 $1g_n$,动作过程中振动剧烈,导轨表面的毛刺等异物还会引起安全钳误动作的情况。通常情况下,高速电梯的导轨是不需要润滑的,维保人员在日常的维护保养中仅需要定期清理导轨面的粉尘、黏着物等杂质即可,但是若维保人员误使用含有油脂的物品清理导轨,则会导致导轨面粗糙度下降,制动减速度减小,制停距离增加或者出现无法制停的情况。

③失效状态与原因分析

我们对安全钳可能发生的各个方面的失效损坏情形进行了深入研究,从外部影响到自身内在性质层层解析。此外,我们还根据安全钳本身材料所发生的物理变化、化学变化及安全钳异常运行方式等失效模式整理总结出了常见的失效状态,并描述了其对应的具体表现形式,分析其失效的原因,具体如表 3-12 所示。

表 3-12　安全钳常见的失效状态与原因

类别	状态	原因
热退化、热熔化	安全钳楔块在高温下熔化,表面性能退化,制动效能下降	楔块与导轨间的高速摩擦产生高温高热,导致安全钳性能改变
碎裂	钳体在紧急动作瞬间受到较大的冲击破碎	钳体脆性较大,无法承受动作瞬间的冲击载荷;材料制造加工时工艺不当,未消除内部残余应力
材料磨损	制动摩擦过程中,复合材料表面产生微小磨屑颗粒,损伤摩擦表面	复合材料不同、磨粒硬度不同,某些添加材料损伤楔块摩擦面
疲劳磨损	摩擦表面在长期多次使用的应力作用下出现疲劳失效,表面点蚀、硬度不足甚至产生裂纹	使用年限较长,频率较高
氧化、锈蚀	摩擦表面在空气中氧化、锈蚀	楔块摩擦表面暴露在空气中,高温高热的环境会加速氧化;安全钳长期不使用出现锈蚀

类别	状态	原因
动作失效	需要紧急制动时,安全钳无法动作	提拉机构断裂,提拉行程不足,楔块与导轨间隙偏大,钳口内存在油污、砂粒等杂物
误动作	电梯正常运行时安全钳动作,制停轿厢,造成意外	楔块与导轨间隙偏小,导轨上附着异物,限速器钢丝绳挂住井道内部件,造成提拉机构动作
不同步	紧急制动时,轿厢偏斜	楔块摩擦面与导轨间隙调整不当,提拉机构安装质量较差

(3)高速电梯限速器—安全钳失效检测技术与方法

对比国内外关于限速器—安全钳的检验技术和测试设备可见,失效检测大部分集中在限速器动作速度的校验和检测上。江苏省特种设备安全监督检验研究院研发了基于安卓平台的便携式高速电梯限速器校验系统。该系统可被引入移动终端,将虚拟仪器技术应用于安卓平台,解决了传统检测仪器笨重、操作不便的缺点。安全钳安于轿厢底部,然而由于高速电梯底坑较深,如未设置专门的检修/检查平台,则检修人员在日常的检查中难以触及安全钳部位,因此安全钳是否失效多通过检修速度下的限速器—安全钳联动试验制停是否可靠来判断。高速电梯整机设计时,以安全钳的可靠性选择为主,即应进行安全钳的选型设计、强度校核并对与其相关的零部件(如固定螺栓、固定压板、提拉机构等)进行试制,必要时结合计算机软件进行仿真验证,在复合材料的选择上,以不同材料的研究对比试验来确定是否适配。

综合高速电梯限速器—安全钳的结构特点和性能特性,对于限速器,应以前期的选型设计和强度校为基础,依托特种设备安全技术规范,检测限速器的各个零部件之间的配合状况,各个可调节部位的封记、固定情况,目测检查电梯运行时,各部件之间有无碰擦、卡阻、运转不灵活的现象,测量限速器绳绳径。可采用前文所述测量曳引轮槽的方法检测限速器轮槽的磨损情况,然后使用先进的多功能测试仪定期检测限速器动作速度,由此检测限速器的使用状况,必要时使用工业相机实时监测限速器的运转情况,运用图像识别实时比对监测到的限速器的运转情况和预置的限速器运转情况,判断其是否失效。安全钳的失效检测同样建立在复合材料的合理使用以及正确安装的基础上,按照安全技术规范的要求检测制停的安全性和可靠性。对于日常的检查,通过在底坑设置可移动平台,人工检测安全钳楔块的间隙和磨损情况来判断安全钳是否失效。高速电梯安全钳失效的主要原因是摩擦时产生的高温高热加剧磨损,因此建立安全钳楔块磨损量、制动时楔块和导轨的压力分布、温度之间的在线分析系统,以及对制动前后安全钳楔块摩擦面金相组织分析,将有助于进行安全钳的寿命预估和失效性能分析,也可为安全性能评估提供新的思考方法。

3.4.5　高速电梯电气控制系统的结构特点及失效模式分析

(1)高速电梯电气控制系统的基本结构特点

与中低速电梯相比,高速电梯的电气控制系统最显著特点是控制柜体积大,而且结构布局上按照功能分块,调速控制系统和信号控制系统分别组成了配电柜和回馈/驱动柜(如图 3-22 所示),而且高速电梯驱动主机功率达到数百千瓦,为了满足大功率电机的驱动和控制,变频器的容量必须足够大。也有部分高速电梯采用双(多)驱动的控制系统,该系统采用双(多)组整流器/变频器,每组整流器/变频器中又有多个独立的高等级的绝缘栅双极晶体管(IGBT)进行电源的整流/逆变控制,控制回路中同样采用双(多)组高性能的中央控制器,相当于"双(多)大脑"的处理方式。在电气故障的处理方面,需要事先按照电子安全完整性等级要求设计检测和控制电路,在设计时全方位考虑高速电梯运行中可能出现的各种异常情况和故障。目前高速电梯大多采用先进的控制技术,未来也有可能向着人工智能的方向发展。随着这些技术的不断优化更新,高速电梯安全性、可靠性、智能化程度将大幅提高。高速电梯由于功率大、能耗高,节能降耗、绿色环保也是未来考虑的重点,研究人员可在电气控制系统中加入能量反馈模块,使高速电梯运行时切割磁力线,利用电磁感应原理产生电能并反馈至电网中,实现节能。

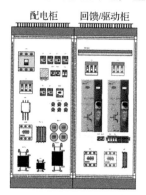
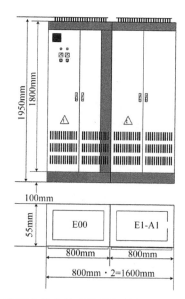

图 3-22　高速电梯分体式控制柜结构

在高层/超高层建筑物内,电梯梯群少则由 10 多台高速电梯组成,多则甚至包括几十台;电梯梯群的运行既要考虑资源的合理利用,能耗的节约,又应根据乘客流量的大小调度电梯的运行,确保乘客等待电梯的时间合理。为了提高高速电梯的运行效率,一台高速电梯的选层召唤信号不会服务于建筑物的各个楼层,否则高速电梯处于不断加/减速过程中,不仅增加能耗,而且无法保证乘客的乘梯舒适度。

在电梯的运行速度上,中低速电梯上下行速度通常都是一样的,然而为了避免乘客乘坐时产生失重感和恐惧心理,高速特别是超高速电梯的下行速度具有限定值,一般为 $10\mathrm{m \cdot s^{-1}}$,小于上行速度,因此高速电梯的电气控制系统在其上下行时应由不同的模块来执行。高速电梯由于运行速度过高(一般大于 $4\mathrm{m \cdot s^{-1}}$),其底坑中装有多级的减行程液压缓冲器,因此对高速电梯运行到达端站时驱动主机速度的监控十分重要,在高速电梯的控制系统中,该功能通过独立的安全电路来实现。

(2)高速电梯电气控制系统的失效/故障分析

1)变频器的失效/故障分析

①失效模式及其表征

中低速电梯的电气控制系统采用接触器控制、可编程逻辑控制器控制、一体机控制等,而在高速电梯的电梯控制系统中,变频器起着不可或缺的作用,其主要由整流单元、滤波单元、逆变单元、制动单元、驱动单元、检测单元、微处理单元等部分组成。变频器将交流电整流成直流电再逆变为交流电,在这个过程中,改变交流电的频率,从而改变驱动主机的转速,在频率可控的前提下,实现高速电梯的无级变速,消除运行过程中的瞬变,提高控制精度,从而进一步提高了高速电梯运行的稳定性和舒适度。中低速电梯的变频器没有能量回馈模块,通常采用二极管整流桥将交流电转变为直流电,然后用 IGBT 逆变为频率可调的交流电。这种变频器无法实现电流的双向流动,高速电梯的 IGBT 增加了功率模块,使用 IGBT 取代了二极管作为整流桥,采用高速度、高运算能力的数字信号处理器产生正弦脉宽调制波控制脉冲,实现电流的双向流动,将电能回馈入电网。

变频器中具有对高速电梯驱动主机过载进行检测并能起到保护作用的功能模块,该功能由具有高频开关功能的 IGBT 功率管实现,当电机过载时,输出电流增大,若超过变频器的最大允许值,变频器会停止工作并将电流截止,然而变频器中该模块发生故障时,不断增加的电流将导致变频器元器件被击穿,使变频器被烧毁,在该情况下,变频器输出端与驱动电机之间的连接线上存在电感和杂散电容,过大的电压变化经过该 LC 振荡电路进一步放大后产生了变频器的浪涌电压,浪涌电压最大值可达到变频器直流电压的 2 倍,这是造成变频器失效的最大危害之一。

综上所述,变频器失效模式主要有:浪涌电压、过载、过电流、过电压以及电子元器件老化、达到使用频次等。相应地,高速电梯的表征有电梯无法运行、失速过电流、失速再生过电压、运行不稳定、抖动剧烈、瞬间失电流等。

②失效机理分析

GB/T 7588.1—2020 的相关条款规定了高速电梯电气设备的位置布置以及易于引起触电危险的电气设备的警示标志、安全防护和电子污染的保护等,高速电梯的变频器在电气控制系统中作为静态元件存在,其内部的元器件也需要满足该标准的相关要求。GB/T 24807—2009 和 GB/T 24808—2009 明确了高速电梯电磁兼容的辐射和抗干扰的相关的参数。对于高速电梯变频器,除了必须满足电梯的高速、变速变载、大转矩及有足够驱动能力的要求之外,还应符合上述标准的相关要求。

从原因上分析,高速电梯变频器失效的机理可大致分为以下几种。ⓐ环境的影响。变频器作为精密电气设备,受温度、湿度等环境因素影响较大,高速电梯所在建筑物一般都高达几百米,变频器置于机房内的控制柜中,机房的温度一般较高,而且同一机房内安置了多台高速电梯的驱动/拖动设备,温升较快,不易散热,温度的变化、湿气的影响、建筑物的振动都会影响变频器的正常工作。ⓑ电源的影响。线路的老化、波动的电压容易对变频器产生影响,导致其运行异常,久而久之出现故障。ⓒ外部电磁干扰的影响。如果变频器附近存在高压辐射、电磁干扰等,这些电磁杂物会通过辐射的方式侵入变频器内部,引起变频器信号处理异常,甚至损毁设备。

按内、外因影响可将变频器失效类型分为以下几种。

a)变频器选型引起的失效

变频器应该结合电梯驱动主机的额定功率和额定电流来综合选择。通常,变频器的选型需要满足以下几点要求:ⓐ变频器的输出功率大于驱动主机的额定功率;ⓑ变频器的功率大于驱动主机负载要求的输出功率;ⓒ变频器的额定电流大于驱动主机的额定电流;ⓓ高速电梯的变频器要具有足够的过载能力,特别是在低速运行时,驱动主机的输出转矩大,变频器应有一定的能力承受该工况下的扭矩。综上所述,在高速电梯变频器的选型时,设计单位应综合各方面进行考虑,如果选型失误将严重影响高速电梯的工作效率以及正常的运行。

b)电子元器件故障引起的失效

高速电梯变频器的各个单元包含了大量的电子元器件,如二极管、晶体管、电感、电容、电阻等。这些元器件都有一定的使用寿命,在长期的使用之后,不同的工作环境下的同一型号元器件的寿命也不尽相同。电阻类元器件失效的主要表现形式为接触损坏、电阻绕组断路、脚针机械损伤等。首先,电阻类元器件受温度变化的影响较大,温度升高,金属电阻将增大,非金属电阻降低,电阻工作热噪声增加,对高速电梯工作的控制信号系统造成一定的影响。其次,高速电梯长期的变速变载工况引起的驱动主机的振动、变频器所处的机房的振动等会使元器件焊点发生松动,导致接触不良等机械损伤。电容类元器件失效的主要表现形式为电解液泄漏、电容击穿、机械损伤等。当电容两极之间的介质中存在导电性尘埃等杂质、缺陷以及导电性的尘埃,或介质出现老化、机械损伤等状况,就会导致电容被击穿,使变频器无法正常工作。电感类元器件在温度升高、负载短路、电感线圈流经的电流过大时就会出现短路、断路以及被击穿等状况。在变频器这个整体的单元中,不论哪一部分出现故障,都会导致整个变频器无法工作,造成高速电梯无法运行或者出现不规律的故障,影响运行的安全性和乘梯的舒适度。

③失效状态与原因分析

变频器是利用电力半导体器件的通断作用将工频电源变换为另一频率的电能控制装置,其具有对交流异步电机的软起动、变频调速、提高运转精度、改变功率因数、过流/过压/过载保护等功能,因此对变频器进行及时更换和维修十分重要。变频器常见的失效状态与原因如表 3-13 所示。

表 3-13　变频器常见的失效状态与原因

类别	状态	原因
过电流	高速电梯起动跳闸或者高速电梯在加速运行阶段跳闸	负载短路,电梯机械卡阻,变频器逆变模块损坏,驱动电机转矩过小,电流检测模块损坏;加速时间过短导致大电流产生,变频器参数与运行参数不匹配
过电压	电梯过电压报警,变频器被击穿	减速时间太短,制动单元故障
欠电压	电梯无法正常启动,有闷声	主电路电压过低,变频器整流模块某一路工作不正常,电压检测回路故障
过热	变频器温升过高,电梯热保护	机房温度过高,散热系统故障,温度传感器故障,电机堵转
输出不平衡	驱动电机运转抖动,转速不稳定,电梯运行失速,出现骤停、骤降	输入输出端子松动,模块损坏,驱动电路损坏,电抗器损坏
过载	驱动主机堵转,异物卡阻	变频器参数设置不正确,变频器选型有误
速度检测不闭环	电梯速度无法提升	编码器故障,接线错误,线路接触不良,驱动板故障

2）控制网络的失效/故障分析

①失效模式及其表征

合理利用资源，安排等候时间是高速电梯群控控制系统必须考虑的问题，然而高速电梯的群控系统需要强大的计算机软硬件作支撑，并要求计算和运算速度快，计算能力强，能够适应电梯运行中的不确定性，且在运行的过程中不至于发生信号紊乱。目前规划设计普遍将建筑物按照高度分为多个区块，每个区块通过计算机系统单独控制，但是实现每个区块之间的统一协调调度才是提高运行效率、优化资源配置的有效途径。国外有在服务大厅通过计算机主机控制预约召梯的系统，但是计算量极其庞大，很难实现最优控制，而且容易出现故障。未来高速电梯的智能群控系统应是与整幢建筑物内的设备组成一体的智能控制网络。

高速电梯的控制系统应该是一个智慧的系统，且具有一定的自主学习能力，能够学习建筑物内每天各个时段的人流信息，智能预测将来的运行路径，动态调整高速电梯分布，均衡高速电梯群组内的电梯资源，缩短乘客的平均候梯时间，降低长时间候梯率。对不同楼层的人流应通过图像识别进行智能预测分析，从而根据不同的目标调整电梯分配方式，在高峰时段，系统自动派梯返回预定楼层进行集中服务。在用梯效率的提升上，高速电梯的控制系统能够自动分流候梯人员，改善高峰时段繁忙的环境。在部分楼层智能减少电梯停靠次数，提高运行效率，特别是与建筑物智能控制系统组成一体的高速电梯智慧网络，可通过图像识别或预召唤功能为目的楼层一致的乘客分派同一电梯，减少停靠次数，实现分流运送，避免换乘。在特别的环境下，例如有特殊的乘客急于用梯时，控制系统应在收到指令后，指派一台电梯脱离群控组，为特殊的乘客提供专门的服务；在会议系统下，高速电梯控制系统应与会议监视屏配合，当会议结束后，会有大量的参会人员使用电梯，群控系统可自动分派一定量的电梯前往会议楼层服务。

高速电梯控制网络最普遍和典型的失效体现为信号紊乱，数据处理出现 BUG 以及数据的丢失。当高速电梯的智能控制系统形成控制网络时，必然需要通信系统流量的支持，如果建筑物周边的通信信号不稳定，高速电梯的智能控制群组必然会受到很大的影响，可能会出现无法响应的情况，造成乘客聚集，而大量的乘客涌入，将导致高速电梯故障概率增加。此外，由于建筑物特别是高速电梯的机房内遍布各通信公司的信号发射站，该信号极有可能干扰高速电梯的控制系统，导致高速电梯运行出现错层、平层位置偏差、运行不稳定等情况。高速电梯梯群组一般由十多台甚至几十台电梯组成，其智能控制网络需要强大的软硬件支撑，而且需要庞大的数据库供系统调用，而目前的软件面对多种情况同时发生的情景，可能出现故障,造成控制系统崩溃。

综上所述,高速电梯控制网络的失效的表征有:高速电梯运行不稳定、错层、平层偏差、系统崩溃等。

②失效机理分析

GB/T 24807—2009 要求高速电梯自身产生的电磁辐射应对其他周边设备产生的电磁干扰最小,特别是高速电梯在运行状态切换、需要处理大量信号时。GB/T 24808—2009 同时要求电梯的抗扰度需达到相应的标准。

从高速电梯控制网络的作用和工作的特点可知,其智能控制需要稳定的信号和大流量的无线数据支撑,图像采集、智能预测、自动派梯等工作环节都需通过流量传输完成。如果没有无线信号,控制网络就会失去智能,无异于普通的召梯选层控制模式,增加了乘客聚集的概率。控制网络在对收集的信息进行存储运算处理的过程中需要强大的软硬件支持,如果处理器设备老旧、运行内存不足,信号处理卡顿、延迟、响应不及时,就失去了高速电梯群控组的意义。控制网络的失效机理可大致分为如下几种。

a)内部软硬件系统引起的控制网络失效

强大的软硬件是智能群控系统的基础。软件是由系统开发的软件工程师按照一定的逻辑思维和电梯的运行特点编写的程序,相当于人类的"大脑",能够对电梯运行时采集到的、图像识别到的信号以计算机语言的形式进行处理,然后将处理好的信号传达给执行机构。然而软件毕竟是人为编写的,应用于高速电梯这样复杂的工况时,必然会存在一定的漏洞。当多种意外情况共存时,软件若无法正常处理信号,就会"罢工",使高速电梯无法运行。硬件是系统中电子、机械、光电元器件的组合,相当于一个"空间",为软件的运行提供物质保证。高速电梯群控组中大量复杂的数据需要在足够的"空间"内完成处理,否则会造成数据溢出、数据丢失、软件处理不当或者无法处理等情况。

b)外部无线信号引起的控制网络失效

高速电梯的智能控制网络中输入信号的传输需要通过无线数据进行,例如人脸图像的发送,以及物联网技术的远程监测和控制。首先,若无线信号不稳定,则会造成智能控制及数据传输的卡顿或延迟,使系统无法实现智能工作。其次,建筑物内遍布着各种电气设备,这些设备工作时也会产生一定的电磁干扰,可能使电梯控制系统接收到错误的信号,产生误动作、运行不稳定等。

(3)高速电梯电气控制系统的失效检测技术与方法

我们查阅国内外相关的资料时发现,目前对于高速电梯电气控制系统失效的检测技术与方法相对较少,在使用过程中也是结合高速电梯的运行状态来进行辅助的分析。安全技术规范要求高速电梯在不同的载荷下,采用多次运行的方式观察控制系统的运行状况、信号的显示情况等,基本上依赖于检测人员的经验判断。

对于高速电梯电气控制系统的失效检测,首要的是及时有效地发现电子元器件、线路老化等安全隐患;当高速电梯无法正常工作时,检验人员应能够通过失效检测方法,准确地找出电气元器件的故障所在。传统的方法主要有以下三种。ⓐ采用动态观测法,可将电梯置于调试模式下,在线路通电、控制系统得电的情况下,通过耳听、目视、手触、鼻闻等方式,对元器件的故障类型做出大致的判断;例如:细听仪器设备有无异常的声响;仔细观测控制系统的各个部件有无冒烟、火花等异常情况出现;在确保安全的前提下,用手触摸感知元器件有无发热等状况;闻电路中有无烧焦的气味等。ⓑ采用通断检测法,用万用表测量电路的通断,并根据技术原理图查找相关的电路故障并作出判断。ⓒ采用定量检测法,使用专用的仪器、仪表测量控制系统元器件的电阻、电容、电感等,将测量值与设计的给定值相比较,可以综合判断高速电梯的变频器功率有无变化,高速电梯的控制信号的传递是否正确,高速电梯群控的功能是否能够实现等。

对于高速电梯的电气控制系统而言,一旦发生故障,轻则使高速电梯停止运行,造成乘客被困,重则导致高速电梯失速,造成严重的安全事故,因此高速电梯电气控制系统的失效检测技术与方法应该是速度更快,结果更精确的故障诊断技术。该技术可以是一种基于物联网的大数据收集分析技术,采集器将电梯的运行数据实时存储在终端监控装置的存储介质中,信息处理器定时读取该运行数据并与高速电梯设定运行数据相比对,当检测到运行参数出现一定的偏离,且偏离超过一定的阈值时,监测装置则会发出故障/失效预警。随着科技的发展,研究人员可开发一种远程监控修复装置,将高速电梯的控制系统、驱动系统、门系统等通过通信装置远程连接到高速电梯监控平台,如此一来不仅能够预判故障,识别故障,对高速电梯进行远程停梯或者重新启动控制,而且能够对参数设置不当、通信异常等情况做一定的修复。

第 4 章
高速电梯安全评估技术及方法

4.1 高速电梯安全评估概述

4.1.1 高速电梯安全评估简述

随着使用年限的增加,高速电梯的故障与问题日益显现,其安全性也得到了人们前所未有的重视。高速电梯作为一个比较复杂的机电产品,近年来应用了新材料、新工艺、新技术,因此,旧的安全评估方法对其已经不再适用。研究新的评估方法与评估体系,可以填补高速电梯安全评估体系与标准的空白。

高速电梯的安全评估以预防、消除隐患为主,通过对高速电梯产品的本体、管理状况、人的行为进行风险评定和分析,将传统的以磨损老化为主的查证性检验转变为风险预测,实现对设备事故的预防和控制,并提出合理可行的安全对策措施。

4.1.2 高速电梯安全评估原则和依据

高速电梯安全评估通过查找、分析及预测高速电梯在静止、动态运行状况下机械、电气系统存在的风险,估计可能导致的后果和危害程度,并根据实际情况提出有效的预防措施。高速电梯安全评估的原则是:确保高速电梯安全,从消除隐患的本质上预防事故的发生;及时查找高速电梯设计及使用过程中的缺陷,采取预防和改进措施;分析危险源的数量、位置及其对高速电梯发生事故的影响程度,为决策者提供依据。

高速电梯安全评估的依据应能严格规范地指导相关人员开展电梯的安全评估工作。以下文件为评估依据,未标注年份的以最新的版本为准。

《中华人民共和国特种设备安全法》

《特种设备安全监察条例》

《特种设备生产和充装单位许可规则》(TSG 07)

147

《特种设备使用管理规则》(TSG 08)

《电梯维护保养规则》(TSG T5002)

《电梯、自动扶梯、自动人行道术语》(GB/T 7024)

《电梯制造与安装安全规范 第 1 部分:乘客电梯和载货电梯》(GB/T 7588.1—2020)

《电梯制造与安装安全规范 第 2 部分:电梯部件的设计原则、计算和检验》(GB/T 7588.2—2020)

《电梯技术条件》(GB/T 10058—2009)

《电梯试验方法》(GB/T 10059—2009)

《自动扶梯和自动人行道的制造与安装安全规范》(GB 16899—2011)

《电气/电子/可编程电子安全相关系统的功能安全》(GB/T 20438)

《电梯、自动扶梯和自动人行道:风险评估和降低的方法》(GB/T 20900—2007)

《乘运质量测量 第 1 部分:电梯》(GB/T 24474.1—2020)

《机械安全 防止上下肢触及危险区的安全距离》(GB 23821—2009)

《电梯曳引机》(GB/T 24478—2009)

《电梯使用管理与维护保养规则》(TSG T5002—2017)

《电梯监督检验和定期检验规则—曳引与强制驱动电梯》(TSG T7001—2009)

《电梯主要部件报废技术条件》(GB/T 31821—2015)

《电梯施工类别划分表(修订版)》(国质检特〔2014〕260 号)

《在用电梯安全评估导则—曳引驱动电梯(试行)》(质检特函〔2015〕57 号)

4.1.3　高速电梯安全评估范围

高速电梯的安全评估适用于高速电梯的曳引系统、轿厢系统、井道系统、导向系统、门系统、电气系统、安全保护系统。对曳引系统的评估主要有主机速度监控、减振技术等,评估对象有曳引主机、制动器、曳引轮、电动机以及救援装置等;对轿厢系统的评估主要有轿厢空气噪声控制、轿厢气压控制、轿厢振动控制以及轿厢本体结构等,评估对象有轿厢架、将轿厢体等;对井道系统的评估主要有底坑空间、轿顶空间、井道孔的封闭、井道照明等,评估对象有底坑装置、减行程缓冲器、张紧装置、检修平台、井道孔洞以及随行电缆等;对悬挂系统的评估应关注曳引悬挂绳、张紧悬挂绳等相关部件;导向系统由导轨、导轨支架、导向轮、反绳轮和相应的钢丝绳等传动装置组成,其主要作用是将电梯的运动部件限定在一个运动范围之内;门系统主要包括轿门、层门、门机系统、联动机构、门锁装置等;此外对电气控制系统的评估应关注电梯轿厢内和层门外的楼层显示、控制柜中的控制系统、选层按钮、平层感应系统等。同时,高速电梯还配备了安全保护系统,主要对电梯超速、超载、超范围运行进行预防和保护。

4.1.4　高速电梯安全评估程序

高速电梯安全评估流程主要分为以下几个部分[129],如图 4-1 所示。

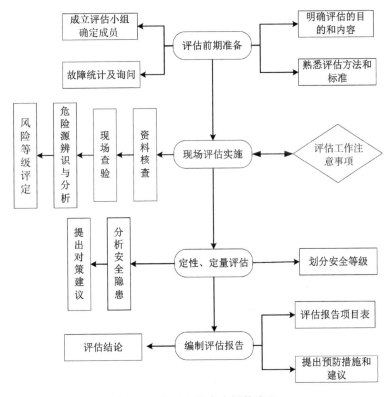

图 4-1　高速电梯安全评估流程

（1）评估前期准备阶段

1）明确安全评估的目的和主要内容,由于申请评估单位的需求和目的不同,进行安全评估的主要内容会有变化。

2）成立安全评估小组。鉴于高速电梯设计、使用以及技术上的特点,评估小组组长应具有相应的特种设备相关专业技术背景以及高级技术职称或电梯检验师（含）以上资格,同时满足以下要求。

①熟悉电梯的技术要求和相关法规标准。

②掌握高速电梯安全评估程序和流程。

③不受任何偏见影响。

④具有保障安全评估公正实施的组织能力。

⑤当评估结果不能达成一致时具有仲裁能力。

3)编制相关的评估方案,比较多种通用的评估手段和技术,结合不同评估对象的特点,编制符合设备现状和标准要求的安全评估方案。评估方案应经过评估组成员的讨论,以确保其可靠性和有效性。

(2)现场评估实施

1)现场危险源的识别与分析,评估组应对设备的状况和故障情况进行调研,了解高速电梯的运行环境和使用状况,根据编制的评估方案对高速电梯进行逐一评估。

2)风险等级评定

安全评估机构应当根据伤害发生的严重程度和概率等级对查找的风险隐患进行风险评定,确定风险等级和风险类别[130]。

严重程度:根据高速电梯对人身、财产或环境造成的伤害情况,将严重程度分为以下等级。

①1-高:人员死亡、系统损失或严重的环境损害。

②2-中:人员遭受严重损伤、严重职业病;主要的系统或环境损害。

③3-低:人员遭受较小损伤、较轻的职业病;次要的系统或环境损害。

④4-可忽略:不会引起伤害、职业病、系统或环境损害。

概率等级:根据情节发生的概率、暴露于危险中的频次和持续时间,以及造成伤害的可能性所规定的因素,可以评估伤害发生的概率。伤害发生的概率等级如下。

①A-频繁:在使用寿命内经常发生。

②B-很可能:使用寿命内发生数次。

③C-偶尔:在使用寿命内至少发生一次。

④D-极少:在使用寿命内一般不会发生。

⑤E-不太可能:在使用寿命内基本不可能发生。

⑥F-不可能:概率为零。

3)风险类别

评估人员通过综合衡量严重程度和概率等级来确定风险类别。风险类别如下。

①Ⅰ:需要采取防护措施以降低风险。

②Ⅱ:需要复查,在考虑解决方案的实用性和社会价值后,确定是否需要进一步的防护措施来降低风险。

③Ⅲ:不需要采取任何行动。

4)风险类别判定准则

根据已经确定的严重程度和概率等级,按表 4-1 判定风险类别。

表 4-1　风险类别判定准则

概率等级	严重程度			
	1-高	2-中	3-低	4-可忽略
A-频繁				
B-很可能				
C-偶尔				
D-极少				
E-不大可能				
F-不可能				

Ⅰ:需要采取防护措施消除风险;

Ⅱ:需复查,在考虑解决方案的实用性和社会价值后,确定进一步采取防护措施是否适当;

Ⅲ:不需要采取任何行动。

5)降低风险的措施

评估人员根据每个项目风险等级评定的结果,总结高速电梯设备本体、使用管理和维护保养中存在的问题和安全隐患,提出为降低风险的措施。降低风险的措施应包括以下几个方面。

①对于被识别出有风险隐患的部件,达到《电梯主要部件报废技术条件》(GB/T 31821—2015)所规定的判废要求,或达到制造厂家产品使用说明中规定的判废要求的,需将其更换来消除风险。

②对于被识别出有风险隐患的部件,未达到 GB/T 31821—2015 所规定的判废要求,或制造厂家产品使用说明中规定的判废要求的,需对其进行调整来消除风险。

③对于被识别出的风险不能被消除或降低的,应告知使用者该装置、系统或过程的遗留风险,并增加警示标志等。

(3)编制评估报告

1)综合安全状况等级判定

在确定每一种风险的类别后,宜按如下方法评定综合安全状况等级。

①对 3 种风险类别分别按照表 4-2 所示规则赋值。

表 4-2　风险类别赋值

风险类别	I	II	III
值	0	1	2

假设 $v_i(i=1,\cdots,n)$ 为对应于第 i 个风险情节的风险类别赋值,其中 n 为所有进行评估的风险情节的个数。

②按照下列公式计算综合安全状况得分。

$$D = \begin{cases} 0, \text{if} \prod_{i=1}^{n} v_i = 0 \\ \dfrac{\sum_{i=1}^{n} v_i}{2 \times n} \times 100, \text{if} \prod_{i=1}^{n} v_i \neq 0 \end{cases}$$

③根据得分情况,按照表 4-3 判断综合安全状况等级。

表 4-3　综合安全状况等级

D	>95	(85,95]	(0,85]	0
综合安全状况等级	一级	二级	三级	四级

2)综合结论判定

根据综合安全状况等级、综合存在的风险和降低风险措施的成本,可以按照下列原则给出相应的安全评估结论。

①对于综合安全状况等级为四级的,应当建议立即停用高速电梯,采取安全措施消除风险后方可使用。

②对于综合安全状况等级为三级的,应当尽快采取安全措施消除风险。

③对于综合安全状况等级为二级的,需要采取安全措施消除或降低风险。

④对于综合安全状况等级为一级的,需要对评估指出的风险加强监护。

3)降低风险的安全措施建议

①对存在风险零部件或系统修理可以恢复其安全功能的高速电梯,应当提出维修建议。

②对存在风险零部件或系统修理不能恢复其安全功能的高速电梯,应当提出改造建议。

③对存在风险零部件或系统不能修理或改造恢复其安全功能的,及修理或改造、更换零部件的价值高于同类整机价值 50% 的高速电梯,宜进行更新。

④对使用管理、维护保养方面存在问题的,应当提出改进意见。

4.2　高速电梯主要部件风险及故障分析

高速电梯在结构特点、控制系统方面与中低速电梯相比有着很多不同之处,相对而言更加复杂,性能要求也更加高,一旦某些部位出现异常,就会使得重要部件或者整机发生故障。高速电梯常见的故障形式有运行中振动、乘客舒适性差、平层精度不高、噪声过大、关键结构磨损过大等。若高速电梯在运行中出现故障,突然停止,会引起轿厢的剧烈振动和噪声的明显变大,很容易造成乘客惊惧及其他风险事端[128]。

高速电梯的七大系统包括曳引系统、导向系统、轿厢系统、门系统、重量平衡系统、电气控制系统、安全保护系统。这种划分是依据高速电梯设备各零部件的功能和原理实现的。如果仅针对这 7 个系统进行评估,则评估只着重于对高速电梯进行静态检测评估,却忽略了高速电梯的动态性能,从而很难得到更为准确、全面的评估结果,因此应选择静态检测与动态检测相结合的方式对老旧高速电梯进行安全评估。

静态检测是指按照高速电梯七大系统的区分,对系统中的部件进行安全评估;动态检测是指高速电梯运行中功能性的评估。高速电梯的安全评估工作需要将系统细分,把每个系统的检测评估细化到系统的主要的零部件上,通过对零部件的评估来判断系统乃至整机的性能[131],表 4-4 是高速电梯系统与部件的细分。

表 4-4　高速电梯七大系统及功能区分

名称	功能	主要构件与装置
曳引系统	输出与传递动力,驱动电梯运行	曳引机、曳引钢丝绳、导向轮、反绳轮等
导向系统	限制轿厢各对重的活动自由度,使轿厢和对重只能沿着导轨做上、下运动,承受安全钳工作时的制动力	轿厢(对重)导轨、导靴及其导轨架等
轿厢系统	用以装运并保护乘客或货物的组件	轿厢架和轿厢体
门系统	供乘客或货物进出轿厢时用,运行时必须关闭,以保护乘客和货物的安全	轿厢门、层门、开头门系统及门附属零部件

续表

名称	功能	主要构件与装置
重量平衡系统	平衡轿厢的重量,减少驱动功率,保证曳引力的产生,补偿电梯曳引绳和电缆长度变化转移带来的重量转移	对重装置和重量补偿装置
电气控制系统	控制电梯的运行	操纵箱、召唤箱、位置显示装置、控制柜、平层装置、限位装置等
安全保护系统	保证电梯安全使用,防止危及人身和设备安全的事故发生	限速器、安全钳、缓冲器、端站保护装置等、超速保护装置、供电系统断相错相保护装置

在对高速电梯进行安全风险评估时,应重点对故障的常发位置和原因进行分析,以便制定有针对性的评估方案。高速电梯的故障多种多样,存在各种如环境因素、人为因素、运动部件之间的影响因素,以及电梯部件自身的因素等,具体可以划分为机械系统故障和电气系统故障两大类[132]。

机械系统故障分为以下几个方面。

(1)机械磨损故障。由于高速电梯具有速度快、行程长等特点,很多部件在长时间服役之后,会出现各种各样的机械磨损,且伴随着振动、噪声等现象的出现,磨损失效加剧,由此产生的故障也会出现。高速电梯采用的是主动减振导靴或者滚轮导靴。轿厢在井道中长期运行,会使得导靴磨损明显或者导靴的弹簧压力不均。轿厢在运行时会遇到轿厢内载荷分布不均、井道内气流的湍流阻力过大或过小的情况,湍流阻力会在轿厢上产生一定的惯性力,这个力有水平方向也有垂直方向的。假如导靴存在磨损等情况,其将无法及时吸收水平和垂直方向上的惯性力,造成轿厢晃动,从而影响乘客乘坐舒适度。故应及时更换磨损严重的导靴滚轮并调节弹簧压力,使得与导轨接触的滚轮压力均匀,并加强高速电梯的维护保养,尤其应对驱动主机、钢丝绳、导靴等直接参与电梯运动的部件进行重点维护。

(2)机械疲劳故障。高速电梯及其主要部件在长期服役过程中,长时间受到轿厢载荷力和气动阻力的作用,有些部件会产生疲劳现象,从而使得机械结构强度下降。例如在曳引钢丝绳的长期作用力下,曳引轮绳槽磨损严重,出现变形,从而导致曳引力减小,曳引钢丝绳打滑。

（3）润滑系统故障。轴承等相关运转部件应及时润滑，以确保高速电梯运动部件降温冷却、降噪减振、磨损减小等的效果。良好的润滑情况将会为高速电梯的安全稳定运行提供必要的条件，高速电梯润滑剂使用量不足和润滑剂的选择不当也是高速电梯运行故障产生的原因之一。例如对重轮或轿顶轮轴承严重缺油，造成干摩擦现象；导向轮轴承严重缺油，造成干摩擦现象；曳引机轴承缺少润滑，导致轴承磨损；曳引轮与曳引钢丝绳上过度润滑，使摩擦系数减小而发生打滑现象。

（4）固定连接部件故障。高速电梯属于机电类产品，其主要由一些系列化的关键部件，如曳引主机、安全钳、轿厢、导轨、导靴等通过一些连接部件组装而成。这些连接部件通常具有很高的可靠性，然而长期的负荷运转、振动等，会导致一些固定连接部件松动，使得高速电梯在运行中出现故障。例如导轨支架、压板螺栓松动；层、轿门挂轮松动或严重磨损，导致门扇下移拖地，不能正常开关门；限速器弹簧或其锁紧螺丝松动，使限速器的动作速度降低，发生误动作。

电气系统故障分为以下几个方面。

（1）电气安全回路故障。高速电梯的电气安全回路贯穿高速电梯的每个角落，相当于人体的神经系统，对电梯的安全运行起着至关重要的作用。电气安全回路中的某一个电气开关出现故障、短路或者粘连时，电气安全开关动作，起到保护电梯及其乘客的作用。检查安全回路继电器是否吸合，如果不吸合，且线圈两端电压不正常，则应检查安全回路中各安全装置是否处于正常状态，安全开关是否完好，以及导线和接线端子的连接情况是否正常。

（2）门联锁故障。高速电梯的门联锁电气回路是电气系统的重要组成部分之一，许多个层门、轿门触点构成了完整的门联锁电气回路，只有当一切门回路开关都处在正常状态时，才能保证整个电梯门联锁电气回路的正常。然而因为存在较多的触点，所以门联锁很容易发生触点接触不良等故障。若有关线路断路、松开，应检查门联锁电气回路继电器是否吸合，如果不吸合，且线圈两端电压不正常，则应检查门联锁电气回路的接触情况，判断其是否正常。

（3）元器件故障。在高速电梯的控制柜中集成着电梯上绝大部分的元器件，由于设备老化、环境差。电流过大、电压过大或过小等因素的影响，元器件出现线圈烧毁、触点短路、断路等故障；例如电梯安全回路继电器发生故障，层楼、指令继电器触点接触不良或损坏；此时应检查继电器两端电压，若电压正常而不吸合，则安全回路继电器线圈断路，若吸合，则安全回路继电器触点接触不良，控制系统接收不到安全装置正常的信号。

4.3　高速电梯安全评估内容及方法

高速电梯的安全评估应尽量做到一梯一方案,且根据设备的具体情况事先确定整个评估细则,详述高速电梯可能发生的风险及应对此采取的措施。安全评估内容主要分为设备本体、使用单位以及维护保养单位的安全评估。

4.3.1　基本情况

(1)档案、记录等资料管理情况

1)使用登记资料

【安全评估工作指引】

①由于评估设备为高速电梯,其额定速度基本在 2.5m·s⁻¹ 以上,因此在查阅特种设备使用标志的时候尤其要注意维保单位的资质级别,根据《市场监管总局关于特种设备行政许可有关事项的公告(2021 年 41 号)》中附件 1《特种设备生产单位许可目录》的规定,高速电梯的维修保养单位至少要达到 A2 级别。关于曳引驱动乘客电梯生产单位许可参数级别如表 4-5 所示。

表 4-5　关于曳引驱动乘客电梯单位许可参数级别

设备类别	许可参数级别			备注
	A1	A2	B	
曳引驱动乘客电梯(含消防员电梯)	额定速度>6.0m·s⁻¹	2.5m·s⁻¹<额定速度≤6.0m·s⁻¹	额定速度≤2.5m·s⁻¹	A1 级覆盖 A2 和 B 级,A2 级覆盖 B 级

②查验维保单位的维护保养许可证,确认维保项目是否在其维保项目的覆盖范围内。

③查验使用登记证,使用登记证中的有关内容,包括使用单位、设备种类、设备品种、单位内编号、设备代码、登记机关、检验机构、登记证编号、下次检验日期等信息应与电梯产品的现场实物、出厂资料以及验收资料相一致,特种设备使用标志如图 4-2 所示,特种设备使用登记证如图 4-3 所示。

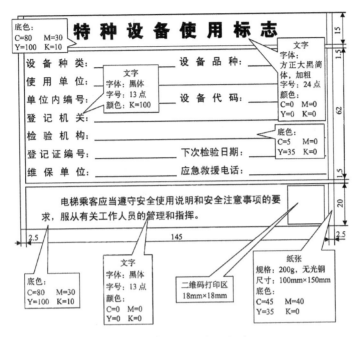

图 4-2　特种设备使用标志

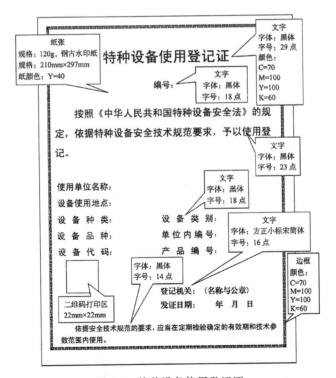

图 4-3　特种设备使用登记证

157

④使用单位名称应填写全称,并检查与实际情况是否一致。如果高速电梯属于公民个人,则填写公民姓名。使用单位名称应当与含有单位统一社会信用代码的证明文件所记载的一致。根据 TSG 08—2017 规定,使用单位是指具有特种设备使用管理权的单位或者具有完全民事行为能力的自然人,一般是特种设备的产权单位(产权所有人,下同),也可以是产权单位通过符合法律规定的合同关系确立的特种设备实际使用管理者。特种设备属于共有的,共有人可以委托物业服务单位或者其他管理人管理特种设备,受托人是使用单位;共有人未委托的,实际管理人是使用单位;没有实际管理人的,共有人是使用单位。特种设备用于出租的,出租期间出租单位为使用单位;法律另有规定或者当事人合同约定的,遵从其规定或者约定。

⑤单位包括公司、子公司、机关事业单位、社会团体等具有法人资格的单位和具有营业执照的分公司、个体工商户等。

⑥新安装未移交业主的电梯,项目建设单位是使用单位;委托物业服务单位管理的电梯,物业服务单位是使用单位;产权单位自行管理的电梯,产权单位是使用单位。

【风险可能产生的后果】

根据 TSG 08—2017,特种设备使用单位应采购、使用取得许可生产(含设计、制造、安装、改造、修理,下同),并且经检验合格的特种设备,不得采购超过设计使用年限的特种设备,禁止使用国家明令淘汰和已经报废的特种设备。若不实行使用登记制度,则非法设计、非法制造、非法安装的电梯会流入市场、投入使用,人民生命财产安全将得不到保障。

【需采取的风险应对措施】

对于使用单位未在高速电梯投入使用前或者投入使用后 30 个工作日内向当地特种设备监察管理部门办理使用登记的,或由于使用单位变更未及时履行变更手续的,使用单位应当及时办理使用登记或办理变更手续,确保使用登记资料的有效及正确。

2)安全技术档案

【安全评估工作指引】

①查验该设备的监督检验报告,定期检验报告、日常检查与使用状况记录、日常维护保养记录、年度自行检查记录或者报告、应急救援演习记录、运行故障和事故记录等是否保存完好。

②查验日常维护保养记录是否符合《电梯维护保养规则》(TSG T5002—2017)要求,维保项目和内容是否有缺项、错项,保存记录是否齐全,尤其是针对高速电梯特有的一些新技术在半月、季度、半年以及年度保养记录中是否有记录。高速电梯新技术如图 4-4 所示。

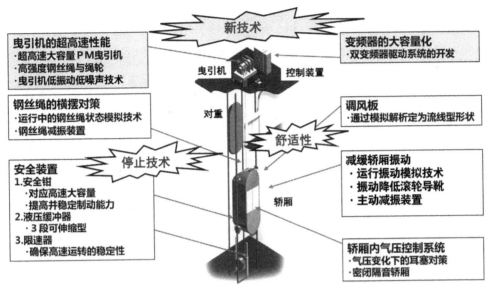

图 4-4　高速电梯新技术

③关于设备的运行故障和事故的记录,资料是否合理、完整,有无及时对故障提出预防措施和对策分析。

④使用的应急救援演习记录是否符合高速电梯的特性,针对楼层较高、不利于疏散的特点有无制定有针对性的应急救援方案。

【风险可能产生的后果】

安全技术档案缺失或不齐全、电梯运行管理规章制度缺失或不健全,使用单位和维保单位不能全面掌握电梯的结构特点、工作原理及安全技术状况,不能对症下药;维护保养耗时且易发生设备损坏和人身伤亡事故;不能采取有效的紧急救援措施,造成人员二次伤害。

【需采取的风险应对措施】

依据 TSG T7001—2023 和 TSG 08—2017 规定建立安全技术档案;安全技术档案如有缺陷,应当由使用单位联系相应制造单位予以完善,若相应制造单位没有或不能补齐所需资料,使用单位可以委托具有相应资格的制造单位进行改造并补齐资料;使用单位应按法律、法规要求和电梯实际情况制定电梯运行管理规章制度,由维保单位协助办理。

3)电梯运行管理规章制度

【安全评估工作指引】

①查验以岗位责任制为核心的高速电梯运行管理规章制度,包括事故与故障的应急措施和救援预案、电梯钥匙的使用管理制度等。

②检查各项制度内容是否齐全以及各项管理制度是否落实到位。如电梯显著位置有无张贴有效的《安全检验合格》标志、电梯使用的安全注意事项和警示标志，有无标明管理单位名称、应急救援电话和日常维护保养单位名称及其急修和投诉电话等。

③查阅突发事故与故障的应急措施与救援预案，适时进行救援演练，在高速电梯发生异常情况时，组织进行全面检查，消除高速电梯事故隐患后，方可重新投入使用。发生事故时，按照应急救援预案组织应急救援，保护事故现场，并且立即报告事故所在地的特种设备安全监督管理部门和其他有关部门，高速电梯困人故障报告后，维修人员应及时赶往困人现场进行救援。维保单位应设立 24h 维保值班电话，保证接到故障通知后及时予以排除；接到高速电梯困人故障报告后，维修人员应及时抵达维保电梯所在地实施现场救援，在直辖市或者设区市的，抵达时间不超过 30min，其他地区一般不超过 1h。

④按 TSG T5002—2017 的相关要求，使用单位每年应至少针对本单位高速电梯进行一次应急演练。具体救援作业步骤如下。

a)到达现场。

b)切断电源。

c)确认轿厢停止装置是否完好。

d)利用联络装置与轿厢内乘客联系。

安装松闸流程执行盘车操作如下。

a)安装松闸扳手，将制动器稍微松动一下，确认曳引机的转动方向。

b)转动盘车手柄，使轿厢能移动，松闸的人员与使用盘车手柄的人员应配合默契。

c)确认平层状况后，应利用联络装置与轿厢内乘客取得联系，最终帮助乘客走出轿厢。

【风险可能产生的后果】

高速电梯安全管理职责不清，责任不能得到有效落实；高速电梯安全管理没有章法可循，可能影响电梯运行质量，甚至导致事故发生；事故发生时，不能科学、正确地实施救援。高速电梯带"病"运行，可能发生事故；救援时机延误，造成次生事故；电梯维保质量得不到有效监督。

【需采取的风险应对措施】

对于由电梯运行管理规章制度缺失造成的风险，使用单位应该及时采取相应的措施，确保高速电梯责任落实到位，高速电梯能够安全运行。

4)日常维护保养合同

【安全评估工作指引】

①查验使用单位是否与维保单位签订有效期内的日常维护保养合同,维保单位是否取得相应资格,资质项目是否能覆盖所保养的电梯。对于高速电梯,许可参数级别为 A1 和 A2。

②查验约定维保内容和要求是否符合 TSG T5002—2017 的相关要求,对于高速电梯所配置的特殊部件及功能应按照制造厂商的要求,同时根据部件的性能和要求约定维保时间频次与期限。

③日常维护和保养人员应取得相应的特种设备作业人员证。根据《市场监管总局关于特种设备行政许可有关事项的公告(2021 年 41 号)》中附件 2《特种设备作业人员资格认定分类与项目》的规定,高速电梯的作业人员应取得电梯修理证书且电梯修理证书适用于所有速度的电梯修理工作,方可从事电梯的修理和维护保养工作。查验维保记录中的签字人员是否与有效期内的证书所属人员一致。

【风险可能产生的后果】

电梯维保、修理单位资格不符合相关行政许可要求,可能导致电梯运行质量不符要求,事故隐患无法被及时发现,电梯运行的可靠性得不到保障;产生纠纷后,不能确定双方的责任。

【需采取的风险应对措施】

应及时整改,确保电梯维保、修理单位资格符合要求,并向特种安全监察机构报告;应按要求签订有效的电梯维保合同。

(2)零配件的更换及供应情况

【安全评估工作指引】

1)现场查验相关资料,同时与使用单位及维护保养单位沟通,确认零配件的供应情况,尤其是确认针对高速电梯特有的部件供应是否及时、充足。

2)应有零配件的更换记录,并由使用单位确认,使用及维护保养单位应确保材料、零配件采购符合规定的要求。

【风险可能产生的后果】

电梯零配件不能及时供应、及时更换,可能会导致维修不及时,使用风险变大。在一般修理、重大修理或改造过程中若更换了不合格产品,产品质量得不到保证,来源得不到追溯,严重时甚至会导致事故。

【需采取的风险应对措施】

应保证零配件的供应及时、充足,并做好更换记录,存档备查,不应采用不合格或来源不明的电梯零配件。

（3）运行状况

1）运行时是否有异常的振动、抖动或噪声

【安全评估工作指引】

①高速电梯在运行过程中由于受到井道内气流作用，其轿厢对井道内流场产生剧烈扰动。并且，随着高速电梯运行速度的提升，井道内气体流动愈加剧烈，高速电梯所受气动载荷极大，运行中会出现异常的振动、抖动或噪声，从而对高速电梯运行的安全性、可靠性、舒适性造成巨大影响。因此，在高速电梯的设计中会有一些减振降噪的措施，具体应结合实际查验安装情况及随机资料进行评估。常用的减振降噪装置有主动减振装置和主动性抗震导向装置。

②评估查验主动减振装置，检验主动质量阻尼器的结构及功能是否正常。主动质量阻尼器利用传感器感应轿厢的横向振动，通过线性电动机移动活动重块，以抵消轿厢振动。应查验盖板及缝隙胶带，确保组件无锈、无尘、无松动，状态良好；确定振动传感器和线性电动机功能是否完好。

③评估查验主动性抗震导向装置，该装置可通过能动型导向轮，提高横向振动控制。对该装置的机械机构是否变形，安装间隙是否符合设计要求应重点查验。传统意义上，高速电梯导轨安装质量直接影响着高速电梯运行的振动情况及舒适性，但是当高速电梯达到一定速度时，依靠导轨控制就比较困难了。为了达到乘坐舒适性的要求，高速电梯采用主动滚轮导靴，可根据导轨与外围环境的轻微变化实现偏移补偿，继而实现其稳定运行[133]。

④根据《乘运质量测量 第1部分：电梯》（GB/T 24474.1—2020）的振动和噪声测试方法，振动测量传感器应放置在轿厢地板中心半径为100mm的圆形范围内，测试过程中应将仪器放置在轿厢地板上以测量振动，该振动反映了乘客站在地板上感觉到的情况。仪器的结构应使该仪器在3个坐标轴方向与地板的任何机械隔离尽可能小，因为这种隔离可能导致测量结果不精确。声音测量传感器的位置应在轿厢地板该区域的上方（1.5±0.1）m处，且应沿 X 轴直接对着轿厢主门。

为了确保采集数据的准确性，在测试前，高速电梯为关门状态，从一个基站到端站全程运行，在开启电梯门和关闭电梯门前后各加0.5s，至少上下运行一次。在测试过程中若有异常情况或者意外发生则认定测试情况为非正常运行的情况，应重新测试，并且数据作废。

2）呼梯、楼层显示等信号系统功能有效、指示正确、动作无误

【安全评估工作指引】

在评估过程中轿厢分别以空载、满载状态，正常运行速度上下运行，评估人员应仔细观察运行情况。在运行时，应人为按压楼层及轿厢内的呼梯按钮、观察楼层显示按钮，确认其是否功能有效、指示正确、动作无误。

3）IC 卡系统

【安全评估工作指引】

①安全评估过程中,若该高速电梯没有安装 IC 卡系统,则该条项目不做安全评估内容;若装有 IC 卡系统,则应对资料及实物进行核查。同时,应检查 IC 卡系统的产品质量证明文件和铭牌,铭牌上应标明制造单位名称、产品型号、产品编号、主要技术参数,铭牌和该系统的产品质量证明文件应相符。

②《电梯监督检验和定期检验规则——曳引轮与强制驱动电梯》（TSG T7001—2009）第 2 号修改单明确规定,对于设有 IC 卡系统的电梯,在电梯退出正常服务时,自动退出 IC 卡功能。检验方法修改为:"将电梯置于检修状态以及紧急电动运行、火灾召回、地震运行状态（如果有）,验证 IC 卡功能是否退出"。

《市场监管总局关于调整〈电梯施工类别划分表〉的通知》（国市监特设函〔2019〕64 号）规定,采用在电梯轿厢操纵箱、层站召唤箱或其按钮的外围接线以外的方式加装电梯 IC 卡系统等身份认证方式,属于重大修理;仅通过在电梯轿厢操纵箱、层站召唤箱或其按钮的外围接线方式加装电梯 IC 卡系统等身份认证方式,属于一般修理。其中,电梯 IC 卡系统等身份认证方式包括但不限于密码、磁卡、移动支付、指纹、掌形、面部、虹膜等。

对于加装的 IC 卡系统,应具有以下材料,材料如为复印件则必须经改造（针对"电梯 2 号修改单"实行期间）或者重大维修（针对〔2019〕64 号文件实行后）单位加盖公章或者检验专用章。

a）加装方案（含电气原理图和接线图）。

b）产品质量证明文件,标明产品型号、产品编号、主要技术参数,并且有产品制造单位的公章或者检验专用章以及制造日期。

c）安装使用维护说明书,包括安装、使用、日常维护保养以及与应急救援操作方面有关的说明。

d）施工现场作业人员持有的特种设备作业人员证。

e）施工过程记录和自检报告,需检查和试验项目齐全、内容完整,施工和验收手续齐全。

f）改造或者重大修理质量证明文件,包括电梯的改造或者重大修理合同编号、改造或者重大修理单位的施工许可证明文件编号、电梯使用登记编号、主要技术参数等内容,并且有改造或者重大修理单位的公章或者检验合格章以及竣工日期。

【风险可能产生的后果】

运行时的异常振动或噪声均可能是严重风险隐患的表现,若不够重视,则可能演变为事故;若没有故障、事故和投诉记录,就无法完整地了解和评价高速电梯的使用状况,不能清晰正确地预测高速电梯或部件的使用寿命。

【需采取的风险应对措施】

建立完整的故障、事故和投诉记录,并存档备查。

4.3.2 曳引系统

(1)曳引主机

1)主机速度监控功能

【安全评估工作指引】

主机速度监控功能是行程终端的速度监控装置,该装置在轿厢到达端站前,应检查电梯驱动主机的减速是否有效,如减速无效,监控装置应使轿厢减速;如轿厢和对重与缓冲器接触,其撞击速度不应大于缓冲器的设计速度[134]。

查验行程终端的安全开关、驱动主机是否可以实现减速,以某型号的高速电梯为例[135],该高速电梯速度与撞击缓冲器速度对应情况如表 4-6 所示。

表 4-6 某高速电梯速度与撞击缓冲器速度对应情况

梯速	h_2/m	$V/(m \cdot s^{-1})$	h_1/m	撞击缓冲器速度/$(m \cdot s^{-1})$
5m·s^{-1}梯速	4	4.0	7.5	3.0
6m·s^{-1}梯速	6	4.75	10	3.5
7m·s^{-1}梯速	8.5	5.5	13	4.0
8m·s^{-1}梯速	10	6.3	21	5.0

注:V 为缓冲器规格标明的速度;h_1 为速度开关 SLP1 至下权限的距离;h_2 为速度开关 SLP2 至下权限的距离

检测速度开关 SLP1 为速度 V 校验点。若高速电梯速度大于 V,则强迫其减速,反之则正常运行,不强迫减速。若在碰到检测速度开关 SLP2 时,速度仍未减速至 V,则断开安全回路。通过抱闸制动轿厢,保证轿厢撞击缓冲器时的速度不大于 V。

【风险可能产生的后果】

如减速无效,则监控装置应使轿厢减速,如轿厢和对重与缓冲器接触,则其撞击速度不应大于缓冲器的设计速度,否则电梯上行时可能会发生"冲顶",电梯下行时可能会发生"蹲底",均可能造成乘客的损伤或伤亡。

【需采取的风险应对措施】

修理或更换相关的开关装置。

2)主机减振技术

【安全评估工作指引】

查验高速电梯曳引机弹性隔振和减振措施是否有效可靠,是否为抑制电磁振动而采用特殊多角形框架构造。

在进行高速电梯振动失效的振动源检验时,应遵照一定的检验方法和步骤,从而提高检验及评估的效率,进而保证高速电梯的稳定运行。检验人员应使用振动分析仪进行高速电梯振动情况的检查,并根据这些参数进行高速电梯故障的判断。应从高速电梯的振动方向来判断其振动的原因。若高速电梯水平振动均匀且无局部振动,则可能是导轨系统的问题,应该进行导轨系统的检查,从而找出导致其振动的振动源。若高速电梯的振动方向是垂直的,则只能进行全面的机械设备的检查,从而排除机械原因造成的振动。垂直振动的振动源很可能涉及高速电梯的主机减振技术。

检查主机与架机梁防震橡胶的状况,如果存在脆点、裂纹、老化或压缩橡胶的厚度小于设计最小厚度等缺陷,则会引起高速电梯的振动。

高速电梯主要采用弹性隔振这一减振措施,且主要通过安装弹性隔振阻尼和动力吸振器来实现减振。主机防振橡胶可有效地防止主机振动直接传至建筑物而引起的共振等,并由此传至钢丝绳。主要的安装部位有曳引机和架机梁之间、架机梁与下底梁之间、机房对重侧的架机梁上钢丝绳绳头棒减震橡胶以及机房轿厢侧的架机梁上钢丝绳减震装置。高速主机减振新技术如图 4-5 所示。

弹性隔振阻尼

特殊多角形框架

图 4-5　高速主机减振新技术

检查机房轿厢侧的架机梁上是否增加钢丝绳减震装置,减振子及减震器是否可以有效消除钢丝绳引起的周期性振动。查验减振绳头套、机房绳减震器、阻尼减振器以及钢丝绳减震器是否完好。

【风险可能产生的后果】

高速电梯振动的峰值一旦超过了高速电梯安装技术的额定值,就会导致高速电梯振动失效现象的发生,此时应采用相应的检验方法进行振动源的判断,进而有效避免电梯振动失效现象的发生。一般的振动会影响乘客的乘坐舒适性,严重的振动会影响电梯运行的安全性。

【需采取的风险应对措施】

更换防震橡胶或者修理减震装置,重新评估,使振动值符合标准范围。

(2)制动器

1)制动器型式

【安全评估工作指引】

①多钳盘式制动器

与高速电梯制动器型式相比,中低速电梯制动器型式一般难以满足释放巨大制动力的要求,因此高速电梯制动器多采用多钳盘式制动器,如图 4-6 所示。该制动器采用 3～4 个独立的电磁制动器,通过最优控制算法使独立的制动器的制动力均匀地施加在制动盘上。

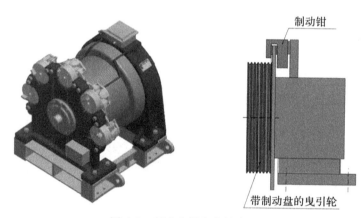

图 4-6   高速多钳盘式制动器

在进行制动器安全评估时,应查验制动器机械部件设置是否符合型式试验报告要求,对照电梯制动器,查验参与向制动轮或盘施加制动力的各机械部件及其他相关部件的设置情况。应对制动器的外观、监测装置、磁间隙、摩擦片间隙或动作行程等进行检查,还应查验确保抱闸动板与静板之间存在间隙且各处间隙相等,可通过调节螺栓来调整抱闸间隙,调节完成后紧固螺母。制动器在失电时能进行制动动作;除紧急操作允许的情况外,制动器应在持续通电下才能保持松开状态;在紧急操作允许的情况下,应能通过持续的手动操作机械装置松开制动器,或用应急电源供电的电动装置松开制动器。查验手动紧急操作装置时,需通过操作手动松闸装置松开制动器,验证是否需要一个持续力保持其松开状态[136]。

由于高速电梯载重大、速度高,一旦发生紧急情况制停距离将长达几米,轿厢的位移取决于钢丝绳在绳轮上的滑动和制动轮的旋转情况,因此,对制动器的摩擦片不仅要有基本静力制动要求,而且要的动态制动可靠性的要求。

静态制动力矩测试的主要方法如下。

方法一：制动面处于静止状态，使被测制动器处于制动状态，采用力矩传感器连接被制动部件与动力源，缓慢增加动力源输出转矩，通过力矩传感器记录制动面刚好开始转动的力矩，多次测量取最小值为静态制动力矩值。如果动力源输出最大转矩时，制动面仍未转动，可取动力源输出的最大转矩为静态制动力矩值。

方法二：制动面处于静止状态，使被测制动器处于制动状态，采用测量工装（或力矩扳手）连接被制动部件，通过在测量工装（或力矩扳手）上施加作用力或悬吊重物的方式缓慢增加作用力矩，记录制动面刚好开始转动的作用力或重物质量，通过测量工装的力臂计算（或力矩扳手直接读取）力矩，多次测量，取最小值为静态制动力矩值。

方法三：制动面处于静止状态，使被测制动器处于制动状态，通过逐渐增加驱动主机的电流缓慢增加驱动主机输出转矩，记录制动面刚好开始转动的电流，通过电流值计算出输出转矩，多次测量取最小值为静态制动力矩值。如果驱动主机的电流增加到最大值，且驱动主机输出最大转矩时，制动面仍未转动，则可将通过最大电流值计算出输出的最大转矩作为静态制动力矩值，此方法适用于安装在主机上的制动器。

动态制动力矩的测试，推荐采用如下的测试方法，并允许采用其他等效的测试方法。

方法一：采用力矩传感器连接被制动部件与动力源，动力源带动被制动部件（制动面）进行匀速转动，使被测制动器制动。控制动力源使制动面保持原有转速继续匀速转动，通过力矩传感器记录制动面继续匀速转动过程中的力矩，取稳定力矩的平均值为动态制动力矩值。

方法二：采用力矩传感器连接被制动部件与动力源及较大转动惯量的轮盘（如飞轮），动力源带动被制动部件（制动面），轮盘达到目标转速后，切断动力源的输出，使被测制动器制动，制动面从目标转速减速至零，通过力矩传感器记录制动面从目标转速减速至零过程的力矩，取稳定力矩的平均值为动态制动力矩值，此方法适用于安装在主机上的制动器。

方法三：驱动主机带动被制动部件（制动面）进行匀速转动，使被测制动器制动，通过控制驱动主机的电流，使制动面保持原有转速继续匀速转动，记录制动面继续匀速转动时的电流，将通过稳定电流的平均值计算出的输出转矩作为动态制动力止矩值，此方法适用于安装在主机上的制动器。

高速电梯制动器噪声测试方式如下，高速电梯以额定速度运行，取 5 个测点，即距驱动主机前、后、左、右最外侧各 1m 处的 $(H+1)/2$ 高度上 4 个点（H 为驱动主机的顶面高度,m)及正上方 1m 处 1 个点。受建筑物结构或者设备布置的限制时可以减少测点。取每个测点测得的声压修正值的平均值。当额定速度 $v \leqslant 2.5 \mathrm{~m} \cdot \mathrm{s}^{-1}$ 时,机房内的平均噪声值应 $\leqslant 80 \mathrm{~dB(A)}$;当额定速度 $2.5 \mathrm{~m} \cdot \mathrm{s}^{-1} < v \leqslant 6.0 \mathrm{~m} \cdot \mathrm{s}^{-1}$ 时,机房内的平均噪声值应 $\leqslant 85 \mathrm{~dB(A)}$;额定速度 $v > 6.0 \mathrm{~m} \cdot \mathrm{s}^{-1}$ 时,机房内的平均噪声值应根据厂家随机文件而定。

②陶瓷材料摩擦片

高速电梯制动器采用耐磨和耐热的陶瓷材料,制动衬是不易燃的。陶瓷材料摩擦片主要结构与中低速电梯制动器摩擦片基本相同,与中低速电梯制动器摩擦片相比,陶瓷摩擦片较大的特点在于其不含金属元素。金属是传统摩擦片主要使用的材料,其制动力大,但磨损大,且容易产生噪声。

采用耐磨和耐热的陶瓷材料的优点如下。

ⓐ静音效果好:陶瓷材料摩擦片在与制动器摩擦制动时,不会产生金属的噪声。

ⓑ使用寿命长:陶瓷材料摩擦片的使用寿命比传统制动器摩擦片提高了 50%,而且陶瓷材料摩擦片即使产生磨损也不会在制动器上留下任何划痕。

ⓒ耐高温:电梯制动时,摩擦片与制动盘之间的摩擦可产生 800~900℃ 的高温,普通摩擦片在高温下会产生热衰退现象,从而导致制动效果下降,而陶瓷材料摩擦片工作温度高达 1000℃。且陶瓷材料摩擦片散热性较好,在高温下仍能保持良好的制动效果。

ⓓ摩擦系数高:特殊的材料和加工工艺使得陶瓷材料摩擦片的摩擦系数比普通摩擦片高,故制动效果好于传统摩擦片。

【风险可能产生的后果】

作为电梯的重要保护装置之一,电梯制动器的重要性不言而喻。若高速电梯制动器本身发生故障,势必会给电梯的正常运行带来巨大的安全隐患。

【需采取的风险应对措施】

更换符合型式要求的制动器,或者调整静态制动力矩和动态制动力矩。

2)工作状况

【安全评估工作指引】

现场核查高速电梯钳盘式制动器的制动效果,要求如下。

制动器的制动力矩和部件分组设置,应根据 GB 7588.1 对制动系统的要求及国家有关安全技术规范的要求,由制造厂家与用户进行商定。查验控制回路中电气装置的数量及其相互独立性,检查制动器的控制电路,确认其是否由 2 个以上的电气装置来实现切断制动器电流。在确定切断制动器电流的电气装置的数量不少于 2 个之后,应进一步分析电气装置之间的独立性。

制动力矩的额定值应满足厂家的设计要求,并且制动器的静态制动力矩和动态制动力矩必须达到的最小数值。制动力矩的额定值公差范围为 0~60%,也可与用户商定。

制动器的制动响应时间不应大于 0.5s,必要时应测量制动器释放间隙及制动响应时间。对于兼作轿厢上行超速保护装置制动元件的制动器,其响应时间应根据 GB 7588.1 中的要求与用户商定。对于兼作轿厢意外移动保护装置制动元件的制动器,其响应时间应根据 GB 7588.1 中的要求与用户商定。制动响应时间测试方法应符合 GB/T 24478—2009 中第 5.8 条的要求,采用制动器的实际控制电路,以紧急制动时的制动器线圈断电方式,切断制动器电流,以从制动器线圈断电到制动器的制动力矩达到额定值的时间差作为制动器制动响应时间。

在具体的测试方案中,高速电梯制动响应时间测试可用现有的制动器测试仪实现,测试仪器如图 4-7 所示。

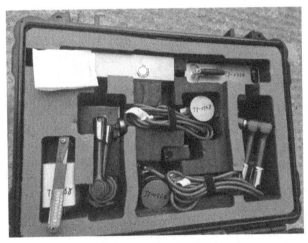

图 4-7　制动器测试仪器

正常运行时,制动器应在持续通电下保持松开状态,制动器释放间隙应满足厂家设计。制动器应当动作灵活,制动时制动闸瓦(制动钳)紧密、均匀地贴合在制动轮(制动盘)上,高速电梯运行时制动闸瓦(制动钳)与制动轮(制动盘)不应发生摩擦,并且制动闸瓦(制动钳)和制动轮(制动盘)工作面上不应有油污。

查验制动器电气装置设置情况时,应根据高速电梯电气原理图和实物状况,在机房中对制动器进行模拟操作检查并运行高速电梯,然后按住控制制动器电磁线圈电气装置中的一个接触器的主触点,使高速电梯继续运行,直到到站停层。

当上行制动试验轿厢空载以正常运行速度至行程上部时,断开主开关,检查轿厢制停和变形损坏情况。当下行制动试验轿厢在 125％ 额定载荷情况下,以额定速度向下运行至行程下部时,应切断电动机与制动器供电,检查轿厢制停和变形损坏情况。

【风险可能产生的后果】

制动器动作不灵活、间隙不均匀、运行时闸瓦与制动轮摩擦等都会降低制动器的制动性能,使其无法满足紧急制动工况对制动力的需求;制动器释放间隙过大或响应时间过长,将影响制动器的制动性能,在紧急制动工况下将出现制动距离超差,乘客容易受伤;制动器应有 2 个独立的电气装置来切断制动器电流,若该电气装置失效,则制动器将常开,出现开门溜梯等严重事故。

【需采取的风险应对措施】

调整制动器组件使其动作灵活,更换或调整制动闸瓦,使之满足要求;调整制动器释放间隙或响应时间,使之满足要求;修复制动器电气安全装置,满足切断制动器电流的双套独立设计要求。

3)维持电压

【安全评估工作指引】

查验现场制动器铭牌上维持电压参数是否与出厂随机资料一致。用钳形电流表测试高速电梯最低启动电压和最高释放电压。

在进行维持电压测试前,应认真查阅电气原理图和接线图,确认制动器是采用直流供电还是交流供电,选择合理的仪器及测试挡位,在完成电气原理图的审核后,可以进行现场检验。一般可按下列步骤进行。

a)核对设备与图纸是否一致,确认设备与图纸一致后方可进行检验。

b)电梯通电,轿厢置于中间层站,关闭电梯门。

c)按厂家制动器的维护保养方案拆卸,进行维持电压测试。

【风险可能产生的后果】

维持电压过低,一方面可能导致高速电梯运行时异常制停,使乘客受到惊吓或受伤,另一方面可能导致电梯"溜车",使乘客有被剪切风险;维持电压过高,一方面可能导致无法可靠开闸,或带闸运行,另一方面可能导致制动线圈因长时间过载而烧毁。

【需采取的风险应对措施】

调整维持电压值,必要时更换电磁线圈。

4)制动器磨损情况

【安全评估工作指引】

查验制动器的现场状况,结合功能试验对制动器的磨损情况进行综合判定。

制动器动作应灵活、无卡阻、无拖车,受力结构件未出现裂纹或严重磨损;高速电梯运行时,制动器的制动衬块(片)与制动轮(盘)应完全脱离,间隙均匀且符合高速电梯的设计要求;摩擦片与制动轮无油污,且磨损均匀;在不松闸的情况下进行手动盘车试验,盘不动属于制动性能正常,若盘车能盘动,应进行 1.25 倍额定载荷下行制动试验。

制动器间隙超出铭牌规定范围时,需进行调整制动器气隙。制动器主要由动板、静板、支架、刹车片、调节螺栓、微动开关等零部件构成,其特点是安装方便,调节简单。

检查制动器间隙,主要分为 2 种查验方式,即电动方式检查和手动方式检查。

a)电动方式检查

将百分表底座吸附在静板表面,指针放置于动静板通心轴端面上。进行单支制动器通电、断电测试,轴端面的跳动值即为该制动器的间隙值,跳动值应为 0.4~0.6mm,以 0.5mm 为最佳。

b)手动方式检查

制动器断电,使制动器处于释放状态,向静板一侧翻开制动器橡胶防尘圈,露出制动器间隙。用塞尺检查制动器的间隙,要求间隙为 0.4~0.6mm,即 0.4mm 的塞尺能通过,0.6mm 及以上的塞尺不能通过。

【风险可能产生的后果】

制动器磨损严重会导致制动力失效,继而导致开门走梯,电器保护装置失效,造成剪切事故。由于制动器长时间使用与摩擦,闸瓦和制动轮之间产生磨损,通常是材料较软的一方破损程度严重,最终导致闸瓦脱落,制动器制动效果下降,使高速电梯出现故障,严重时会导致重大安全事故。

【需采取的风险应对措施】

对磨损的制动器进行修理或者更换。

5)松闸装置

【安全评估工作指引】

查验松闸类型,确认是手动松闸还是电动松闸,以及现场手动松闸装置是否为该高速电梯匹配的松闸装置,电动松闸的松闸钥匙是否齐全。

查验松闸扳手是否严重变形或产生裂纹,组件是否出现严重锈蚀、变形或裂纹,松闸钢丝绳是否严重锈蚀、卡阻或断裂等。

松闸试验前,应确认主电源断开,手动松闸操作时,应使用随机配发的松闸手柄,不可使用其他工具,以免不能正常松闸。

对于装有手动紧急操作装置的电梯驱动主机,应能用手松开制动器,并需要以一持续力保持其松开状态。模拟松闸时,应确认单只制动器的制动力矩是否满足制动要求,一人撬动松闸扳手,另一人不动作,使一只制动器吸合,一只制动器释放。若曳引轮转动,即轿厢滑动,需立即释放松闸扳手,释放制动器。若曳引轮转动说明制动力矩不足,需要联系售后人员更换制动器。若曳引轮不转动,说明单只制动力满足要求。

如果采用电动松闸装置,应有足够容量将轿厢移动到层站。

【风险可能产生的后果】

松闸装置缺失或无法正常动作,会导致紧急救援时无法及时将被困人员救出,引起被困人员恐慌、受伤或死亡。

【需采取的风险应对措施】

补全符合要求的相关松闸装置,并进行相关应急救援演练。

(3)曳引轮

【安全评估工作指引】

查验高速电梯的曳引轮绳槽是否有油污、缺陷、不正常磨损或裂纹等现象,高速电梯曳引轮如图 4-8 所示。

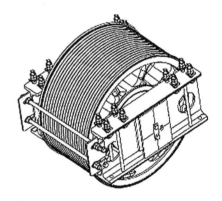

图 4-8　高速电梯曳引轮

曳引轮轮槽存在磨损,其中任何一根钢丝绳接触到曳引轮槽底,或者钢丝绳或曳引轮槽存在严重磨损时,应进行曳引能力验证。曳引能力试验应根据 TSG 7001—2009 规定进行。

轿厢装载至 125% 额定载荷的情况下应保持平层状态不打滑。测验方法:电梯置于最低端站平层位置,轿厢均匀装载至规定载荷,历时 10min,曳引绳应当没有打滑现象。

必须保证轿厢在任何紧急制动的状态下,无论是空载还是满载,其减速度的值不能超过缓冲器(包括减行程的缓冲器)作用时减速度的值。测验方法:轿厢空载以正常运行速度上行至行程上部时,断开主开关,轿厢应能被制停且无变形损坏情况;轿厢装载 125% 倍额定载重量,以正常运行速度下行至行程下部,切断电动机与制动器供电,曳引机应当停止运转,轿厢应当完全停止,并且无明显变形和损坏。

当对重压在缓冲器上而曳引机按电梯上行方向旋转时,应不可能提升空载轿厢。测验方法:轿厢空载,当对重压在缓冲器上,而曳引机按电梯上行方向旋转时,观察、确认轿厢是否提升。

查验曳引轮是否磨损及磨损程度,可以采用静态和动态两类检测方法,静态检测方法是对静止的曳引轮进行局部取点测量,动态检测是对运行中的曳引轮进行连续全部检测。

1)静态检测方法

①传统磨损测量方法,使用游标卡尺直接测量曳引轮槽相关尺寸,如图 4-9 所示。这种方法虽然方便,但是测量精度完全取决于测量人员。钢丝绳高出绳槽边缘的值为 Y;所有的钢丝绳应该放在曳引轮的同一深度处,最大偏差为 X,X、Y 均为厂家设计值。

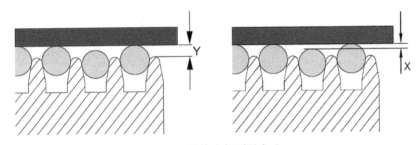

图 4-9　传统磨损测量方法

②轮槽磨损测量尺,适用于 TSG T7007—2016 中针对曳引轮绳槽面法向跳动允许差和曳引轮绳槽节圆直径之间的差值检测,可测量轮槽槽面的法向跳动、轮槽的节圆直径、内外圆弧直径。

③专用轮槽测量工具如图 4-10 所示,包括可固定于曳引轮上的保持架,保持架上设有滑动块,滑动块上固定有可同时测量深度和宽度的双向测量仪,双向测量仪具有测量杆和显示测量结果的显示器,测量杆的底部为宽度测量头,测量杆可上下移动实现深度测量,从而可得到高速电梯曳引轮槽的相关尺寸数据。

图 4-10　专用轮槽测量工具

2)动态检测方法

基于图像识别技术的轮槽检测,利用非接触式测量,采用图像识别、深度学习、三维重构技术对运动过程中的曳引轮进行动态图像采集,连续获取曳引轮一周每个截面的结合尺寸,再根据相关标准对其进行合格评判,如图 4-11 所示。

图 4-11　动态检测

旋转部件的安全防护

对在机房(机器设备间)内的曳引轮、滑轮、链轮、限速器,在井道内的曳引轮、滑轮、链轮、限速器及张紧轮、补偿绳张紧轮,在轿厢上的滑轮、链轮等与钢丝绳、链条形成传动的旋转部件,均应设置防护装置,以避免钢丝绳或链条因松弛而脱离绳槽或链轮,或者异物进入绳与绳槽、链与链轮之间,造成人身伤害。

对于按照 GB 7588.1—1995 及更早的标准生产的高速电梯,可以按照以下要求进行检验。

①采用悬臂式曳引轮或者链轮时,应有防止钢丝绳脱离绳槽或者链条脱离链轮的装置,并且当驱动主机不装设在井道上部时,应有防止异物进入绳与绳槽之间或链条与链轮之间的装置。

②井道内的导向滑轮、曳引轮、轿架上固定的反绳轮和补偿绳张紧轮,有防止钢丝绳脱离绳槽和进入异物的防护装置。

【风险可能产生的后果】

当电梯曳引轮槽磨损后,曳引轮会因为与钢丝绳的互相摩擦导致进一步磨损,而磨损将导致其曳引能力下降;绳和轮的磨损加剧还会导致钢丝绳脱槽,曳引能力不满足检验规范 TSG 7001—2023 要求;维保人员作业时手或其他部位被剪切;钢丝绳或链条脱槽;异物进入绳与绳槽或链与链轮之间引起电梯运行故障。

【需采取的风险应对措施】

维修或更换同规格的曳引轮;曳引轮旋转部件加装防护罩或其他防护装置。

(4)电动机

1)轴承润滑与振动

【安全评估工作指引】

查验轴承需要润滑的零部件,这些部件应有良好的润滑状态;检查方式为目测检查;测量轴承处的温度,必要时打开轴承端盖检查轴承润滑情况。

电动机轴承未出现碎裂或影响运行的磨损的,应进行目测检查,可用振动仪测量轴承端部的振动情况,必要时打开轴承端盖检查轴承磨损情况。

【风险可能产生的后果】

加剧轴承磨损;漏油严重时可能污染制动轮,影响制动性能;漏出的油液易使维修人员摔倒滑落。

【需采取的风险应对措施】

补充润滑剂或更换轴承。

2)电动机绝缘

【安全评估工作指引】

检测电动机是否绝缘。拆除变频器控制端子的所有接线,拆除控制柜、操作箱内微机板的输入、输出端子插接头,拆除变频器、电源板、轿厢板的地线,使轿顶、轿厢内所有的开关处于正常状态,然后进行检测。

【风险可能产生的后果】

一旦发生电动机绝缘情况,高电位将直接连接到最近的零电位或者接地点,造成设备漏电、烧毁,甚至威胁人身安全。

【需采取的风险应对措施】

日常应该注意电动机环境温度的变化,观察周围有无高温物体及冒烟着火现象,若有则及时采取措施。电动机绕组通电时自身是发热的,绕组过热就会破坏绝缘,烧毁电动机,在日常巡检中应检查电机本体是否有较强的冷却风,冷却水压力、流量是否正常,是否有泄漏或堵塞。

3)电机运转状况

【安全评估工作指引】

查验电动机是否出现下列情况:电动机外壳或基座有影响安全的破裂状况;电动机定子与转子发生碰擦;永磁同步电动机出现磁钢严重退磁,不能满足110%超载试验;永磁同步电动机磁钢脱落。

目测检查电动机外观及运转振动与噪声等情况,必要时对永磁同步电机进行输出转速和曳引能力试验。

【风险可能产生的后果】

电机烧毁,轿厢"冲顶"或"蹲底",钢丝绳磨断,电机损坏或曳引能力不足。

【需采取的风险应对措施】

调整时间限制器应以确保电机状况符合检验规范 TSG 7001—2009 要求;维修或更换电动机/曳引机。

4)电机运转温度

【安全评估工作指引】

采用 B 级或 F 级绝缘时,电动机定子绕组温升应分别不超过 80K 或 105K。

【风险可能产生的后果】

绝缘能力降低,电机烧毁。

【需采取的风险应对措施】

改善电机的散热条件,维修或更换电机。

5)过热保护

【安全评估工作指引】

审查电气原理图,检查热保护装置的规格和设定是否与电机相匹配,检查接线是否正确,必要时应根据工作原理模拟验证相关功能是否符合要求。

应对直接与主电源连接的电动机进行短路保护。

应对直接与主电源连接的电动机采用自动断路器进行过载保护,该断路器应能切断电动机的所有供电。

采用温控装置进行过载保护的,只有在符合下列要求时才能切断电动机的供电。

①装有温度监控装置的电气设备的温度超过了其设计温度,高速电梯不应再继续运行。

②过热保护时高速电梯轿厢应停在层站,以便乘客能离开轿厢。高速电梯应在充分冷却后才能自动恢复正常运行。

【风险可能产生的后果】

电机烧毁或运行中的电梯停梯困人。

【需采取的风险应对措施】

调整或更换电机热保护装置。

6)编码器

【安全评估工作指引】

目测编码器的安装状况,通过运行试验检查编码器工作状态。

编码器应清洁并固定可靠。

编码器信号输出异常,视为达到报废条件。

【风险可能产生的后果】

电机运行抖动、电梯乱层或故障停梯。

【需采取的风险应对措施】

维修或更换编码器。

(5)救援装置

【安全评估工作指引】

1)救援装置的设置:若向上移动装有额定载重量的轿厢所需的操作力不大于400N,则电梯驱动主机应装设手动紧急操作装置,以便使用平滑且无辐条的盘车手轮就能将轿厢移动到一个层站。可拆卸的盘车手轮应放置在机房内维保人员容易接近的地方,并且设有一个电气安全装置,该电气安全装置最迟应在盘车手轮装上电梯驱动主机时动作。若向上移动装有额定载重量的轿厢所需的操作力大于400N,则机房应设置一个符合电气安全装置要求的紧急电动运行开关。进行紧急电动运行操作时,应易于观察到轿厢是否在开锁区,手动盘车装置未出现下列情况则判定该装置符合要求:ⓐ盘车手轮出现严重锈蚀、变形、裂纹或缺损;ⓑ结构焊接部位出现裂纹;ⓒ盘车齿轮副啮合失效;ⓓ盘车齿轮出现裂纹或断齿。建筑物内的救援通道应保持通畅,以便相关人员无阻碍地抵达实施紧急操作的位置和层站等。

评估方法:如采用手动盘车装置,则应通过模拟操作检查可拆卸盘车手轮电气安全装置的有效性。如采用紧急电动运行装置,则应查看电气原理图并通过模拟操作检查紧急电动运行开关是否会使安全钳开关、限速器开关、上行超速保护开关、缓冲器开关和极限开关失效。

2)救援装置的标识:在机房内或者紧急操作和动态测试装置上设有明晰的应急救援程序;电梯驱动主机上接近盘车手轮处,应明显标出轿厢运行方向,如果手轮是不能拆卸的,则可以在手轮上标出。对于同一机房内有多台高速电梯的情况,如盘车手轮有可能与相配的高速电梯驱动主机混淆,则应在手轮上做适当标记;紧急电动运行装置按钮上或其近旁应标出相应的运行方向;在机房内应易于检查轿厢是否在开锁区。

评估方法:目测。

3)救援装置的功能:能够使用平滑且无辐条的盘车手轮,用不大于400N的操作力移动装有额定载重量的轿厢使其移动到一个层站;采用紧急电源装置时,电梯驱动主机应由正常的电源供电或由备用电源供电(如有),并且救援装置采用紧急电源供电时功能有效,同时,紧急电源装置应未出现下列情况:ⓐ蓄电池漏液;ⓑ蓄电池无法充电;ⓒ充电后蓄电池电压低于正常工作电压;ⓓ充电后蓄电池电量不满足轿厢移动距离要求。

评估方法:若采用手动盘车装置,则断开主电源,使用松闸扳手和盘车手轮模拟紧急救援操作,验证其功能有效性。若采用紧急电动运行装置,则操作紧急电动运行开关,观察其是否能正常地将轿厢移动至就近的平层位置;如有备用电源供电,应检查备用电源的有效性。

【风险可能产生的后果】

无法盘车或用紧急电动运行功能进行救援,使轿厢内被困人员无法及时脱困,造成人员恐慌或其他伤害。盘车开关失效,盘车手轮未能取下时电梯通电运行,可能将飞轮甩出,造成设备或人员重大伤害。电梯维保人员在救援时采用错误的救援程序,实施困人救援时在机房无法确定轿厢运行方向、无法确定轿厢是否到达平层区,都会造成救援时间的延误,甚至导致被困人员在进出轿厢时绊倒或受到剪切的伤害。

【需采取的风险应对措施】

维修或更换救援装置。

4.3.3 轿厢系统

(1)控制空气噪声技术

【安全评估工作指引】

查验现场高速电梯是否具有轿顶轿底导流罩装置,对于轿厢的轿顶和轿底没有导流罩的高速电梯,无须进行导流罩装置检验项的评估。按照《电梯监督检验和定期检验规则—曳引与强制驱动电梯》(TSG T7001—2009)(含 1、2 和 3 号修改单)和《电梯制造与安装安全规范》(GB 7588.1—2020)关于轿顶和轿底的相关条文进行安全评估。

对于轿厢有导流罩装置的,应查验高速电梯的轿厢顶部与底部的流线型导流罩结构是否与出厂资料一致,如图 4-12 所示。

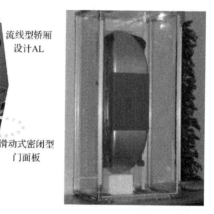

流线型轿厢
设计AL

绝缘的双重壁

滑动式密闭型
门面板

图 4-12 高速电梯轿厢结构

设置导流罩的目的一方面是提高轿厢运行的稳定性和舒适性,另一方面是保证维保人员方便、安全地进行维修、检查工作;设置的护栏和电气装置应不会对高速电梯的运行造成影响;检查、维修作业是否需要导流罩开口,可查阅出厂资料并结合实际情况判断。

针对高速电梯轿顶的检验内容:轿顶护栏和轿顶电气装置。但由于轿顶和轿底分别设置了上下导流罩罩壳,并未设置轿顶护栏,因此针对检规的检验内容可以按以下的等效安全性要求检验。

轿顶被导流罩全封闭,对维修人员有良好的保护,无须设置轿顶护栏。

轿顶导流罩应起到部分轿顶护栏的作用。导流罩分为垂直部分和球形部分,垂直部分安装于轿厢进出口一侧,球形部分则安装于轿厢的上下端并与垂直部分连接。导流罩外壳应完整,光滑无损伤;不得有明显变形、裂纹和锈蚀,螺栓和铆钉等连接部位不应缺少和松动;与轿顶之间的连接部件不得有明显变形,各接头无松动、移动。

导流罩应设有方便进入轿顶的开口,进入轿顶区域的开口应设置电气安全装置,防止维保人员出入轿顶时高速电梯自动运行。轿厢导流罩内部结构如图 4-13 所示。

图 4-13　轿厢导流罩内部结构

对于设有导流罩的轿厢,停止装置应当设置在导流罩开口且易于接近的位置,距离检修或维保人员入口不大于 1m;该装置也可设在距离入口不大于 1m 处的固定的检修运行控制装置上。轿顶检修控制装置应当有一个双位置的检修/正常运行转换开关、一个双稳态的停止开关,以及上下行按钮。上下行按钮应当能防止误操作,如对于凸起的开关,应设置防止误操作的防护圈,或者将其设置为同时按一个公共按钮才能启动。若在检修运行状态下操作紧急电动运行开关,则紧急电动运行操作应不起作用,而检修运行控制的上下按钮保持有效;若在紧急电动运行状态下操作检修运行开关,则紧急电动运行应立即无效,而检修运行控制的上下行按钮应保持有效。当同时操作检修运行开关和紧急电动运行开关时,不应出现2种运行方式都不起作用的情况。紧急电动运行开关按钮有防止误操作的作用,可通过持续按压按钮来控制轿厢运行,按钮上或其近旁应标出相应的运行方向。紧急电动运行开关设有一个停止装置,停止装置的开关为双稳态、红色并标有"停止"字样,并且有防止误操作的保护。

查验轿厢密封材料,轿壁应采用双层封闭结构,检查其结构是否与设计资料相一致,有无缺失或者损坏的部件。

查验轿厢壁,轿厢壁常由薄钢板制成,每个面壁由多块折边的钢板拼装而成,每块轿厢壁之间嵌有镶条,根据运行质量的要求采用双层轿厢壁的轿厢设计。同时,考虑到双层轿厢壁的结构会产生噪声,在轿厢围壁之间加入了隔音垫,减少轿厢内的振动与噪声。也有一些知名电梯公司研制出采用内部为真空的壁板构筑的轿厢。门机系统设计制造中需要考虑门缝间隙并通过采用变频调制技术对其进行控制;为了使轿门系统在电梯运行及关门过程中产生较少的噪声与振动,现有的自动开门机主要由电动机、减速机构、调速开关、开关门机构组成;减速机构一般采用一级或二级的V形传动带传动减速,其弊端为中分式门在开关门的时候会以相同的速度向中间合拢,钢板门合拢撞击时会产生响动,而高速电梯采用多种变频调制技术控制,可以有效减少关门过程中的噪声。

查验高速电梯底层厅门的间隙,若有空气流入而产生噪声,即说明有发生气流声(笛声)的可能性。空气从底层厅门流入,从高层厅门间隙流出。还应查验现场厅门及相关部件的安装是否满足以下方式:在门口下部安装封板,或者在门口侧面安装针织物薄板,使间隙减至最小限度;高速电梯的厅门采用迷宫样式的结构,以减少厅门四周的空气流动;高速电梯的厅门和轿门中间安装有弯曲密封结构以阻止空气的流动。这样的构造可以抑制空气流入,防止气流声的产生。因此,在检验过程中要侧重查验相关结构是否完好。

轿厢内噪声的测试。根据《乘运质量测量 第1部分:电梯》(GB/T 24474.1—2020)规定,为了确保检测的准确性,要确保测量条件、测量仪器、测量要求、测量程序符合标准,具体测试要求如下。

a)按照操作手册完成电梯的组装、调整和运行。

b)达到正常的设备工作温度。

c)在空载和满载条件下测量。

d)在启动程序完成后进行测量。如果设备可以不同的速度运行,那么所有的速度条件都要测量。这里仅涉及运送乘客的速度。

e)轿厢之外的气流变化不能影响测量。

f)轿厢内风扇或空调宜关闭,建筑物的所有机器设备,包括邻近的电梯,都宜处于正常服务状态。

g)应在轿厢轻载(指轿厢内含有最多 2 名试验人员)和满载情况下,以正常速度运行下各测试一组轿厢内气压数据;取最大值。

测试仪器为乘运质量测试仪。

测量要求如下。

①噪声测试位置的确定

传感器放置在轿厢地板中央半径为 0.1m 的圆形范围内;在该范围内取 3 个测试点,分别为轿厢底部±0.10m 处(A 点)、地板上方(1.0±0.10)m 处(B 点)、轿厢顶部±0.10m 处(C 点),沿水平方向直接对着轿厢主门。在电梯轻载和满载情况(轿厢内载荷均匀布置)下,取电梯以额定速度全程上行和全程下行过程中的噪声最大值,噪声测试如图 4-14 所示。

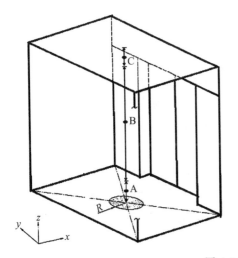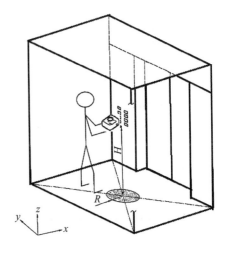

图 4-14　噪声测试

②测试人员

轿厢内不应超过 2 人。如测量时轿厢内有 2 人,则其站立位置不应导致轿厢明显不平衡。在测量过程中,每个人均应保持静止。为避免因轿底和地板表面的局部变形影响测量,测试人员不应站在距振动测量传感器 150mm 内。

③轿厢内载荷

轿厢内载荷应均匀分布,轿厢地板宜保持水平(偏差不超过 2/1000),并在轿厢中央留有半径为 300mm 的圆形空间(以仪器对角尺寸的一半加 150mm 为宜)。

④测量程序

为了采集数据,测量程序应包括出发端站的门关闭操作过程、高速电梯从最低站到最高站的全过程、门开启操作全过程和电梯到达端站的停靠过程,并在前、后各增加至少 0.5s。应至少测量一次上行和一次下行。因异常或意外事件导致的非正常数据应作废。

【风险可能产生的后果】

井道内气流的扰动作用于轿厢时会伴有一定的气动噪声,随着轿厢在井道内高速运行,轿厢运行前方的气体被急剧压缩,而在轿厢尾部,气流形成很强的剪切层,并卷起不断脱落的非定常漩涡,从而导致流场压力的剧烈变化,强烈的剪切和压力场的剧烈变化以及高雷诺数湍流会产生强大的气动噪声将严重影响乘客乘坐舒适度。

【需采取的风险应对措施】

修复或者更换导流罩装置。

(2)轿厢气压控制技术

【安全评估工作指引】

查验高速电梯轿厢是否装有轿厢内气压调节系统,现有的气压调节有自然排风方式和机械排风方式 2 种,如图 4-15 所示。在评估之前应根据原始资料及现场实际情况确认该高速电梯采用哪种气压调节系统,若无则此项评估内容做"无此项"处理。

自然排风方式:通过自然对流或进风装置进风,轿厢内无专用排风孔或排风装置,利用轿厢缝隙等排风。通风孔应这样设置:用一根直径为 10mm 的坚硬直棒,不可能从轿厢内经通风孔穿过轿壁。

机械排风方式:通过自然对流及进风控制装置进风,轿厢内有专用排风装置,一定程度上能够加快空气流通,保证轿厢内气压恒定,提高乘客的乘坐舒适度。常用的机械排风方式有利用风机和利用气压控制系统排风。

风机作为轿厢内的气压调节系统,应运转平稳,无异常噪声。风量应满足高速电梯的需要并符合产品使用说明书的规定;风机在轿顶上应固定牢固,对于有导流罩的轿厢,风机应装设在导流罩内部;对风机的外观进行检查,各零部件应齐全,连接部位的紧固件应牢固;风机外壳或内部结构不应有异常变形或损伤。

气压控制系统也是轿厢内的气压调节系统,在对其进行评估工作中评估人员应查阅相关出厂资料,确定现场实物和资料是否一致,控制装置、气压调整装置和相关部件的结构是否完好。现有的气压控制系统结构如图 4-16 所示。在功能上气压控制系统应能实现轿厢内气压的稳定,保证在整个运行过程中轿厢内气压变化率满足厂家的设计要求。

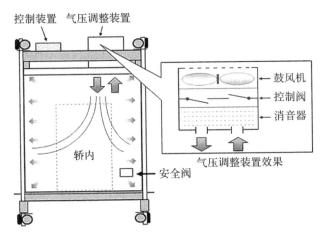

图 4-15　气压控制系统原理

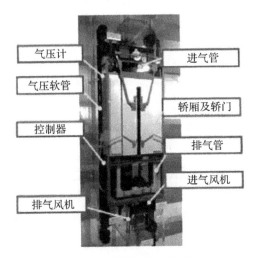

图 4-16　气压控制系统结构

不同厂家、不同型号以及不同速度的高速电梯,其气压控制系统略有不同,应根据实际情况进行评估,但是总的原理应符合设计要求,以现场安全和效果能实现为主。

若要对已经完成安装监督检验的高速电梯重新安装一套风机或者气压控制系统,应根据厂家的设计要求制定相应的方案。若加装后轿厢的质量变化超过额定载重量的 5%,则应根据《电梯施工类别划分表》(国市监特设函〔2019〕64 号)进行改造监督检验,并对相关的内容进行监督检验,以满足设备的安全性能。

常用的对高速电梯轿厢内气压进行实时检测的电子气压计有森世 SSF 型高精度气压计、标志 GM510 数字压力表手持差压计、衡欣 az88163 号温湿度气压检测仪等[137]。同时,市场上也出现了不同的高速电梯轿厢内气压检测装置,此类装置一般包括:检测模块,用于获取高速电梯轿厢内的气压值和轿厢的实时速度值;数据处理模块,用于根据轿厢实时速度值计算得到所述轿厢的高度值,并根据气压值和高度值生成气压曲线;数据传输模块,将气压曲线传输至客户端,或将气压值和实时速度值或高度值传输至客户端,具体检测步骤如下。

确定高速电梯是上行还是下行。高速电梯上行过程中轿厢内气压由大变小,下行过程中则反之,在正式检测之前应先设定好轿厢模式。

确认高速电梯的门是否已关闭。如果没有关闭,则继续确认直至关闭。

确认高速电梯是否已开始行驶。如果还未开始行驶,则继续确认直至开始行驶。

正式检测开始,为采集数据,测量程序应包括出发端站的门关闭操作过程、高速电梯从端站到端站的全过程、门开启操作过程和高速电梯到达端站的停靠过程,并在运行的每个端点上加上 0.5s。即仪器最晚在高速电梯开始关门前 0.5s 开始工作(触发工作),最早在高速电梯停靠端站完全开门后 0.5s 停止工作(触发停止),具体按仪器的操作要求进行。因异常或意外事件导致的非正常数据应作废。

确认所测气压峰值是否超过阈值,若所测气压的偏差一直在偏差△y 范围内,则说明所测得的气压值符合设计要求;若所测气压的偏差超过偏差△y 范围,则说明轿厢内气压变化过大,不符合要求,需调整。

高速电梯上行过程中轿厢内气压变化规律如图 4-18 所示,y 上为某一速度的电梯在测试初始位置的气压值,y' 上为该速度的电梯在测试结束位置的气压值;y_1 上为某一速度的电梯在测试初始位置的气压上偏差值,y_1' 上为该速度的电梯在测试结束位置的气压上偏差值;y_2 上为某一速度的电梯在测试初始位置的气压下偏差值,y_2' 上为该速度的电梯在测试结束位置的气压下偏差值;T_1 上、T_2 上曲线为该测试过程中高速电梯轿厢的一个速度变化过程,由匀加速运动到匀速运动再到匀减速运动。

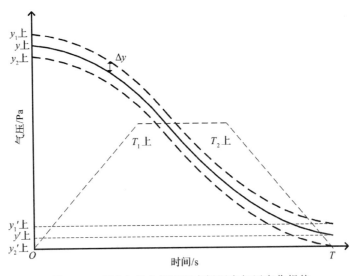

图 4-18　高速电梯上行过程中轿厢内气压变化规律

高速电梯下行过程中轿厢内气压变化规律如图 4-19 所示，y 下为某一速度的电梯在测试初始位置的气压值；y' 下为该速度的电梯在测试结束位置的气压值；y_1 下为某一速度的电梯在测试初始位置的气压上偏差值；y_1' 下为该速度的电梯在测试结束位置的气压上偏差值；y_2 下为某一速度的电梯在测试初始位置的气压下偏差值；y_2' 下为该速度的电梯在测试结束位置的气压下偏差值；T_1 下、T_2 下曲线为该测试过程中电梯轿厢的一个速度变化过程，由匀加速运动到匀速运动再到匀减速运动。

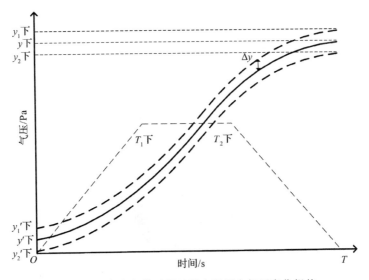

图 4-19　高速电梯下行过程中轿厢内气压变化规律

185

若轿厢系统装有轿厢内气压平衡装置,应检查并调整气压平衡装置,直至测得电梯上行过程中轿厢内气压变化的值在合理的范围内($\Delta y \leqslant$ 阈值)。

若轿厢系统未装有轿厢内气压平衡装置,应检查并调整其他参数(如运行速度、通风口封闭情况等),直至测得电梯上行过程中轿厢内气压变化的值在合理的范围内($\Delta y \leqslant$ 阈值)。

最后,按下停止按钮或等工作指示灯自动转为常亮,至此,检测正式结束。

重新按流程检测另外 2 个位置的气压值。

轿厢内均布载荷情况下检测 3 个位置的气压值。

【风险可能产生的后果】

井道内气流的扰动作用于轿厢将会形成很强的剪切层,从而导致流场压力的剧烈变化和强大的气动噪声,严重影响乘客乘坐舒适度,甚至可能导致安全事故的发生。

【需采取的风险应对措施】

修复或者更换气压控制装置。

(3)轿厢振动控制技术

【安全评估工作指引】

查验电梯的导向装置类型,判断其使用的是普通滚轮导靴还是主动控制型滚轮导靴;制定好相应检验方案。

通常,导轨安装的质量直接影响到电梯运行的状态,若电梯提升高度比较高,导轨安装质量的控制就比较困难。为了达到高速电梯运行的舒适性要求,高速电梯通常采用主动滚轮导靴,实现了电磁式动态自动调节。高速电梯运行时,导靴能根据导轨和外围环境的细微变化进行偏移补偿,保持电梯的稳定运行[138]。主动控制型滚轮导靴如图 4-20 所示。

图 4-20　主动控制型滚轮导靴

查验高速电梯的使用管理与日常维护保养是否按照《电梯维护保养规则》(TSG 5002—2017)的规定以及《电梯使用维护保养手册》规范执行;特别是导靴的固定与磨损、对重的固定等,应按照制造厂的要求进行及时调整和保养,发现磨损超标不能继续使用时,应及时对其进行修理或更换。为了尽量减少高速电梯滚动导靴的磨损,延长导靴使用寿命,应该明确高速电梯导靴与导轨之间的磨损是多方面因素影响的综合过程,主要影响因素有导轮材料、高速电梯速度、导轨润滑等。电梯使用维护保养手册要求导靴顶面磨损量不超过原厚度的极限值,在维护保养过程中维保人员应按照厂家的使用维护保养手册对导靴进行详细检查维修。

不同类型的导靴实际应用情况不同,不同品牌的高速电梯对导靴的要求也各不相同,尤其是在调整轿厢或对重框架导轮顶面、侧面与导轨的间隙时,应按照《电梯使用维护保养手册》要求进行。若发现导轮与导轨之间的间隙过大,应及时按要求进行调整,缩短导轮与导轨之间的间隙,防止运行过程中产生噪声,降低乘客乘坐舒适度。若调整后导轮与导轨之间的间隙依旧大于使用维护保养手册的要求,此时就需要更换导轮。

检查轿厢和对重装置上部、下部导靴系统,确定导靴处于水平位置,若导靴未处于水平位置,则应当对其进行调整;及时清除导轮与导轨之间的杂物。

【风险可能产生的后果】

轿厢的振动是影响电梯乘坐舒适度的一个重要指标,乘客在电梯内停留的时间相对较短,轻微的振动一般不会影响乘客的安全和健康,但是当振幅达到一定值时,乘客会有明显的不适感。

【需采取的风险应对措施】

修复或者更换相关装置,降低振动频率。

(4)轿厢本体

【安全评估工作指引】

1)轿厢结构检验。查验高速电梯轿厢厢体和桁架结构是否出现下列情况:ⓐ轿壁、轿顶严重锈蚀穿孔或破损穿孔,且孔的直径大于 10mm;ⓑ轿壁、轿顶严重变形或破损,加强筋脱落;ⓒ轿壁强度不符合要求;ⓓ轿底严重变形、开裂、锈蚀或穿孔;ⓔ玻璃轿壁,轿顶出现裂纹。

评估方法:目测加钢直尺测量。

2)轿顶通风孔检验。对无孔门轿厢应在其上部和下部设置通风孔;位于轿厢上部及下部通风孔的有效面积均不应小于轿厢有效面积的 1%,在计算通风孔的面积时可以将轿门四周的间隙考虑进去,但通风孔的有效面积不得大于所要求的有效面积的 50%;直径为 10mm 的坚硬直棒,应无法从轿厢内经通风孔穿过轿壁。

评估方法:目测加钢直尺测量。

3)轿顶检修装置检验。轿顶应当装设有一个易于接近的检修运行控制装置,并且符合以下要求:ⓐ检修人员需通过一个符合电气安全装置要求,能够防止误操作的双稳态开关(检修开关)进行操作;ⓑ一进入检修运行,即取消正常运行(包括任何自动门操作)、紧急电动运行、对接操作运行,只有再一次操作检修开关,才能使高速电梯恢复正常工作;ⓒ可通过持续按压按钮来控制轿厢运行,检修运行控制装置应有防止误操作的作用,按钮上或其近旁应标出相应的运行方向;ⓓ该装置上设有一个停止装置,停止装置的开关为双稳态、红色并标有"停止"字样,并且有防止误操作的保护。

评估方法:目测检修运行控制装置、停止装置和电源插座的设置;验证检修运行控制装置、安全装置和停止装置的功能。

4)安全窗及护栏检验。如果轿厢设有安全窗(门),应当符合以下要求:安全窗(门)尺寸不应小于 0.35m×0.50m;设有手动上锁装置,能够不用钥匙从轿厢外开启,而用规定的三角钥匙从轿厢内开启;轿厢安全窗(门)不能向轿厢内开启,并且向外开启位置不应超出轿厢的边缘,轿厢安全窗(门)不能向轿厢外开启;安全窗(门)的出入路径没有对重(平衡重)或固定障碍物;可用电气安全装置对轿厢安全窗(门)是否锁紧进行验证。井道壁离轿顶外侧边缘水平方向自由距离超过 0.3m时,轿顶应当装设护栏,并且满足以下要求:护栏由扶手、0.10m 高的护脚板和位于护栏高度一半处的中间栏杆组成;当护栏扶手外缘与井道壁的自由距离不大于 0.85m 时,扶手高度不小于 0.70m,当自由距离大于 0.85m 时,扶手高度不小于 1.10m;护栏装设在距轿顶边缘 0.15m 之内,并且其扶手外缘和井道中的任何部件之间的水平距离不小于 0.10m;护栏上应有关于俯伏或斜靠护栏危险的警示符号或须知。

评估方法:目测,必要时用卷尺测量安全窗(门)尺寸;目测安全窗是否设有手动上锁装置,能够不用锁匙从轿厢外开启,而可用三角锁匙从轿厢内开启;目测检查安全窗的开启方向及出入路径上是否有障碍物;手动确认验证安全窗锁紧的电气安全装置的有效性。

5)轿厢照明、通话、风扇、和应急照明设备检验。照明:ⓐ轿厢应设置永久性的电气照明装置,控制装置上和轿厢地板上的照度均宜不小于 50lx,如果照明灯为白炽灯,至少应有 2 只并联的灯泡;ⓑ在层门附近,层站上的自然或人工照明在地面上的照度不应小于 50lx,以便乘客在打开层门进入轿厢时,即使轿厢照明发生故障,也能看清前面的区域。通话:为使乘客能向轿厢外求援,轿厢内应装设乘客易于识别和触及的报警装置,该装置应采用对讲系统,以便与救援服务持续联系;该装置由紧急电源供电时,其功能有效;当电梯行程大于 30m 时,轿厢和机房间亦应设置由紧急电源供电的对讲系统或类似装置,且其功能有效。风扇:轿厢应保持足够的通风,若采用风扇,则应功能有效,无异响。应急照明:应有自动再充电的紧急照明电源,在正常照明电源中断的情况下,电源能至少供 1W 的灯泡使用 1h。在正常照明电源发生故障的情况下,应自动接通紧急照明电源。

评估方法:用照度计测量控制装置上和轿厢地板上的照度。目测轿厢是否有足够的通风,若轿厢采用风扇则应通过试验检测其功能是否有效;断开主电源,查看轿厢通风是否被切断。人为切断正常照明电源,检查高速电梯是否能够自动接通紧急照明电源并点亮紧急照明灯泡,必要时测量紧急电源电压。

6)自动门防止夹人装置功能可靠性检验。动力驱动的自动门应当设置防止门夹人的保护装置,当乘客通过层门入口被正在关闭的门扇撞击或者将被撞击时,该装置应当自动使门重新开启。

评估方法:现场模拟动作试验。

【风险可能产生的后果】

高速电梯轿厢通风孔对轿厢内气压变化影响比较大,通风孔过小,轿厢内空气不流通,通风孔过大,可能有物体穿出轿厢的风险;轿顶检修人员被困井道,或受到伤害;乘客不能通过安全窗被有效救援;打开安全窗救援乘客时,因电梯启动而伤及乘客或救援人员;照明失效时,乘客无法看清轿厢内控制面板和轿厢内物体,进入轿厢时被绊倒,无法操作对外报警装置;乘客困在电梯内无法得到及时救援。

【需采取的风险应对措施】

设置符合要求的轿厢通风装置;应优先检修轿顶,且轿厢应具有防止误动作的检修装置;设置符合要求的轿厢安全窗;设置符合要求的轿厢照明、通话、风扇和应急照明设备,按期更换紧急电源;降低开关门的速度,使冲击时的动能降低到不会将虚弱的人员撞倒的程度;提供可靠的感应装置,当乘客处在开关门路径的任何位置时,停止关闭或再打开门。

4.3.4　井道系统

(1)底坑装置

1)底坑减行程缓冲器

【安全评估工作指引】

①查验电梯制造单位提供的减行程缓冲器的型式试验以及设计说明文件,并在检验现场进行核实。对于高速电梯,在满足其对缓冲器要求的前提下,使用减行程缓冲器可以缩短电梯的顶层高度和底坑深度,从而方便建筑物的设计,节省施工

方的建设成本、降低使用成本[139]。

②对于高速电梯应结合实际的速度判定采用何种形式的缓冲器,一般根据速度的不同,缓冲器可分为普通液压缓冲器和减行程缓冲器。

对于额定速度为 $2.0 \sim 2.5 \mathrm{m \cdot s^{-1}}$ 的高速电梯,以采用普通液压缓冲器为主,基本不采用减行程缓冲器。因为当采用减行程缓冲器对高速电梯行程末端进行减速,在额定速度不大于 $4.0 \mathrm{m \cdot s^{-1}}$ 情况下,按照规定计算的缓冲行程不应小于 $0.42 \mathrm{m}$。然而,根据耗能缓冲器的公式 $v \leqslant \sqrt{F_L/0.067}$,将 $F_L = 0.42 \mathrm{m}$ 代入公式可得 $v = 2.50 \mathrm{m \cdot s^{-1}}$,由此可得在 $v < 2.50 \mathrm{m \cdot s^{-1}}$ 的时候采用减行程缓冲器没有任何意义[140]。

对于额定速度为 $2.5 \sim 4.0 \mathrm{m \cdot s^{-1}}$ 的高速电梯,根据耗能缓冲器的公式 $v \leqslant \sqrt{F_L/0.067}$,将 $v = 4.0 \mathrm{m \cdot s^{-1}}$ 代入公式可得 $F_L = 1.07 \mathrm{m}$,结合缓冲器的底部高度(约 $1 \mathrm{m}$),可知缓冲器的总高度为 $2 \mathrm{m}$ 左右,一般的底坑深度能满足该类缓冲器的高度,因此,在此种情况下还是不采用减行程缓冲器。

对于额定速度大于 $4.0 \mathrm{m \cdot s^{-1}}$ 的高速电梯,通常采用减行程缓冲器,并配备相应的行程终端速度监控系统。

③当对高速电梯在其行程末端的减速度进行有效监控时,可采用轿厢(或对重)与缓冲器刚接触时的速度取代额定速度,以计算缓冲器的行程。

④减速监控装置的功能和控制方式应与正常的速度调节系统结合起来,获得一个符合电气安全装置要求(应提供相应的型式试验或报告)的减速控制系统。

⑤减行程缓冲器应符合以下要求:ⓐ应当固定可靠、无明显倾斜,并且无断裂、塑性变形、剥落、破损等现象;ⓑ液位应当正确,有验证柱塞复位的电气安全装置;ⓒ附近应当设置永久性的明显标识,标明当轿厢位于顶层端站平层位置时,对重装置撞板与其缓冲器顶面间的最大允许垂直距离;并且该垂直距离不超过最大允许值。

⑥减行程缓冲器不应出现以下情况:缸体有裂纹、漏油,导致正常的工作液面高度得不到保证、柱塞锈蚀影响工作、复位弹簧失效、复位不符合要求;缓冲器动作后,有影响正常工作的永久变形或损坏。

⑦目测减行程缓冲器的固定和完好情况。必要时,将限位开关(如果有)、极限开关短接,以检修速度运行空载轿厢,将缓冲器充分压缩后,观察缓冲器有无断裂、塑性变形、剥落、破损等现象。

【风险可能产生的后果】

电梯在底层超速无法有效实现行程终端防护;对重缓冲距过大,导致轿厢

"冲顶"时撞击井道顶部。

【需采取的风险应对措施】

加强维护保养,复查缓冲距离是否小于最大允许值;需定期检查减行程缓冲器液位及电气安全装置。

2)底坑补偿绳/张紧轮张紧装置

【安全评估工作指引】

①查验高速电梯的底坑情况,是否装有补偿绳张紧装置。额定速度超过 $3m \cdot s^{-1}$ 的高速电梯一般采用链条、绳或者带作为补偿装置。为了防止补偿绳在运行时晃动、与井道部件发生干涉等危险,补偿装置必须采用重力张紧装置来张紧补偿绳。

②对补偿绳张紧装置的检验,应利用重力保持补偿绳的张紧状态,同时应采用符合规定的电气安全装置检查补偿绳的张紧状态,同时还应查验电梯安全装置的机械触发机构及电气安全装置的有效性。

③张紧轮应设有相应的防护装置,以防止底坑中的维修人员遭到非必要的人身伤害,也避免补偿绳或链条因松弛而脱离绳槽或链轮,及异物进入绳与绳槽或链条与链轮之间。防护装置安装后,旋转部件应能被看到且不妨碍检查和维护工作。

④检验防跳装置,对于额定速度大于 $3.5m \cdot s^{-1}$ 的高速电梯,应当设置补偿绳防跳装置,该装置动作时应当有一个电气安全装置使高速电梯驱动主机停止运转。

⑤补偿绳(链)及导向装置未出现下列情况:ⓐ全包覆型补偿绳(链)表面包裹材料出现脱落、严重开裂或磨损;ⓑ补偿绳(链)导向装置滚轮变形、缺损、严重磨损或出现卡阻;ⓒ链环表面有严重的锈蚀或脱焊,存在破断风险。

⑥补偿绳(链)端固定应当可靠,二次保护装置连接有效;应当使用电气安全装置来检查补偿绳的最小张紧位置;当补偿链在对重或轿底的悬挂装置可自由旋转时,不应加装二次保护装置。

【风险可能产生的后果】

补偿绳(链)脱落,与运动中的高速电梯轿厢碰擦,造成设备损坏;补偿绳(链)坠入底坑,伤害底坑和轿顶作业人员;运行时,补偿绳(链)与地面碰擦,造成异响,影响乘坐舒适性。

【需采取的风险应对措施】

加强维护保养,必要时对补偿链进行更换。

3)底坑检修平台

【安全评估工作指引】

①查验高速电梯的底坑情况,确认检修工作中是否使用了底坑检修平台,需对检修平台与底坑相关部件的相对位置进行查验,确认相互之间的安全距离是否符合要求。高速电梯速度越高,缓冲器的总行程就越长,即使采用了减行程缓冲器,行程的缩短也是有限的,故过高的运行速度所要求的底坑深度过深,导致作业人员工作的难度和危险性大大提升。

②查验底坑检修平台工作高度,按照高速电梯底坑的深度来看,如 $5\text{m} \cdot \text{s}^{-1}$ 的高速电梯,当轿厢完全压缩缓冲器后,底坑地面与轿底最低部件的距离应在 4m 左右,维保人员的操作高度基本不到 2m,故维保人员需要在离地 2m 左右的高度进行维修,这对于维保人员十分危险。为了确保维保人员在轿厢停止时能够在平台离地 2m 内进行维修工作,保证轿厢蹾底时,底坑处的维保人员有足够的空间进行躲避,防止因空间狭小而受到伤害,高速电梯底坑需设置检修平台,平台的高度应符合以下要求:

$$H_{max} = H - H_1 - 2 \tag{4-1}$$

式中,H_{max} 为检修平台距离底坑地面的工作面高度,H 为底坑深度,H_1 为高速电梯地坎与轿厢最低部件之间的距离。

③对底坑检修平台的承载能力进行检验,检修平台的任何位置应能够支撑 2 个人的重量而无永久变形,按每个人在平台 $0.2\text{m} \times 0.2\text{m}$ 面积上作用 1000N 计算。同时,在设计该检修平台时应考虑装卸较重设备所需的机械强度。

④对底坑检修平台的安全措施进行检验,检验内容有护栏是否合理、防滑装置是否有效、防坠落措施是否可靠、急停装置是否有效、警示标志是否设置规范。

⑤为了防止人员坠落或者与对重发生剪切,在检修平台的周围需增设相关的安全防护部件,应在平台边缘安装护栏、踢脚板及安全警示标记等。

⑥在检修平台通往底坑的检修窗上,应设有相关的电气安全开关,具体应符合电气安全触点的要求。

⑦查验检修平台易于接触处的紧急停止开关是否符合要求,当维保人员在检修平台上使用急停开关时,很难迅速接触到底坑内的急停开关,因此为了保证检修平台上人员的安全,应在检修平台上增设一个易于接触的急停开关;停止装置的急停开关为双稳态、红色并标有"停止"字样,并且有防止误操作的保护装置。

⑧应将平台视为底坑底面来进行高速电梯底部空间的测量。值得注意的是,由于超高速电梯的滚动导靴和安全钳之间通常会设置比较高的安全钳座,以增加轿厢运行的稳定性,因此检修平台的安全钳投影处应开孔,还应变为安全钳和导靴

的自由垂直距离与地坑底面之间的距离。

⑨为了保障作业人员的安全,应在底坑与下端站之间设置一个二次检修平台,作业人员可先进入检修平台,再通过检修窗和爬梯进入底坑底面。

⑩检修平台设置有爬梯,爬梯主要有 2 种,一种装在底坑前壁层门地坎下,另一种装在井道壁的侧边、靠近层门处。对于第一种爬梯,为了保证其踏面能与底坑前壁间距到达 0.15mm 而方便脚踩踏,往往会造成层门地坎下的井道壁与轿厢护脚板之间的水平间距大于 0.15m。第二种爬梯通常会由于井道较宽且必须设置在侧边,而造成爬梯距离层站门门套的距离太大,使维保人员不方便使用或者不方便进入,从而存在严重的维保人员跌落的风险。

【风险可能产生的后果】

底坑检修平台不符合相关要求,未能起到安全防护的作用,导致作业人员跌落。

【需采取的风险应对措施】

修复或者更换相关的装置。

4)底坑扶梯、停止装置、照明

【安全评估工作指引】

如果没有其他通道,则应当在底坑内设置一个从层门进入底坑的永久性装置(如梯子),该装置不得突入高速电梯的运行空间。底坑口和底坑地面上应设有能方便操作的停止装置,停止装置的急停开关为双稳态、红色并标有"停止"字样,并且有防止误操作的保护装置。底坑内还应当设有 2P+PE 型电源插座,以及在进入底坑时能方便操作的井道灯开关,井道灯在底坑地面以上 1m 处的照度不应小于 50lx。

评估方法:目测底坑是否设有停止装置、电源插座和井道灯开关,验证停止装置及井道灯开关的安装位置及功能,必要时用照度计测量底坑地面以上 1m 处的照度。

【风险可能产生的后果】

维保人员不能顺利进入底坑造成摔伤;维保或检验人员进入底坑时不能看清底坑状况,导致摔伤;维保人员进入底坑或在底坑工作时电梯运行,造成维保人员被挤压;维保人员在底坑进行用电维修时,无可用的电源。

【需采取的风险应对措施】

在底坑内设置爬梯,该装置不得突入电梯的运行空间;在适当位置设置急停开关、照明开关、电源插座。

（2）底坑空间

【安全评估工作指引】

1）对于采用减行程缓冲器的高速电梯,其底坑空间的检验与中低速电梯的检验方法基本一致,轿厢完全压在缓冲器上时,底坑空间尺寸应当同时满足以下要求:ⓐ底坑中有一个不小于 0.50m×0.60m×1.0m 的空间（任意面朝下即可）;ⓑ底坑底面与轿厢最低部件的垂直距离不小于 0.50m,当垂直滑动门的部件、护脚板和相邻井道壁之间,轿厢最低部件和导轨之间的水平距离在 0.15m 之内时,此垂直距离允许减少到 0.10m;当轿厢最低部件和导轨之间的水平距离大于 0.15m 但小于 0.50m 时,此垂直距离可等比例增加至 0.50m;ⓒ底坑中固定的最高部件和轿厢最低部件之间的距离不小于 0.30m。

2）采用减行程缓冲器的高速电梯的现场查验:轿厢在额定载荷下在下端站平层位置时,在底坑中测量上述ⓐⓑⓒ项尺寸数据以及轿厢与减行程缓冲器之间的距离（简称主缓距离）;用在底坑中测量的相关数据减去缓冲距离和减行程缓冲器完全压缩行程,计算数据是否满足规定要求。

【风险可能产生的后果】

底坑深度、空间不足,可能导致底坑作业人员被挤压。

【需采取的风险应对措施】

当底坑避险空间不足时,可移走障碍物,保证避险空间。当底坑底面与轿厢最低部件的垂直距离不足时,应对底坑中轿厢入口侧的井道壁进行封闭,以保证垂直滑动门的部件、护脚板和相邻井道壁之间的距离小于 0.15m;缩短轿厢最低部件和导轨之间的水平距离。应调整底坑中固定的最高部件的位置及大小,使得底坑中固定的最高部件和轿厢最低部件之间的距离不小于 0.30m。

（3）轿顶空间

【安全评估工作指引】

1）识别高速电梯底坑缓冲器的类型,判断高速电梯是否采用了减行程缓冲器。当底坑配备了减行程缓冲器时,轿顶空间的尺寸的检验要求与中低速电梯完全不同。查验缓冲器的铭牌,读取其缓冲行程的数值,根据缓冲器缓冲行程与额定速度的关系公式计算出高速电梯的应有缓冲行程,然后与实际铭牌上的数值进行比较,判定该高速电梯所采用的缓冲器是否为减行程缓冲器。这是直接判定高速电梯顶部空间是否符合安全性能要求的前提[141]。

2）对于未采用减行程缓冲器的高速电梯,其顶部空间的检验方法与中低速电梯的基本一致。当对重完全压在缓冲器上时,应当同时满足以下条件:ⓐ轿厢导轨提供不小于 $(0.1+0.035v^2)$ (m) 的进一步制导行程;ⓑ轿顶可以站客的最高位置的水平面与位于轿厢投影部分井道顶最低部件的水平面之间的垂直距离不小于 $(1.0+0.035v^2)(\text{m})$；ⓒ井道顶的最低部件与轿顶设备的最高部件之间的间距（不包括导靴、钢丝绳附件等）不小于 $(0.3+0.035v^2)(\text{m})$，与导靴或滚轮、曳引绳附件、垂直滑动门的横梁或部件的最高部件之间的间距不小于 $(0.1+0.035v^2)(\text{m})$；ⓓ轿顶上方应当有一个不小于 $0.5\text{m}\times0.6\text{m}\times0.8\text{m}$ 的空间（任意平面朝下即可）。当轿厢完全压在缓冲器上时，对重导轨应有不小于 $(0.1+0.035v^2)(\text{m})$ 的制导行程。

3）未采用减行程缓冲器的高速电梯的现场查验：测量轿厢在上端站平层位置时上文中ⓐⓑⓒⓓ的初始数据；计算缓冲行程最大允许值与缓冲器最大压缩行程之和（高速电梯减速时，在速度能得到有效监控的情况下，缓冲器压缩行程为本条注中的ⓐ或ⓑ的较大值）；将1）中测量的各项数据与2）中测量（计算）的数据相减所得值与ⓐⓑⓒⓓ中的公式计算值进行比较，确认是否满足要求；测量轿厢在下端站平层位置时对重导靴顶面（塑性油杯可不考虑）至对重导轨末端的距离（痕迹法①）；计算轿厢侧缓冲距离与缓冲器最大压缩行程之和②；将1）中测量的数据与2）中测量的数据相减所得值与 $(0.1+0.035v^2)(\text{m})$ 公式的计算值进行比较，确认是否满足要求。

4）对于采用减行程缓冲器的高速电梯，只有配备行程终端速度监控系统，才能按减行程缓冲器的应用条件验证顶部空间是否符合要求。没有配备高速电梯行程终端速度的监控系统或者监控系统不符合要求，其顶部空间只能按非减行程缓冲器的条件进行检验。

5）查验电梯行程终端速度监控系统的符合性和有效性，在电梯对重接触到缓冲器之前，速度监控系统应能快速检测到驱动主机是否有效减速；若未能有效减速，则监控系统的执行元件应能使轿厢减速，如通过制动器动作使电梯减速；查验行程终端速度监控系统是否能有效识别电梯的运行方向，执行减速时操作方向应保持一致。

6）减行程缓冲器轿顶空间的检验：首先，在电梯行程末端速度监控系统有效减速后，当轿厢或对重撞击减行程缓冲器时，计算出最小缓冲行程 $F_L=0.0674v^2$；其次，当高速电梯额定速度不大于 $4\text{m}\cdot\text{s}^{-1}$ 时，轿顶空间中的 $0.035v^2$ 可以减少到 $1/2$，但是不得小于 0.25m，当高速电梯额定速度大于 $4\text{m}\cdot\text{s}^{-1}$ 时，轿顶空间中的

---

① 痕迹法，先使轿厢置于端站附近，在轿顶位置擦干净对重导轨的顶部段油污；在对重导靴顶面涂上润滑脂或能在导轨上留下痕迹的材料；将轿厢开至最低端站平层位置；将轿厢电梯置于端站附近，测量痕迹顶部至对重导轨末端的距离。

② 总压缩行程＝缓冲距＋缓冲器铭牌上标注的压缩行程（此值可从型式试验报告中获取）。

$0.035v^2$ 可以减少到 $1/3$，但是不得小于 $0.28m$；最后，验证当轿厢在顶层端站平层时，高速电梯顶部空间的主要参数是否符合要求：ⓐ轿厢导轨的进一步制导行程＝$0.1+$轿顶空间中的 $0.035v^2$＋减行程缓冲器的缓冲行程＋对重缓冲行程；ⓑ轿顶可以站人高度＝$1.0+$轿顶空间中的 $0.035v^2$＋减行程缓冲器的缓冲行程＋对重缓冲行程。

【风险可能产生的后果】

当高速电梯的顶层高度不足时，轿顶作业人员可能存在被挤压风险；当轿厢"冲顶"时，轿顶设备被挤压，乘客可能受到人身伤害；对重制导行程不足，当轿厢"蹲底"时，对重将冲出导轨，造成严重事故。

【需采取的风险应对措施】

若顶层高度不足，维保时应特别注意对重最大允许缓冲距离，并保证对重缓冲距离小于最大允许值大于上极限距离。对重制导行程不足，可以减小轿厢缓冲距离，但同时应满足轿厢缓冲距离大于轿厢下极限距离。

(4)井道孔洞封闭与防护

【安全评估工作指引】

除必要的开口外，高速电梯井道应完全封闭；当不要求井道在火灾情况下具有防止火焰蔓延的功能时，允许井道部分封闭，但在维保人员可正常接近高速电梯处应当设置无孔且高度足够的围壁，以防止维保人员遭受高速电梯运动部件的直接危害，或者用手持物体触碰井道中的高速电梯设备。此外，在高速电梯运行过程中，为了减缓井道内的气体紊流现象，应在井道设计布置时，充分考虑减压降噪的措施，在井道围壁上留有适量的合适的开孔。

评估方法：目测检查。

【风险可能产生的后果】

井道外人员将手或其他物体伸入孔洞，与电梯相撞，造成伤害；若防护材料强度不足，当维保人员撞击防护时会坠入井道，造成伤亡。

【需采取的风险应对措施】

及时封闭井道孔洞，选择强度符合相关标准的防护材料。

(5)井道照明

【安全评估工作指引】

高速电梯井道基本为大行程井道，而高速电梯的提升高度基本在百米以上，因此井道应设有永久性的电气照明装置，当所有的门关闭时，轿顶面以上和底坑地面以上 $1m$ 处的照度均应至少为 $50lx$。应在距井道最高点和最低点 $0.50m$ 以内各装设一盏灯,再设中间灯。对于部分封闭的井道,如果井道附近有足够的电气照明装置,则井道内可不设照明装置。机房和底坑均应装有井道照明开关(或等效装置),以便维保或检修人员在这 2 个地方均能控制井道照明。

评估方法:目测检查或用照度计测量检查。用照度计测量轿顶面和底坑地面以上 1m 高度处的照度值。

【风险可能产生的后果】

在井道内作业的维保人员或检验人员因照度不足无法正确操作,受到人身伤害。

【需采取的风险应对措施】

及时保养、更换照明装置,达到相应的照度要求。

(6)随行电缆

【安全评估工作指引】

高速电梯随行电缆比较长,应采取相应的措施防止随行电缆与限速器绳、选层器钢带、限位与极限开关等装置干涉;当轿厢压实在缓冲器上时,电缆不得与地面和轿厢底边框接触。随行电缆不得出现下列情况:ⓐ护套开裂,导致线芯外露;ⓑ绝缘材料破损、老化,导致线芯外露或绝缘不符合要求;ⓒ线芯断裂或短路,电缆的备用线无法满足需要;ⓓ电缆严重变形、扭曲。

评估方法:目测检查。

【风险可能产生的后果】

随行电缆表皮开裂、线芯外露、线芯断裂或短路,导致高速电梯故障、困人或触电事故。

【需采取的风险应对措施】

加强日常维护保养,检查电缆的使用和固定状况。

(7)井道安全门

【安全评估工作指引】

由于高速电梯的提升高度比较高,为了提高乘坐效率,有时会采取最优的停靠层站设计,如有的高速电梯在低层站不设置层站门,使得两个相邻层站之间的间距大于 11m,当相邻两层站门地坎的间距大于 11m 时,其间应当设置高度不小于 1.80m、宽度不小于 0.35m 的井道安全门(使用轿厢安全门时除外);安全门不得向井道内开启;门上应当装设用钥匙开启的锁,当安全门开启后不用钥匙能够将其关闭和锁住,在门锁住后,能够不用钥匙从井道内将其打开;应当设置电气安全装置以验证门的关闭状态。安全门不得出现下列情况:ⓐ门扇严重锈蚀、穿孔;ⓑ门扇严重变形,机械强度不满足要求,不能满足建筑防火规范要求;ⓒ门锁及周边出现锈蚀,导致门锁无法可靠固定。

评估方法:目测检查并进行动作试验,同时对安全门的打开、关闭进行验证。

【风险可能产生的后果】

相邻层站间距超 11m 未设置安全门,或安全门向井道内开启,或门锁结构不符合要求,造成高速电梯困人时不能有效救援;安全门未安装验证门关闭的电气安全装置,造成开门走梯,使轿外人员被运动着的轿厢伤害;安全门强度不足、锈蚀、严重变形,造成乘客从安全门坠入井道。

【需采取的风险应对措施】

调整、修复、更换安全门及安全门门锁装置。

(8)门刀与相关间隙

【安全评估工作指引】

门刀的维护保养符合要求,且运行时和地坎不应碰擦、不应导致开关门异常。轿门门刀与层门地坎、层门锁滚轮与轿厢地坎的间隙应当不小于 5mm。

评估方法:目测检查、测量检查。

【风险可能产生的后果】

当高速电梯运行时受外力干涉,门刀撞击层门地坎,造成轿门脱槽;高速电梯运行时门刀与门锁滚轮相擦,导致门锁回路异常断开,造成困人事故。

【需采取的风险应对措施】

及时检查、调整门刀与地坎、门刀与门锁滚轮间隙。

(9)运行区域的安全保护

【安全评估工作指引】

1)轿厢运行极限位置开关的有效性检验:井道上下两端应装设极限开关,该开关应在轿厢或者对重(如有)接触缓冲器前起作用,并且在缓冲器被压缩期间保持其动作状态。如果极限开关的动作是通过钢丝绳、皮带或链条与轿厢相连实现的,则当该连接装置断裂或松弛时,极限开关上应有一个符合规定的电气安全装置,使电梯驱动主机停止运转。

2)平层感应装置检验:固定可靠,无损坏;电梯运行时无干涉、碰擦。

评估方法:短接上下两端极限开关和限位开关(如果有),以检修速度提升(下降)轿厢,使对重(轿厢)完全压在缓冲器上,检查极限开关动作状态。

【风险可能产生的后果】

极限开关失效或极限开关的安全距离过大导致高速电梯以超过缓冲器设计值的速度撞击缓冲器,造成严重"蹲底"或"冲顶"事故;平层精度超差,乘客出入轿厢时被绊倒摔伤。

【需采取的风险应对措施】

加强维护保养,调整开关位置,修复开关功能。

4.3.5　悬挂系统

(1)　钢丝绳检验

【安全评估工作指引】

目测检验高速电梯钢丝绳外观存在的笼状畸变、绳芯挤出、扭结、部分压扁、弯折现象;用游标卡尺测量并判断钢丝绳直径变化情况。测量时应选择钢丝绳磨损最严重的位置,并选择相互垂直的 2 个面各测量 2 次,取平均值。

查验钢丝绳是否出现下列情况:ⓐ绳径减小,因磨损、拉伸、绳芯损坏或腐蚀等原因导致钢丝绳直径小于或等于原公称钢丝绳直径的 90%;ⓑ变形或损伤;ⓒ锈蚀,钢丝绳严重锈蚀,铁锈填满绳股间隙等。

目测或使用放大镜检查钢丝绳断丝情况,有严重问题时用钢丝绳探伤仪、放大镜进行全长检测或者分段抽测,断丝形式如表 4-6 所示。

表 4-6　断丝形式　　　　　　　　　　　　　　　(单位:根)

断丝的形式	断丝总数		
	6×19	8×19	9×19
均布在外层绳股上	24	30	34
集中在一根或两根外层绳股上	8	10	11
一根外层绳股上相邻的断丝	4	4	4
股谷(缝)断丝	1	1	1

注:上述断丝数的参考长度为一个捻距,约为 6d(d 表示钢丝绳公称直径)。

钢丝绳外层绳股在一个捻距内断丝总数大于下列规定,钢丝绳应报废。

将轿厢停在行程适当的位置,用数字测力计测试每根钢丝绳的受力,张力偏差不能超过 5%。

随着高层、超高层建筑的不断兴起,电梯向着高速度、大行程的方向发展。钢丝绳作为曳引驱动高速电梯悬挂系统的重要组成部分,随着高速电梯速度的提升,高速电梯钢丝绳的时变特性愈发明显,严重影响着钢丝绳的动态性能,包括钢丝绳的振动(振幅、相位、频率)、受力均匀度(钢丝绳之间的区别)、张力、速度和加速度等[142]。在高速电梯的检测及日常维护保养过程中,如果各钢丝绳动态性能不均,就会影响高速电梯的承运质量,甚至会影响乘客的安全。因此,深入研究高速电梯柔性悬挂提升系统在正常运行中的连续动态性能,对高速电梯的乘运质量的改善具有重要的意义。

目测法。对于高速电梯钢丝绳受力的检测工作,可以从对绳头组合张力调节弹簧进行检查开始。通常而言,多个张力调节弹簧若处于同一端,那么应该位于均匀一致的高度;将绳头螺杆的上端部沿径向用力拉动,弹簧预紧力应该基本相似,否则可以基本判断高速电梯钢丝绳张力不均。其张力是否一致可通过在井道的3个位置(井道下端、井道中部、井道上端)对钢丝绳进行径向拉动来检测[143]。

弹簧秤法。首先,利用弹簧秤将各根曳引绳拉至一定的距离,记录其最大的拉力值;其次,将弹簧秤松开,记录各根曳引绳的回弹量;最后,对高速电梯钢丝绳张力是否均匀进行判断,判断依据为曳引绳的回弹力和拉力值[144]。弹簧秤法对于设备的要求较低,操作方法较为简单,但是大多采用人工方式来拉弹簧秤,受较多因素的影响,检测精度很难得到有效保障[145-147]。

压力传感器法。其检测工作原理为检测时把高速电梯钢丝绳绳头组合第一颗螺丝拆下,将压力传感器、调节器、调节螺母依次安装到绳头组合上,用手指压住上方螺丝,将调节螺母调试到合适的位置,对压力传感器采集到的值进行分析,可直接得到钢丝绳的受力值,从而判断每根钢丝绳的受力大小。以同样的方法测试其他的钢丝绳,当所有钢丝绳的受力值都测量完成后,可以用设备直接分析出钢丝绳的平均受力值,通过平均受力值判断钢丝绳受力的大小,再去调节相应的钢丝绳[148]。压力传感器法与其他检测方法比较,精度较高,但操作起来比较复杂,而且进行测量工作时需要拆卸每根钢丝绳绳头组合螺丝并把传感器安装上去,因此在检测工作中存在着严重的安全隐患。

以上几种现有的钢丝绳检测方法均无法实时对动态钢丝绳进行检测,由于安装、载荷等因素的影响,高速电梯静止时的钢丝绳特性与运行中的钢丝绳特性有一定的差异,本书现提出了一种快速高效、精确、非接触式的电梯钢丝绳动态性能检测方法。该方法根据不同的检测指令及相应的输入数据动态高效地获取检测数据并进行处理,以得到钢丝绳的多种动态性能数据,为高速电梯检测和日常维护保养提供基础,保证高速电梯的承运质量及乘客安全。检测方法:通过图像采集模块配合结构光连续采集一组钢丝绳的图像,进而基于图像获取每一根钢丝绳的振动信息,并根据各钢丝绳之间的振动信息差值高效快速地确定一组钢丝绳的受力、振幅及频率信息。无须对每一根钢丝绳进行重复检测。钢丝绳动态特性检测装置如图 4-21 所示。

图 4-21　钢丝绳动态特性检测装置现场测试

通过钢丝绳动态特性检测装置,读取运行中钢丝绳的张力、振幅及频率参数,比对设计阈值,判断钢丝绳的动态特性是否符合要求,具体检测方法如下。

①检修并启动高速电梯,使轿厢处于井道顶部或者井道底部。

②将光学固定基座拿出后,调整 C 型卡,将光学基座固定于钢丝绳旁高速电梯横梁上。

③安装光学基座支架杆,拧紧固定螺母固定支架。

④将检测仪安装到光学基座的支架杆上,支架杆侧面的螺孔与光学基座顶端的螺柱连接,设备最前端与钢丝绳距离应为 180~220mm。

⑤将设备固定于支架上,再将支架固定于光学基座上。

⑥安装色标传感器色带,将色标传感器色带整齐缠绕一圈至高速电梯轮槽上。

⑦安装色标传感器支架,固定色标传感器,使色标传感器正对色标。

⑧打开主机电源,根据外界光线强度设置曝光时间。

⑨手动拉取软件上红色方框,截取检测区域。

⑩点击"开始检测",高速电梯以正常速度运行,开始检测钢丝绳数据。

⑪检测结束即可查看检测结果。

⑫通过垂直缩放和水平缩放即可查看张力波形图、振幅波形图和频率波形图。

⑬点击保存结果,再次点击数据管理即可查看生成的检测报告。

⑭关闭检测装置上的开关按钮,拆下检测仪各部件,使高速电梯恢复正常,检测结束。

【风险可能产生的后果】

高速电梯曳引系统的安全系数降低,某一根钢丝绳过度磨损会缩短其他钢丝绳的正常使用寿命,严重时造成坠落事故;部分钢丝绳失效,造成其他零部件的损坏;全部钢丝绳失效,造成坠落事故;张力不均使钢丝绳磨损不均匀,导致部分钢丝绳和轮槽过度磨损,缩短了使用寿命;张力不均导致高速电梯运行时异常抖动,影响乘坐舒适度;在高速电梯的检测以及日常维护保养过程中,如果高速电梯各钢丝绳动态性能不均,就会影响高速电梯的承运质量,甚至会影响乘客的安全。

【需采取的风险应对措施】

若有一根曳引钢丝绳报废,则应更换整台高速电梯的曳引钢丝绳;当张力不符合要求时,应该根据安装修理指导文件及时调整张力,确保张力在规定的范围内。

(2)钢丝绳绳头组合和绳头板情况

【安全评估工作指引】

绳头组合未出现下列情况:ⓐ锥套、楔形套、楔块或拉杆出现裂纹;ⓑ楔形套无法锁紧或固定;ⓒ螺纹失效;ⓓ弹簧出现裂纹、永久变形或压并圈;ⓔ严重锈蚀;ⓕ复合材料弹性部件老化、开裂。

【风险可能产生的后果】

绳头断裂造成坠落事故

【需采取的风险应对措施】

数据采集流程,如图 4-22 所示。

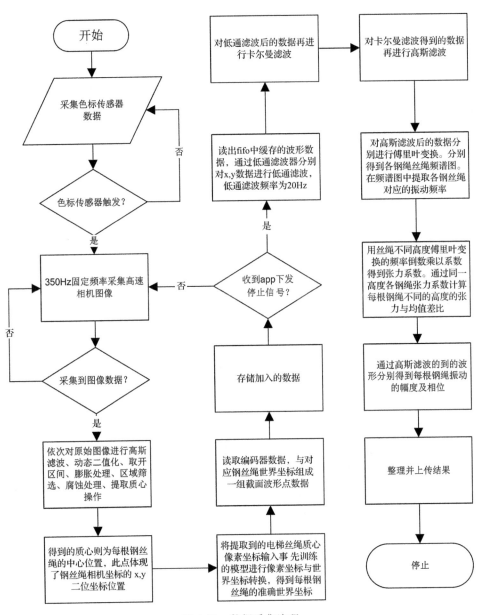

图 4-22　数据采集流程

4.3.6　供电设备

(1)总电源开关设置与容量检验

【安全评估工作指引】

每台高速电梯应当单独装设主开关,且维保人员应能从机房入口处方便、迅速地接近主开关的操作机构。无机房高速电梯主开关的设置还应当符合以下要求:ⓐ如果控制柜没有安装在井道内,则主开关应当安装在控制柜内,如果控制柜安装在井道内,则主开关应当设在紧急操作屏上;ⓑ如果从控制柜处不容易直接操作主开关,则该控制柜应当设能分断主电源的断路器;ⓒ在电梯驱动主机半径 1m 之内,应当有可以接近的主开关或者符合要求的停止装置,且能够方便地进行操作。

主开关不得切断轿厢照明和通风、机房(机器设备间)照明和电源插座、轿顶与底坑的电源插座、高速电梯井道照明、报警装置的供电电路。

主开关应当具有稳定的断开和闭合位置,并且在断开位置时能用挂锁或其他等效装置锁住,以有效防止误操作(正常运行时不应锁住)。

如果不同高速电梯的部件共用一个机房,则每台高速电梯的主开关应当与驱动主机、控制柜、限速器等采用相同的标志。

总电源开关应具有切断高速电梯正常使用情况下最大电流的能力。

评估方法:每台电梯应当单独装设主开关,且保证工作人员能从机房入口处方便、迅速地接近主开关的操作机构。应根据设计文件和实物,判断主开关的电流容量和类别是否适当。

【风险可能产生的后果】

不能及时切断主机电源,无法有效停梯;不能锁住主开关的断开位置,有误送电的风险,可能造成设备损坏或人员伤亡。

【需采取的风险应对措施】

按标准要求配置电源开关。

(2)电动机和其他电气设备的保护检验

【安全评估工作指引】

应对直接与主电源连接的电动机进行短路保护、过载保护;机房和滑轮间内的电动机和其他电气设备必须采用防护罩壳以防止直接触电,所用外壳防护等级不低于 IP2X(直径不小于 12.5mm 的固体不得进入外壳内)。

评估方法:审查电气原理图,检查自动断路器、熔断器及过载保护装置的规格和设定是否与电机相匹配,必要时进行现场模拟试验以验证相关功能是否符合要求。

【风险可能产生的后果】

电机烧毁,人员触电。

【需采取的风险应对措施】

调整或更换短路、过载保护装置。

(3)照明(开关)检验

【安全评估工作指引】

机房应当设置永久性电气照明;在机房内靠近入口(或多个入口)处的适当高度应当设有一个开关以控制机房照明;机房内应当至少设置一个 2P＋PE 型电源插座;主开关旁应设有控制井道照明、轿厢照明和插座电路电源的开关。

评估方法:目测检查;使用万用表检查插座电压,手动验证开关功能。

【风险可能产生的后果】

在维保人员进行日常维护保养的过程中若存在照明或者开关失效、缺失情况,将不利于维修操作,且容易引起误操作等现象。

【需采取的风险应对措施】

按要求设置照明开关。

(4)电源进线检验

【安全评估工作指引】

检查各类接线外观颜色选择是否正确,接线是否整齐、稳固;主电源不应接入与高速电梯无关的设备、线缆等;自供电电源进入机房或者机器设备间起,中性线(N 线)与保护线(PE 线)应当始终分开。

评估方法:目测检查,必要时将 N 线及 PE 线分别断开,用万用表测量 N 线与 PE 线端子间是否导通。

【风险可能产生的后果】

PE 线起接地保护作用,中性线带负载电流,接错可能导致人员触电伤亡。

【需采取的风险应对措施】

按要求配置电源进线。

4.3.7　层门轿门与门锁

(1)门锁结构

【安全评估工作指引】

每个层门都应当设有门锁装置,其锁紧动作应当由重力、永久磁铁或者弹簧来产生和保持,即使永久磁铁或者弹簧失效,重力亦不能导致开锁;门的锁紧装置应当由锁紧元件直接强制操作,没有任何中间机构,并且能够防止误动作;锁紧元件及其附件应耐冲击,应由金属制成或用金属加固;门锁装置应有防护,以避免可能妨碍正常功能的积尘危险;工作部件应易于检查,例如采用一块透明板以便观察里面的门锁触点是否有效;当门锁触点位于门锁固定装置中时,盒盖的螺钉应为不可脱落式的,在打开盒盖时,螺丝应仍留在盒或盒盖的孔中。如果轿门采用了门锁装置,该装置也应当符合以上要求。

评估方法:结合门锁的型式试验报告进行目测,检查门锁结构是否符合要求。

【风险可能产生的后果】

由于门锁结构的问题导致门锁意外失效,造成意外开门,引发事故;门锁采用非金属材料时,耐冲击性较差,磨损较快,锁紧性能降低。

【需采取的风险应对措施】

更换符合型式试验要求的门锁。

(2)证实层门、轿门闭合、锁紧的电气装置

【安全评估工作指引】

正常运行时不能打开层门,除非轿厢在该层门的开锁区域内停止;如果一个层门或者轿厢门(或者多扇门中的任何一扇门)开着,在正常操作情况下,应当不能启动高速电梯或者不能保持高速电梯继续运行;每个层门和轿厢门的闭合都应当由电气安全装置来验证,如果滑动门由数个间接机械连接的门扇组成,则未被锁住的门扇上也应当设有电气安全装置,以验证其闭合状态;门的锁紧应当由一个电气安全装置来验证;轿厢应当在锁紧元件啮合深度不小于 7mm 时才能启动;门锁触点严重烧蚀造成接触不良,影响电梯正常开、关门时应及时进行更换;门锁触点出现锈蚀、断裂或旋转不灵活时应及时进行更换。

评估方法:目测检查或用钢直尺配合检查。使高速电梯以检修速度运行,检查层门主门锁、副门锁及轿厢门锁电气安全装置的有效性;目测锁紧元件的啮合情况,认为啮合深度可能不足时,测量电气触点刚闭合时锁紧元件的啮合深度;目测触点是否有烧烛痕迹。

【风险可能产生的后果】

验证闭合的安全装置失效造成开门走梯的事故;验证锁紧的安全装置失效造成门锁啮合深度不足,电梯门意外打开,导致乘客坠入井道。

【需采取的风险应对措施】

调整或者更换门锁。

(3)滚轮磨损

【安全评估工作指引】

若滚轮出现裂纹、变形,则应报废。滚轮的磨损不应导致层门和轿门正常运行时

脱轨、机械卡阻或者在行程终端时错位,需注意以下几点:ⓐ吊门滚轮外缘磨损严重,应予以更换;ⓑ吊门滚轮磨损导致门扇下沉,影响层门、轿门正常运行时,应予以更换;ⓒ偏心轮(挡轮)与导轨下沿间隙应满足厂家要求(一般间隙要求在 0.5mm 左右)。

评估方法:现场目测,在水平移动门和折叠门主动门扇的开启方向,用推拉力计向一个最不利的点施加 150N 的力,测量门的最大间隙。

【风险可能产生的后果】

层门和轿门出现脱轨、卡阻、错位,使高速电梯无法正常运行。

【需采取的风险应对措施】

调整或者更换滚轮。

(4)开关门轮(门球)磨损

【安全评估工作指引】

以下情况应报废:开关门轮出现严重磨损、变形、裂纹或活动部件不灵活;层门锁滚轮与轿厢地坎的间隙大于 5mm;电梯运行时互相碰擦。

评估方法:现场目测或者用钢直尺测量检查。

【风险可能产生的后果】

高速电梯运行过程中在门区异常停车;高速电梯开关门动作异常。

【需采取的风险应对措施】

调整或者更换开关门轮磨损(门球)。

(5)门滑块磨损与固定

【安全评估工作指引】

门滑块磨损量不应超过厂家标准,当磨损影响高速电梯门正常运行时,应予以更换;门滑块应可靠固定,不应出现脱落、缺损。

评估方法:现场目测或者用钢直尺测量检查。

【风险可能产生的后果】

层门和轿门无法保持在原有位置上,使维保人员有坠入井道的风险。

【需采取的风险应对措施】

调整或者更换门滑块、门扇或地坎。

(6)层门紧急开锁装置

【安全评估工作指引】

每个层门均应能够用符合要求的钥匙从外面开启;紧急开锁后,在层门闭合时门锁装置不应保持开锁位置;钥匙只交给一个负责人员保管(保证无关人员不能轻易获得)。钥匙应带有书面说明(标牌),详述必须采取的预防措施,以防止开锁后因未能有效地重新锁上而引起事故。

评估方法:结合型式试验报告检查是否每一个层门都具备符合要求的紧急开锁装置,并试验该装置的有效性。

【风险可能产生的后果】

紧急救援时无法通过三角钥匙打开层门,无法实施救援;紧急开锁后,若层门闭合时门锁保持在开锁位置,会使维保人员有坠入井道的风险。

【需采取的风险应对措施】

调整或者更换层门紧急开锁装置。

(7)层门地坎与轿厢地坎之间高度差

【安全评估工作指引】

每个层站入口的地坎应具有足够强度,以承受通过其进入轿厢的载荷;地坎上表面宜高出装修后的地平面2～5mm(以防洗刷、洒水时,水流进井道)。在开门宽度方向上,地坎表面相对水平面的倾斜不应大于2/1000度。

评估方法:现场目测,必要时用钢直尺测量检查。

【风险可能产生的后果】

进出轿厢时,乘客容易绊倒。

【需采取的风险应对措施】

调整层门地坎。

(8)层门自动关闭装置

【安全评估工作指引】

在轿门驱动层门的情况下,当轿厢在开锁区域之外时,若层门开启(无论何种原因),则应当有一种装置能够确保该层门自动关闭。自动关闭装置采用重块时,应当有防止重块坠落的措施。

评估方法:现场试验层门自动关闭装置的有效性,若采用重块,则应检查是否有防坠落措施。

【风险可能产生的后果】

层门开启后无法自动关闭,存在人员坠入井道的风险。

【需采取的风险应对措施】

调整或更换层门自动关闭装置。

(9)门的运行与导向

【安全评估工作指引】

层门和轿厢门正常运行时不得出现脱轨、机械卡阻或在行程终端时错位的情况;由于磨损、锈蚀或者火灾可能造成层门导向装置失效,故应当设置应急导向装置,使层门保持在原有位置。

评估方法:现场目测检查。

【风险可能产生的后果】

层门和轿门无法保持原位,存在人员坠入井道的风险。

【需采取的风险应对措施】

调整或更换层门和轿门。

(10)层门门扇及门套的强度

【安全评估工作指引】

门扇不应出现如下情况:ⓐ门扇或门套严重锈蚀穿孔或破损穿孔;ⓑ门扇背部加强筋脱落;ⓒ门扇或门套严重变形,导致门间隙超差;ⓓ门扇外包层脱离(落),导致开关门受阻或门扇强度不符合要求;ⓔ玻璃门扇出现裂纹或玻璃门扇边缘出现锋利缺口;ⓕ玻璃固定件不符合摆锤冲击试验要求。

层门门套不应出现如下情况:ⓐ层门门套严重变形,与门扇间隙不符合要求;ⓑ层门门套严重锈蚀。

评估方法:现场目测检查。

【风险可能产生的后果】

层门和轿门无法保持原位,存在人员坠入井道的风险。

【需采取的风险应对措施】

调整或更换层门门扇或门套。

4.3.8　对重系统

【安全评估工作指引】

护栏的设置:对重(或平衡重)的运行区域应当采用刚性隔障保护,该隔障从底坑地面上不大于 0.30m 处,向上延伸到离底坑地面至少 2.50m 的高度,宽度应至少等于对重(或平衡重)宽度两边各加 0.10m;在装有多台高速电梯的井道中,不同高速电梯的运动部件之间应设置隔障,隔障应当至少从轿厢、对重(或平衡重)行程的最低点延伸到最低层站楼面 2.50m 的高度,并且有足够的宽度以防止维保人员从一个底坑通往另一个底坑,如果轿厢顶部边缘和相邻电梯的运动部件之间的水平距离小于 0.50m,隔障应当贯穿整个井道,其宽度至少等于运动部件或运动部件需要保护部分的宽度两边各加 0.10m。

对重轮防护情况检验:对重轮应设置防护装置,以避免人身伤害、钢丝绳或链条因松弛而脱离槽或链轮及异物进入绳与绳槽或链与链轮之间。

对重块损坏和紧固的检验。对重块应未出现下列情况：ⓐ对重块出现开裂、严重变形或断裂；ⓑ对重块外包材料出现破损且内部材质可能暴露。对重架应未出现下列情况：ⓐ严重变形，导致导靴或对重安全钳不能正常工作；ⓑ直梁、底部横梁发生变形，不能保证对重块在对重架内可靠固定；ⓒ严重腐蚀，主要受力构件断面腐蚀壁厚达设计厚度的10%。对重（平衡重）块可靠固定，且具有能够快速识别对重（平衡重）块数量的措施，例如标明对重块的数量或者总高度。

导靴衬间隙、磨损的检验：导靴未出现开裂、永久变形，以防对重脱轨。

评估方法：目测，必要时用钢卷尺测量相关数据。

【风险可能产生的后果】

维保人员、检验人员在底坑作业时，误入对重区域，电梯上行，对重下降，造成挤压；共用井道的高速电梯，底坑作业人员从一个底坑进入另外一个底坑，遭到伤害；异物进入绳与绳槽之间，造成人身伤害，钢丝绳脱槽造成高速电梯异常停梯，进而导致困人；高速电梯异常制动时，未可靠加固的对重块被甩出，造成伤害；高速电梯运行时晃动剧烈，影响舒适性，严重时可能造成对重脱轨。

【需采取的风险应对措施】

调整、更换对重防护隔障使其满足要求，在有多台高速电梯运行的井道中，应在不同高速电梯的运动部件之间设置符合要求的隔障；设置符合要求的对重轮防护装置；加强维护保养，及时更换损坏的对重块及对重框架；加强维护保养，及时调整、更换导靴。

4.3.9　导向系统

【安全评估工作指引】

（1）导轨形式检验：高速电梯导轨应用冷拉钢材制成，或摩擦表面采用机械加工方法制作；导轨应不出现下列情况：ⓐT形导轨永久变形或发生位移，影响高速电梯正常运行；导轨工作面严重损伤，影响高速电梯正常运行；ⓑ空心导轨永久变形或发生位移，影响高速电梯正常运行；防腐保护层出现起皮、起瘤或脱落；导轨表面严重磨损，对重存在脱轨风险；ⓒ导轨及导轨支架出现严重锈蚀现象。

评估方法：目测检查。

（2）导轨固定情况检验：导轨固定应牢靠，润滑良好；每根导轨应至少有2个导轨支架，其间距一般不大于2.50m（如果间距大于2.50m则应当有计算依据），端部短导轨的支架数量应满足设计要求；支架应安装牢靠，焊接支架的焊缝应满足设计要求,锚栓(如膨胀螺栓)固定只能在井道壁的混凝土构件上使用。

评估方法:目测或者用钢卷尺测量相关数据。

(3)导轨顶面偏差检验:每列导轨工作面每 5m 铅垂线测量值间的相对最大偏差是否符合以下要求:轿厢导轨和设有安全钳的 T 形对重导轨距离偏差不大于 1.2mm,未设有安全钳的 T 形对重导轨距离偏差不大于 2.0mm;两列导轨顶面的距离偏差,轿厢导轨为 0～+2mm,对重导轨为 0～+3mm。

评估方法:激光垂准仪测量检查。

【风险可能产生的后果】

导轨选型不当,易导致导轨变形或位移,造成高速电梯故障;导轨固定不可靠,造成轿厢运行时晃动异常、安全钳误动作、门刀与门锁滚轮不能正常动作,开关门异常;导轨间距超过设计值,造成满载情况下安全钳制动时导轨严重变形或脱轨,乘客被困。

【需采取的风险应对措施】

加强维护保养,及时调整变形或位移的导轨,必要时更换导轨或增加导轨支架。

4.3.10　控制系统

高速电梯控制系统是高速电梯的核心部分,控制高速电梯的运行、选层、制停等,对高速电梯的控制系统进行具体的评估,可以主要结合以下几方面进行:接线状况、接地导通性能、绝缘性能、变频器工作温度、相序保护装置、继电器接触器工作情况、安全电路、印刷电路板、紧急电动运行、切断制动器电流的接触器的设置、切断主回路电流的接触器的设置以及门锁回路继电器的设置。

【安全评估工作指引】

(1)控制柜柜体无锈蚀变形、损坏,柜内元器件能可靠固定和正常使用;导线无明显老化、裂纹;接线端子及标记完好,不影响维修工作。

评估方法:目测检查,必要时对照接线图核对端子标识情况。

(2)供电电源自进入机房或者机房设备间起,N 线与 PE 线应当始终分开;所有电气设备及线管、线槽外露的可以导电部分应当用 PE 线可靠连接。

评估方法:目测各接地支线是否分别接至接地干线上;必要时测量所有电气设备及线管、线槽外露的可以导电部分与 PE 线间是否导通。

(3)动力路、照明电路和电气安全装置电路的绝缘电阻应当符合表 4-7 要求。

表 4-7　电压、电阻要求

标准电压/V	测试电压(直流)/V	绝缘电阻/MΩ
安全电压	250	≥0.25
≤500	500	≥0.50

评估方法:用兆欧表测量,若电路中包含电子装置,测量时应将相线和零线连接起来,且所有电子元件的连接均应断开。

(4)变频器未出现下列情况:ⓐ外壳破损,存在触电危险;ⓑ输入输出主回路电路板铜皮断裂;ⓒ直流母线电容鼓包、漏液或明显烧坏;ⓓ输入或输出、制动单元及制动电阻的接线端子和铜排出现严重的过热变形、拉弧氧化或腐蚀。

评估方法:目测,必要时打开变频器外罩后进行检查。

(5)每台高速电梯应当具有断相、错相保护功能;高速电梯运行与相序无关时,可以不装设错相保护装置。

评估方法:①断开主开关并验电,在其输出端分别断开三相交流电源的任意一根导线,闭合主开关,检查高速电梯能否启动;②断开主开关并验电,在其输出端调换三相交流电源中的任意 2 根导线的相互位置后,闭合主开关,检查高速电梯能否启动;③对于运行与相序无关的高速电梯,仅检查断相保护功能。

(6)安全电路完好、性能可靠,各电气安全装置动作灵敏有效、触点符合安全触点要求。安全开关未出现下列情况:ⓐ驱动安全触点的结构失效;ⓑ安全触点复位失效;ⓒ触点灼烧或接触不良;ⓓ出现严重锈蚀。

评估方法:审查资料,目测检查触点设置情况及完好性,模拟试验安全装置触点动作灵敏性和有效性。

(7)电路板未出现下列情况:ⓐ受潮进水、被酸碱等严重腐蚀、铜箔拉弧氧化、元件焊盘受损或脱落等;ⓑ外力折裂;ⓒ严重烧毁碳化;ⓓ有多处维修痕迹;ⓔ元器件使用超过制造单位规定的年限;ⓕ不易采购或没有替换的可能。

评估方法:目测检查,必要时使用放大镜检查。

(8)紧急电动运行控制装置依靠持续揿压按钮来控制轿厢运行,此按钮有防止误操作的保护。紧急电动运行开关启用时,应使下列电气装置失效:ⓐ安全钳上的电气安全装置;ⓑ限速器上的电气安全装置;ⓒ轿厢上行超速保护装置上的电气安全装置;ⓓ极限开关;ⓔ缓冲器上的电气安全装置。紧急电动运行开关及其操纵按钮应设置在使用时易于直接观察电梯驱动主机的地方,使用时轿厢速度不应大于 $0.63\text{m} \cdot \text{s}^{-1}$。

评估方法:审查电路图,检查实物,并通过模拟试验验证紧急电动控制装置与各电气安全装置的关系,必要时用测速仪测量轿厢的运行速度。

(9)切断主回路及制动器电流的接触器的设置。高速电梯正常运行时,切断制动器电流至少应当由 2 个独立的电气装置来实现,当高速电梯停止时,如果其中一个接触器的主触点未打开,在下一次运行方向改变之前,应当防止高速电梯再运行。主接触器应为 GB/T 14048.4 中规定的下列类型:ⓐAC-3,用于交流电动机的接触器;ⓑDC-3,用于直流电源的接触器。此外,这些接触器应允许启动操作次数的 10% 为点动运行。由于承受功率的原因,必须使用继电器接触器去操作主接触器时,这些继电器接触器应为 GB/T 14048.5 中规定的下列类型:ⓐAC-15,用于控制交流电磁铁;ⓑDC-13,用于控制直流电磁铁。且上述主接触器和继电器接触器应满足:ⓐ如果动断触点(常闭触点)中的一个闭合,则全部动合触点断开;ⓑ如果动合触点(常开触点)中的一个闭合,则全部动断触点断开。

评估方法:根据电气原理图模拟切断制动器电流的电气安全装置粘连的情况,观察是否能够防止高速电梯再运行。审查资料,检查实物,判断接触器选型是否适当,手动试验验证其常闭触点与常开触点的关系。

【风险可能产生的后果】

使维保人员难以识别电气线路,不便维修,严重时可能影响乘客及设备安全;漏电时设备受损,造成人员伤亡;绝缘性能降低,有漏电危险;高速电梯运行不稳定,频繁停机等;缺相运行时,电流过大烧毁电机;错断相保护缺失时,不能有效控制高速电梯的上下行方向;开门溜梯,有乘客剪切风险;电机带闸运行,设备受损,有维保人员剪切风险。

【需采取的风险应对措施】

更换导线,完善端子标识,或更换控制柜体;保证各外露导电部分接地可靠;清洁和改善设备工作环境,将不符合绝缘要求的电气装置进行更换;修理或更换变频器、断相/错相保护装置、相关继电器、接触器等相关电气安全装置。

4.3.11　安全保护系统

(1)空载上行制动距离试验

【安全评估工作指引】

轿厢空载以正常运行速度上行时,切断电动机与制动器供电,轿厢应当被可靠制停,并且无明显变形和损坏,不同额定速度的高速电梯空载上行制动距离不同。

评估方法:可选择以下 2 种中的任意方法:ⓐ痕迹法;ⓑ高速电梯空载上行至行程上部,切断高速电梯主电源使空载轿厢制停,通过高速电梯运行品质分析仪读取制动距离的数据。

【风险可能产生的后果】

制动减速度过大会对乘客造成机械的伤害甚至导致死亡;空载制动距离过小可能造成电梯在满载下行紧急制动工况无法有效制动。

【需采取的风险应对措施】

降低高速电梯的额定速度;调整高速电梯的速度运行曲线;调整制动器的动作响应时间,使其不大于 0.2s;调整或更换制动器、制动轮或制动轴,使制动力矩在设计值范围之内。

(2)限速器—安全钳联动试验

【安全评估工作指引】

高速电梯行程高度大,一旦发生坠落事故,后果将不堪设想,而作为高速电梯安全保护装置的重要组成部分之一,限速器—安全钳的有效及可靠显得尤为重要。在轿厢空载并以检修速度上行的工况下进行限速器—安全钳联动试验,限速器—安全钳动作应当可靠。如有必要,按监督检验要求进行有载试验。限速器应未出现下列情况:ⓐ限速器轴承损坏导致限速器轮转动不灵活;ⓑ限速器动作时,限速器绳的提拉力达不到 GB/T 7588.1—2020 中第 9.9.4 条的要求;ⓒ限速器未按时进行校验。ⓓ限速器钢丝绳达到报废条件;ⓔ限速器座变形;ⓕ限速器调节螺栓封记损坏。安全钳应未出现下列情况:ⓐ钳体出现裂纹、变形,夹紧件(楔块或滚柱等)出现裂纹、变形;ⓑ夹紧件出现磨损或严重锈蚀,无法有效制停轿厢或对重;ⓒ弹性元件出现塑性变形,导致楔块与导轨侧工作面间隙过大,无法有效制停轿厢或对重;ⓓ导向件出现变形或脱落,钳块无法正常动作、有效制停轿厢或对重。

评估方法:轿厢装有规定载荷,以检修速度向下运行,人为启动限速器,观察限速器和安全钳的电气安全装置是否动作,高速电梯是否停止运行;短接限速器和安全钳的电气安全装置(如果有),轿厢继续以检修速度下行,观察轿厢是否被可靠制停,轿厢地板的倾斜度应不大于其正常位置的 5%;进行对重(平衡重)限速器—安全钳动作试验,轿厢空载,以检修速度向上运行,人为启动限速器,观察限速器和安全钳的电气安全装置是否动作,高速电梯是否停止运行;短接限速器和安全钳的电气安全装置(如果有),轿厢继续以检修速度上行,观察对重(平衡重)是否被可靠制停。

【风险可能产生的后果】

当限速器—安全钳失效,轿厢发生"冲顶"时,可能会造成乘客的伤亡;当限速器—安全钳失效轿厢发生"蹲底"时,也可能会造成乘客的伤亡。

【需采取的风险应对措施】

调整限速器,校验限速器的动作速度(机械和电气);修理或更换限速器;清洁或更换限速器钢丝绳;调整限速器钢丝绳与安全钳动作机构的连接;调整限速器钢丝绳的提拉力;调整或更换限速器的电气安全保护装置;调整或修理安全钳的动作机构;调整安全钳与导轨间的间隙;更换安全钳;调整或更换安全钳的电气安全保护装置。

(3)平层准确度试验

【安全评估工作指引】

楼层越高,高速电梯速度越快,实现平层精准越难。高速电梯平层功能正常,电梯轿厢的平层准确度宜在±10mm;平层保持准确度宜在±20mm。

评估方法:轿厢分别在轻载和额定载重情况下,单层、多层和全程上下各运行一次。开门宽度的中部测量所得的层门地坎上表面与轿门地坎上表面间的垂直高度差宜在±10mm;轿厢在底层平层位置加载至额定载重量并保持 10min 后,在开门宽度的中部测量所得的层门地坎表面与轿门地坎上表面间的垂直高度差宜在±20mm。

【风险可能产生的后果】

乘客在进出轿厢时会被关闭的轿门撞击或被地坎绊倒。

【需采取的风险应对措施】

改变拖动方式,如将交流双速改为变频调整;调整平层感应器的位置;更换平层感应器。

(4)超载保护实验

【安全评估工作指引】

乘客在轿厢内的载荷大于 110% 额定载重量(超载量不小于 75kg)时,能够防止高速电梯正常启动及再平层,并且轿厢内有音响或者发光信号提示,电力驱动的自动门完全打开时,手动门应保持在未锁状态。

评估方法:现场进行载荷试验且应满足超载量的范围大于 110% 额定载重量且不小于 75kg,轿厢内有音响或者发光信号提示,动力驱动的自动门完全打开、手动门保持在未锁状态,高速电梯不能启动。

【风险可能产生的后果】

下述风险均会造成设备损坏或人员伤亡:制动器的制动力矩不满足要求而引起"冲顶""蹲底";在关门过程中造成乘客挤夹、剪切或坠落;曳引钢丝绳安全系数不够因而断裂,引起高速电梯的失控;曳引轮断轴;安全钳失效。

【需采取的风险应对措施】

调整超载保护装置的动作范围;更换超载保护装置;修理或更换音响或者发光信号装置。

(5)平衡系数试验

【安全评估工作指引】

平衡示数应为 0.40～0.50,或者符合制造(改造)单位的设计要求。

评估方法:现场进行载荷试验,轿厢分别装载额定载重量的 30%、40%、45%、50%、60%并进行上、下全程运行;当轿厢和对重运行到同一水平位置时,记录电动机的电流值;绘制电流—负荷曲线,以上、下行运行曲线的交点确定平衡系数,其值应为 0.40～0.50,或者符合制造(改造)单位的设计要求。

【风险可能产生的后果】

高速电梯上行时可能会发生"冲顶",高速电梯下行时可能会发生"蹲底",造成乘客的伤亡;曳引力不满足高速电梯的曳引条件,高速电梯运行时可能会发生打滑。

【需采取的风险应对措施】

调整对重装置的重量;增大(减小)轿厢重量。

(6)上行超速保护实验

【安全评估工作指引】

当轿厢上行速度失控时,轿厢上行超速保护装置应当动作,使轿厢制停或者至少使其速度降低至对重缓冲器的设计范围内;轿厢上行超速保护装置动作时,应当使一个电气安全装置动作。

评估方法:现场观察、确认上行超速保护试验(试验由施工单位按照制造单位规定的方法进行)。

【风险可能产生的后果】

当上行超速保护装置失效轿厢发生,"冲顶"时,可能会造成乘客伤亡。

【需采取的风险应对措施】

采用限速器—安全钳形式时,采取的措施应与限速器—安全钳联动实验采取的措施一致。采用夹绳器形式时,应调整触发机构的触发点;修理或更换触发机构;调整夹绳器的安装位置;调整夹绳力,使其在设计范围内;修理或更换夹绳器。采用永磁同步曳引机制动器形式时,应调整、修理电气安全保护装置。

4.3.12 乘运质量

(1)全程运行时间

【安全评估工作指引】

曳引驱动高速电梯应设有电动机运转时间限制器,限制器在下述情况下使高速电梯驱动主机停止转动并保持在停止状态:ⓐ当启动高速电梯时,曳引机不转;ⓑ轿厢或对重向下运动时,由于障碍物而停住,导致曳引绳在曳引轮上打滑。电动机运转时间限制器应在不大于下列 2 个时间值中的较小值时起作用：ⓐ45s；ⓑ电梯运行全程的时间再加上 10s（若运行全程的时间小于 10s，则最小值为 20s）。驱动主机停止运行后，只能通过手动复位正常运行。恢复断开的电源后，曳引机无须保持在停止位置。电动机运转时间限制器不应影响轿厢检修运行和紧急电动运行。

评估方法：目测并用试验验证；用计时器测量，从高速电梯门关闭以后开始计时，从最低层站到达最高层站的运行时间不应超过下列两个时间值中的较小值：ⓐ45s；ⓑ电梯运行全程的时间再加上 10s（若全程运行时间小于 10s，则取最小值20s）；使用高速电梯乘运质量分析仪评估。

【风险可能产生的后果】

当启动高速电梯而曳引机不转时，若电动机不在限定时间内停止转动，则可能造成电动机长时间运转损坏；当轿厢或对重向下运动时，由于障碍物而停住，导致曳引绳在曳引轮上打滑，若电动机不在限定时间内停止转动，则可能导致钢丝绳因过度磨损而断裂。

【需采取的风险应对措施】

调整电动机运行时间保护参数；更换电动机运行时间保护继电器或其他损坏的部件。

(2)轿厢最大水平和垂直振动。

【安全评估工作指引】

电梯轿厢运行期间水平（X 轴和 Y 轴）振动的最大峰峰值不应大于 $0.20\mathrm{m \cdot s^{-2}}$，A95 峰峰值不应大于 $0.15\mathrm{m \cdot s^{-2}}$；电梯轿厢运行在恒加速度区域内的垂直（$Z$ 轴）振动的最大峰峰值不应大于 $0.30\mathrm{m \cdot s^{-2}}$，A95 峰峰值不应大于 $0.19\mathrm{m \cdot s^{-2}}$。

评估方法：使用电梯乘运质量分析仪评估。

【风险可能产生的后果】

轿厢最大水平振动偏大，可能会影响乘客乘坐的舒适度。

【需采取的风险应对措施】

降低高速电梯的额定速度；调整导轨的垂直度；调整导轨的导轨距；调整高速电梯速度控制曲线。

(3)高速电梯运行速度偏差

【安全评估工作指引】

当电源为额定频率，且对电动机施以额定电压时，轿厢承载 0.5 倍额定载重量，向下运行至行程中段（除去加速和减速段）时的速度，不得大于额定速度的105%，不宜小于额定速度的 92%。

评估方法：使用电梯乘运质量分析仪评估。

【风险可能产生的后果】

高速电梯运行速度偏大,影响乘客乘坐的舒适感,诱发乘客的疾病(如心脏病、高血压等)。

【需采取的风险应对措施】

调整高速电梯速度控制曲线。

(4)启动加、减速度

【安全评估工作指引】

高速电梯启动加速度和制动减速度最大值均不应大于 $1.5\mathrm{m}\cdot\mathrm{s}^{-2}$;当乘客电梯额定速度满足 $1.0\mathrm{m}\cdot\mathrm{s}^{-1}<v\leqslant2.0\mathrm{m}\cdot\mathrm{s}^{-1}$ 时,A95 加、减速度不应小于 $0.50\mathrm{m}\cdot\mathrm{s}^{-2}$;当乘客电梯额定速度满足 $2.0\mathrm{m}\cdot\mathrm{s}^{-1}<v\leqslant6.0\mathrm{m}\cdot\mathrm{s}^{-1}$ 时,A95 加、减速度不应小于 $0.70\mathrm{m}\cdot\mathrm{s}^{-2}$。

【风险可能产生的后果】

高速电梯起动加速度或制动减速度偏大,可能会影响乘客乘坐的舒适感,诱发乘客的疾病(如心脏病、高血压等)。

【需采取的风险应对措施】

调整高速电梯速度控制曲线。

4.4　应用实例

为了保证在役高速电梯的安全性能,应依据相关现行国家标准规范,对委托单位的高速电梯进行评估。评估内容涉及设备本体、使用管理情况、维护保养情况等,评估工作应对设备进行风险分析和评定,并提出合理可行的安全对策。建议使用单位、维修保养单位对本书提出的问题予以重视,并采取措施,落实整改。

本节选取一台高速电梯作为安全评估案例,该电梯使用地点为政府部门办公楼,使用频率高。该电梯故障率极高,缺少上行超速保护装置、轿厢意外移动保护装置、轿门开门限制装置等安全保护功能,经常出现停梯困人的情况,存在着一定的安全隐患。

主要评估仪器:卷尺、斜塞尺、钢直尺、游标卡尺、电子温湿度计、声级计、照度计、测力计、导轨垂直度测量仪、放大镜、钳形电流表、万用表、电梯乘运质量测试仪。

评估组根据上述参考依据制定了 93 项安全评估项目,并且制定了详细的安全评价技术方案,对设备本体的评估内容包括:设备基本情况、机房区域及警示标志、减速箱和曳引轮、制动器、救援装置、层门轿门与门锁、供电设备、井道、对重装置、运行区域的安全保护装置、导轨、悬挂装置、轿厢、底坑、控制柜、功能试验、乘运质量及其他附加项等。本次风险评估发现，该高速电梯存在风险 16 项。其中，Ⅰ类风险 2 项，Ⅱ类风险 14 项，Ⅲ类风险 0 项。综合安全状况等级为四级，宜对高速电梯进行更新。

针对电梯伤害事故的特点，评估组根据伤害发生的严重程度及概率评定高速电梯系统各安全评估项目的风险等级和风险类别。按照 GB/T 20900—2007《电梯、自动扶梯和自动人行道　风险评价和降低的方法》及《在用电梯安全评估导则—曳引驱动电梯（试行）》的要求，通过伤害发生的严重程度和伤害发生的概率对风险进行综合判断。

其中，伤害发生的严重程度分为 4 个等级（1,2,3,4），伤害发生的概率分为 6 个等级（A,B,C,D,E,F），风险类别根据伤害发生的严重程度与概率分为 3 类，分别是Ⅰ类（1A,1B,1C,1D,2A,2B,2C,3A,3B）、Ⅱ类（1E,2D,2E,3C,3D,4A,4B）和Ⅲ类（1F,2F,3E,3F,4C,4D,4E,4F）。Ⅰ类需要采取防护措施以降低风险；Ⅱ类需要复查，在考虑解决方案的实用性和降低风险的社会价值后，确定是否需要采取进一步的防护措施来降低风险；Ⅲ类不需要采取任何行动，如图 4-23、表 4-8～表 4-10 所示。详细说明如下。

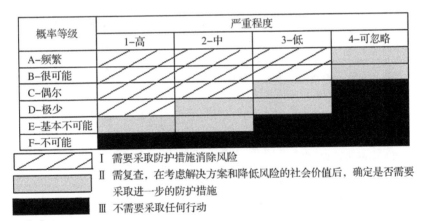

图 4-23　严重程度与概率等级

表 4-8　高速电梯伤害严重程度

	严重程度	
1	高	人员死亡、系统损失或严重的环境损害
2	中	人员严重损伤或患严重职业病，主要的系统或环境损害
3	低	人员较小损伤或患较轻的职业病，次要的系统或环境损害
4	可忽略	不会引起人员伤害、职业病及系统或环境损害

表 4-9　高速电梯伤害概率等级

概率等级		
A	频繁	在使用寿命内经常发生
B	很可能	在使用寿命内发生数次
C	偶尔	在使用寿命内至少发生一次
D	极少	在使用寿命内一般不发生
E	不太可能	在使用寿命内发生概率极低
F	不可能	概率为零

表 4-10　高速电梯设备评估

序号	项目编号		评估内容	参考	评估结果	严重程度	概率等级	风险类别	需采取措施
1	1 基本情况	1.1	档案、记录等资料管理情况	TSG T7001—2009	√	—	—	—	—
2		1.2	零配件的更换及供应情况	—	√	—	—	—	—
3		1.3	运行状况	TSG T5002—2017	√	—	—	—	—
4	2 曳引系统	2.1	主机速度监控功能	GB/T 7588.1.1—2020	×	3	C	Ⅱ	●
5		2.2	主机减振技术	GB/T 7588.1.1—2020	√	—	—	—	—
6		2.3	制动器型式	GB/T 24478—2009	×	2	D	Ⅱ	●
7		2.4	制动器工作状况	TSG T7001—2009 GB/T 7588.1.1—2020	√	—	—	—	—
8		2.5	制动器维持电压	GB/T 24478—2009	√	—	—	—	—
9		2.6	制动器磨损情况	GB/T 31821—2015	√	—	—	—	—
10		2.7	制动器松闸装置	TSG T7001—2009 GB/T 31821—2015	√	—	—	—	—
11		2.8	曳引轮绳槽磨损	GB/T 31821—2015	√	—	—	—	—
12		2.9	电动机轴承润滑	GB/T 10058—2009	√	—	—	—	—

续表

序号	项目编号	评估内容	参考	评估结果	严重程度	概率等级	风险类别	需采取措施
13	2.10	电动机轴承振动	GB/T 31821—2015	√	—	—	—	—
14	2.11	电动机绝缘	GB/T 7588.1.1—2020 GB/T 24478—2009	√	—	—	—	—
15	2.12	电机运转状况	GB/T 7588.1.1—2020 GB/T 31821—2015	√	—	—	—	—
16	2.13	电机运转温度	GB/T 24478—2009	√	—	—	—	—
17	2.14	电动机过热保护	GB/T 24804—2009	√	—	—	—	—
18	2.15	电动机编码器	GB/T 24478—2009	—	—	—	—	—
19	2.16	救援装置设置	GB/T 7588.1.1—2020	√	—	—	—	—
20	2.17	救援装置标识	TSG T7001—2009	√	—	—	—	—
21	2.18	救援装置功能	GB/T 7588.1.1—2020 TSG T7001—2009 GB/T 31821—2015	√	—	—	—	—
22	3.1	控制空气噪声技术	GB/T 7588.1.1—2020 GB/T 10058—2009	√	—	—	—	—
23	3.2	轿厢气压控制技术	GB/T 7588.1.1—2020	√	—	—	—	—
24	3.3	轿厢振动控制技术	GB/T 7588.1.1—2020	√	—	—	—	—
25	3.4	轿厢本体	TSG T7001—2009 GB/T 31821—2015	√	—	—	—	—
26	4.1	底坑减行程缓冲器	TSG T7001—2009 GB/T 31821—2019	×	2	D	Ⅱ	●
27	4.2	底坑补偿绳/张紧轮张紧装置	TSG T7001—2009 GB/T 31821—2019	—	—	—	—	—
28	4.3	底坑检修平台	GB/T 7588.1.1—2020 TSG T7001—2009	×	2	D	Ⅱ	●

序号 13—21 项目编号列合并为"3 轿厢系统"，序号 26—28 项目编号列合并为"4 井道系统"。

续表

序号	项目编号	评估内容	参考	评估结果	严重程度	概率等级	风险类别	需采取措施
29	4.4	底坑扶梯、停止装置、照明	TSG T7001—2009	√	—	—	—	—
30	4.5	底坑空间	TSG T7001—2009	√	—	—	—	—
31	4.6	轿顶空间	TSG T7001—2009	√	—	—	—	—
32	4.7	井道孔洞封闭与防护	GB/T 24804—2009	√	—	—	—	—
33	4.8	井道照明	GB/T 7588.1.1—2020	√	—	—	—	—
34	4.9	随行电缆	TSG T7001—2009	√	—	—	—	—
35	4.10	安全门有效情况	TSG T7001—2009	—	—	—	—	—
36	4.11	门刀与层门地坎间隙	TSG T7001—2009	√	—	—	—	—
37	4.12	门刀与开关门轮间隙	TSG T7001—2009	√	—	—	—	—
38	4.13	运行区域的安全保护	TSG T7001—2009	√	—	—	—	—
39	5.1	钢丝绳检验	TSG T7001—2009	√	—	—	—	—
40	5.2	钢丝绳磨损	GB/T 31821—2015	√	—	—	—	—
41	5.3	钢丝绳断丝	GB/T 31821—2005	√	—	—	—	—
42	5.4	绳头组合和绳头板情况	GB/T 31821—2015	√	—	—	—	—
43	5.5	钢丝绳张力	GB/T 10060—2011	×	3	D	Ⅱ	●
44	5.6	其他类型的悬挂装置	GB/T 31821—2015	—	—	—	—	—
45	6.1	总电源开关设置与容量检验	GB/T 7588.1.1—2020	√	—	—	—	—
46	6.2	电动机和其他电气设备的保护检验	GB/T 7588.1.1—2020	√	—	—	—	—
47	6.3	照明（开关）检验	TSG T7001—2009	×	2	D	Ⅱ	●
48	6.4	电源进线检验	TSG T7001—2009	×	2	D	Ⅱ	●

（序号39~44项目编号5为"5 悬挂系统"；序号45~48项目编号6为"6 供电设备"）

序号	项目编号	评估内容	参考	评估结果	严重程度	概率等级	风险类别	需采取措施
49	7.1	门锁结构	TSG T7001—2009	√	—	—	—	—
50	7.2	证实层门、轿厢门闭合、锁紧的电气装置	TSG T7001—2009 GB/T 32821—2015	√	—	—	—	—
51	7.3	滚轮磨损	TSG T7001—2009 GB/T 32821—2015	√	—	—	—	—
52	7.4	开关门轮磨损（门球）	—	√	—	—	—	—
53	7.5	门滑块磨损与固定	TSG T7001—2009 GB/T 32821—2015	√	—	—	—	—
54	7.6	层门紧急开锁装置	TSG T7001—2009	√	—	—	—	—
55	7.7	层门地坎与层门地平之间高度差	GB/T 10060—2011	√	—	—	—	—
56	7.8	层门自动关闭装置	TSG T7001—2009	×	2	D	Ⅱ	●
57	7.9	门的运行与导向	TSG T7001—2009	×	1	D	Ⅰ	●
58	7.10	层门门扇及门套的强度	GB/T 31821—2015	√	—	—	—	—
59	8.1	护栏的设置	TSG T7001—2009	×	2	D	Ⅱ	●
60	8.2	对重轮防护情况	TSG T7001—2009	√	—	—	—	—
61	8.3	对重块、架损坏和紧固	GB/T 31821—2015	√	—	—	—	—
62	8.4	对重靴衬间隙、磨损	GB/T 31821—2015	√	—	—	—	—
63	9.1	导轨形式	GB/T 7588.1.1—2020 GB/T 31821—2015	√	—	—	—	—
64	9.2	固定情况	TSG T7001—009	√	—	—	—	—
65	9.3	导轨顶面偏差	TSG T7001—2009	√	—	—	—	—

项目编号分组：
- 7 层门、轿门与门锁（序号 49～58）
- 8 对重系统（序号 59～62）
- 9 导向系统（序号 63～65）

续表

序号	项目编号	评估内容	参考	评估结果	严重程度	概率等级	风险类别	需采取措施
66	10.1	接线状况	GB/T 31821—2015	×	2	C	I	●
67	10.2	接地导通性能	TSG T7001—2009	√	—	—	—	—
68	10.3	绝缘性能	TSG T7001—2009	√	—	—	—	—
69	10.4	变频器工作	GB/T 31821—2019	—	—	—	—	—
70	10.5	相序保护装置	TSG T7001—2009	√	—	—	—	—
71	10.6	继电器、接触器工作情况	GB/T 7588.1.1—2020 GB/T 31821—2015	√	—	—	—	—
72	10.7	安全电路	GB/T 7588.1.1—2020	—	—	—	—	—
73	10.8	印刷电路板	GB/T 31821—2015	—	—	—	—	—
74	10.9	紧急电动运行	TSG T7001—2009	—	—	—	—	—
75	10.10	切断制动器电流的接触器的设置	TSG T7001—2009	√	—	—	—	—
76	10.11	切断主回路电流的接触器的设置	GB/T 7588.1.1—2020	√	—	—	—	—
77	10.12	门锁回路继电器的设置	—	√	—	—	—	—
78	11.1	平衡系数	TSG T7001—2009	√	—	—	—	—
79	11.2	超载保护	TSG T7001—2009	×	2	D	II	●
80	11.3	曳引能力	GB/T 7588.1.1—2020	√	—	—	—	—
81	11.4	平层准确度	GB/T 10058—2009	√	—	—	—	—
82	11.5	限速器—安全钳联动	TSG T7001—2009	×	1	D	I	●
83	11.6	空载上行制动距离	TSG T7001—2009 T/CASEI T102—2015	√	—	—	—	—

序号71项目列为"10 控制系统"；序号78及以下项目列为"11 安全保护系统"。

序号	项目编号	评估内容	参考	评估结果	严重程度	概率等级	风险类别	需采取措施
84	11.7	操作信号	TSG T7001—2009	√	—	—	—	—
85	11.8	上行超速保护功能	TSG T7001—2009	×	2	D	Ⅱ	●
86	11.9	轿厢意外移动保护功能	TSG T7001—2009	×	2	D	Ⅱ	●
87	11.10	轿门开门限制装置功能	TSG T7001—2009	×	2	D	Ⅱ	●
88	11.11	门回路检测功能	TSG T7001—2009	×	2	D	Ⅱ	●
89	12.1	全程运行时间	TSG T7002—2011	√	—	—	—	—
90	12　乘运质量	12.3	启动加、减速度	GB/T 10058—2009	—	—	—	—
91		12.4	电梯运行速度偏差	TSG T7001—2009	√	—	—	—	—
92		12.5	轿厢最大水平振动	GB/T 10058—2009	—	—	—	—
93		12.6	轿厢最大垂直振动	GB/T 10058—2008	—	—	—	—

注："√"指该项目符合要求（合格）；"×"指该项目不符合要求（不合格）；"●"指该项目需要采取措施；"—"指该项目为无此项，评估中未涉及。

第 5 章
高速电梯整机及部件的剩余使用寿命预测方法

电梯在高层住宅、商场、写字楼等场所应用广泛,其不仅给人们的生活和工作带来便利,而且对经济社会发展起着重要作用。截至 2021 年底,我国共有在役电梯 879.98 万台,特种设备检验检测机构 4542 家,持证 4585 个,电梯事故 1479 起,其中造成人员伤亡的有 280 起[149]。因此,对高速电梯加强风险管控和隐患排查,不断提升监管效能,具有重要的意义。

我国是世界人口第一大国,随着我国城镇化水平不断提高,建筑物的高度也在逐渐提升,人们对电梯能力的要求也越来越高。电梯提高了我们的工作效率和生活水平,但是也不可避免地造成了许多安全事故,情况严重的事故还会造成巨大的损失。例如,2012 年,某住宅楼发生一起载人电梯坠落事故,共造成 19 人死亡;2014 年,某学校一名男生跨进轿厢时电梯突然上行,男生被夹住,终因内脏过度受损去世;2015 年,某社区的业主被困在电梯中 20min 后被维修人员救出,当他回头拿包时,被夹身亡;2020 年,某住宅小区一台使用 15 年的电梯发生乘客坠亡事故[150]。这些电梯事故的发生原因大部分为关键零部件达到其使用寿命却未及时更换,或者使用方为节省电梯定期维护的费用未对关键零部件进行定期维护。因此,对电梯关键零部件剩余使用寿命的预测非常重要。

剩余使用寿命是指在当前运行条件下,从当前时刻到失效时刻的时间间隔。剩余使用寿命预测(remaining useful life,RUL)不仅可以有效降低电梯事故的发生率,而且能帮助加强对电梯设备的管理力度,减少不必要的维护费用。随着深度学习技术和工业物联网技术的发展及其在现实生活中许多场景的成功应用,高速电梯剩余使用寿命预测结果的准确性在不断提升。目前,专门针对电梯关键零部件的剩余使用寿命预测的研究工作比较少。将具有坚实理论基础的预测模型应用到电梯关键零部件的剩余使用寿命预测中,将有助于提高高速电梯整体运行效率,降低电梯事故发生率,避免对电梯的过度维修,创造更多经济社会效益。由于电梯数量与日俱增,已经服役多年的旧电梯数量也同步增加,因电梯关键部件老化而带来的安全风险逐渐引起社会各界的关注[151]。2016 实施的《电梯主要部件报废技术条件》(GB/T 31821—2015)填补了相关标准的空白,但由于电梯受到设计、制造、使用阶段诸多因素的影响,报废标准难以统一制定,因此该标准并没有被大规模地推广[152]。综上所述,对电梯关键零部件的剩余使用寿命预测不仅是现实的需要,而且符合国家对于电梯剩余使用寿命方面的规定,可提高电梯乘坐的安全性。

电梯设备在投入使用后,其退化规律符合一般的机械设备故障变化规律,退化过程一般分为三个阶段:故障的早发阶段、偶发阶段和损耗阶段。在早发阶段,由于电梯刚刚投入使用,还处于试用期,状态不是很稳定,长时间使用后,故障率呈现下降的趋势;在偶发阶段,电梯设备处于一个相对稳定的状态,故障率也比较稳定;电梯设备进入损耗阶段后,故障率逐步上升,此阶段的电梯维修工作显得尤为重要。2015 年,高金吉提出设备预知维修的新模式[153],该新模式在重大装备的智能维护和设备管理中非常重要。当设备零件损坏且维修或更换成本较大时,应进行预知维修,因为预知维修成本只有故障后维修成本的 70%,有利于提高经济效益。

电梯的定期预知维修虽然能够在一定程度上避免电梯安全事故的发生,并延长电梯安全剩余使用寿命,但是仍然存在一定弊端。若电梯已经进入损耗阶段,则设备发生故障的概率增大,容易造成人员伤亡,此时需要重点进行预防维护,例如降低维护间隔等。但是损耗阶段初期设备的磨损还不严重,即使预知维护间隔超过 14 天也不会有较大的安全隐患,同时还能在一定程度上减少维护的成本。因此,对进入损耗阶段的电梯性能进行分析,并根据电梯性能变化趋势预测出电梯的不定期维保时间具有重要的价值。

目前,国内的电梯维修研究主要侧重于固定时间间隔的预防性维修,预知维修期间电梯若出现故障,则需要进行故障后的小型维修。Liu 等[154]以总预期成本最小为约束条件,综合考虑机器设备退化时的性能衰退情况和设备的虚拟年龄,建立了基于预测信息的设备维修模型。采用固定时间间隔的预知维修不仅会造成一定的过度维修,对电梯造成损伤,而且会浪费人力、财力和物力。由于固定维修时间间隔在设备的实际应用过程中存在着诸多问题,所以大部分学者对非固定预知维修时间间隔领域进行了研究。在研究设备预防性维修时间间隔的过程中,确定设备维修后的恢复程度是至关重要的步骤,直接影响了模型的求解结果。潘乐真等[155]通过量化设备的健康运行状态,引入役龄回退因子,完成了对设备故障率的预测;梁锦强等[156]认为可修复设备经过长期修理后会出现过度维修现象,而传统的设备役龄回退机理存在不足,在此基础上,他们针对定期预防性维修设备提出了一种更符合生活实际的线性衰减的役龄回退模型。毫无疑问,非固定维修时间间隔更适合于设备的日常维护,但在实际应用中维保人员需要知道维修的时间点,而此时剩余使用寿命预测就能发挥关键作用。

剩余使用寿命预测主要基于物理模型和数据驱动 2 种方法。由于设备在运行过程中受到多种环境因素的影响,研究人员无法建立出相应的物理方程进行约束,所以基于物理模型的方法不适用于电梯的剩余使用寿命预测;现阶段主要采取基于数据驱动的模型进行电梯剩余使用寿命预测。在保证安全性和可靠性的前提下,基于数据驱动的剩余使用寿命预测技术得到了广泛应用。传统的统计数据驱动方法受种种约束,导致其精度和泛用性不高。因为对物理模型的要求低等优点,所以机器学习和深度学习逐渐在剩余使用寿命预测领域热起来。Caesarendra 等[157]利用支持向量机(SVM)模型实现了对轴承失效时间的有效预测。Durodola 等[158]提出了一种利用人工神经网络预测组件或系统疲劳寿命状态的方法。Li 等[159]使用深度卷积神经网络对航空发动机进行了剩余使用寿命预测。基于机器学习和深度学习的机械设备剩余使用寿命预测方法已经成为主流研究方向,并且在电梯全寿命周期健康管理方面具有广阔的应用前景。本章从高速电梯关键信号的数据预处理方法入手,介绍了基于物理模型和统计学习模型的高速电梯关键零部件剩余寿命预测流程,重点围绕机器学习和深度学习驱动的高速电梯剩余使用寿命预测方法进行研究,搭建了高速电梯剩余使用寿命预测诊断和分析的框架,为后续的高速电梯检验检测和科学维保提供了强有力的参考。

5.1 基于信号分解的数据预处理方法

5.1.1 经典模式分解

EMD 是一种自适应的分解算法[160],其把时间序列信号分解成不同尺度的固有模态函数(IMF)。IMF 有 2 个需要满足的条件:①极值的个数等于函数穿过零点的个数,极值和零点之间的差距为 1;②任意一点的局部极大值、极小值的平均值为 0。EMD 的计算步骤如下。

(1)根据电梯关键物理信号 $s(t)$ 的极大值点和极小值点,求出上包络 $v_1(t)$ 及下包络 $v_2(t)$ 的平均值,并记为 m,令 $h=s(t)-m$,将 h 视为新的信号 $s(t)$。

(2)重复上述步骤,当 h 满足 IMF 的条件时,记 $c_1=h$,将 c_1 视为第 1 个 IMF_1 分量,令 $r=s(t)-c_i$,将 r 视为新的信号 $s(t)$。

(3)重复(1)和(2)中的操作,得到若干个 IMF 分量,记为 c_2、c_3 等。当 $s(t)$ 基本呈单调趋势时(或绝对值已经趋近于零,此时可视为测量误差)即可停止。于是:

$$s(t) = \sum_{i=1}^{n} c_i + r \qquad (5\text{-}1)$$

如此即可把原始信号分解为若干个 IMF 分量 $c_1,c_2,\cdots,c_n$ 和一个残余分量 r。

5.1.2　集合经验模式分解

EEMD 在 EMD 的基础上进行了改进,通过在需要分析的信号中加入频谱均匀的白噪声作为辅助噪声(进行多次平均计算后可以相互抵消)以解决 EMD 中模态混叠的现象[161],同时还能够提高信号的信噪比,其计算步骤如下。

(1)将正态分布的白噪声序列 $W_i(t)$ 添加到原始电梯振动信号 $X(t)$ 中,得到一个新的序列:

$$X_i(t) = X(t) + W_i(t) \tag{5-2}$$

(2)把新序列 $X_i(t)$ 看成是一个新的整体信号,再进行 EMD 分解。

(3)重复上述 2 个步骤,当第 i 次加入白噪声后,分解得到的第 j 个 IMF 由 $C_{ij}(t)$ 和一个残留项 $r_i(t)$ 组成。

(4)对所有 IMF 求和并取均值,以此来去除白噪声的影响,最后分解得到的结果如下:

$$C_j(t) = \frac{1}{n} \sum_{i=1}^{N} C_{ij}(t) \tag{5-3}$$

式中,$C_j(t)$ 为原始信号经过 EEMD 分解后得到的第 j 个 IMF;$n = N$,为试验次数。

5.1.3　变模式分解

不同于 EMD 和 EEMD,VMD 具有自适应、完全非递归的特点,其核心思想是构造一个变分问题,然后逐步分析和求解[162]。

VMD 将输入电梯振动信号分解为 k 个限带宽的 IMF,表示为:

$$u_k(t) = A_k(t) \cos[\omega_k(t)] \tag{5-4}$$

式中,$u_k(t)$ 为第 k 个 IMF;$A_k(t)$ 为 $u_k(t)$ 的瞬时幅值;$\omega_k(t)$ 为 $u_k(t)$ 的瞬时频率。

假设分解为 k 个 IMF 分量,则有下式:

$$\begin{cases} \min\limits_{\{u_k\}-\{\omega_k\}} \left\{ \sum_k \left\| \partial t \left[\left(\delta(t) + \frac{\mathrm{j}}{\pi t} \right) \cdot u_k(t) \right] \mathrm{e}^{-j\omega_k t} \right\|_2^2 \right\} \\ \sum\limits_{k=1}^{k} u_k = x(t) \end{cases} \tag{5-5}$$

式中,t 为时间;∂t 为对 t 求偏导;$f(t)$ 为冲激函数;j 为虚数单位;$\{u_k(t)\}$ 是单分量调幅调频信号;$\{\omega_k(t)\}$ 是中心频率。引入拉格朗日乘子 λ 和二次惩罚因子 α,式(5-5)可以优化为式(5-6):

$$\begin{aligned} L(\{u_k\}, \{\omega_k\}, \lambda) = {} & \alpha \sum_k \left\| \partial_t \left[\left(\delta(t) + \frac{\mathrm{j}}{\pi t} \right) \cdot u_k(t) \right] \mathrm{e}^{-j\omega_k t} \right\|_2^2 \\ & + \left\| f(t) - \sum_k u_k(t) \right\|_2^2 + \left\langle \lambda(t), f(t) - \sum_k u_k(t) \right\rangle \end{aligned}$$

$$\tag{5-6}$$

利用交替方向乘子算法计算出式(5-6)的最优解,VMD 的分解流程如图5-1所示。

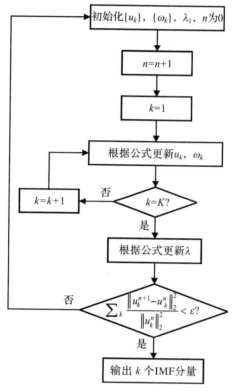

图 5-1　VMD 分解过程

由图 5-1 可知,在 VMD 分解过程中,有 2 个因素直接影响分解结果,即惩罚因子 α 和分解层数 K。其中,α 只影响分解结果的精确性,而 K 的取值直接影响分解结果的准确性。上述 2 个参数的最优解可以通过数学优化算法(如粒子群优化等)获得。

5.1.4　经验小波变换

EWT 是将 EMD 和小波变换理论相结合的信号分解算法。其主要以小波框架理论为基础,构造出一个滤波器组,这个滤波器组能根据物理信号的特性自动将信号分解为一系列频率由高到低的调幅—调频(AM-FM)分量,再提取出需要的特征分量。EWT 的具体计算步骤如下。

(1)对电梯信号 $f(t)$ 进行傅里叶变换得到其对应的频谱 $F(w)$。

(2)根据信号的频谱图找出 $f(t)$ 的局部最大点,并按下降顺序排列。根据该点分割信号的频率域,然后取相邻 2 个极大值点的中间值 $w_n(n=1,2,\cdots)$ 作为频域分界点。

（3）根据步骤（2），构造经验小波的小波函数 $\psi_n(w)$ 和尺度函数 $\varphi_n(w)$，如式（5-7）（5-8）所示：

$$\psi_n(w) = \begin{cases} 1, (1+\gamma)w_n \leqslant |w| \leqslant (1-\gamma)w_{n+1} \\ \cos\left[\frac{\pi}{2}\beta\left(\frac{1}{2\gamma w_{n+1}}(|w|-(1-\gamma)w_{n+1})\right)\right], \\ \qquad (1-\gamma)w_{n+1} < |w| \leqslant (1+\gamma)w_{n+1} \\ \sin\left[\frac{\pi}{2}\beta\left(\frac{1}{2\gamma w_n}(|w|-(1-\gamma)w_n)\right)\right], \\ \qquad (1-\gamma)w_n < |w| \leqslant (1+\gamma)w_n \\ 0, 其他 \end{cases} \tag{5-7}$$

$$\varphi_n(w) = \begin{cases} 1, |w| \leqslant (1-\gamma)w_n \\ \cos\left[\frac{\pi}{2}\beta\left(\frac{1}{2\gamma w_n}(|w|-(1-\gamma)w_n)\right)\right], \\ \qquad (1-\gamma)w_n < |w| \leqslant (1+\gamma)w_n \\ 0, 其他 \end{cases} \tag{5-8}$$

式中，w 为频率，γ 决定 $\psi_n(w)$ 和 $\varphi_n(w)$ 的频率支撑度。

其中，部分参数的计算方法为：

$$\gamma < \min_n\left[\frac{w_{n+1}-w_n}{w_{n+1}+w_n}\right] \tag{5-9}$$

$$\beta(x) = x^4(35-84x+70x^2-20x^3) \tag{5-10}$$

（4）构造原始信号的经验的小波函数。对经验小波与原始信号函数进行内积计算，得到一个值 $\omega_f^\varepsilon(n,t)$，称之为细节相关系数，如式（5-11）所示；与尺度函数进行内积计算，同样可以得到一个值 $\omega_f^\varepsilon(0,t)$，称之为近似相关系数，式（5-12）所示。

$$\omega_f^\varepsilon(n,t) = [f, \psi_n] = \int f(\tau)\overline{\psi}(\tau-t)\mathrm{d}\tau = \hat{f}(w)\overline{\hat{\psi}}_n(w) \tag{5-11}$$

$$\omega_f^\varepsilon(0,t) = [f, \psi_0] = \int f(\tau)\overline{\psi}_1(\tau-t)\mathrm{d}\tau = \hat{f}(w)\overline{\hat{\psi}}_0(w) \tag{5-12}$$

式中，ψ_n 为经验小波函数；$\overline{\psi}$ 为 ψ 的复共轭；$\hat{f}(w)$、$\hat{\psi}_n$ 分别为 f 和 ψ_n 的傅里叶变换。

重构信号后结果可以表示为：

$$\begin{aligned} f(t) &= \omega_f^\varepsilon(0,t) \times \varphi_1(t) + \sum_{n=1}^N \omega_f^\varepsilon(n,t) \times \psi_n(t) \\ &= \hat{\omega}_f^\varepsilon(0,w)\hat{\varphi}_1(w) + \sum_{n=1}^N \hat{\omega}_f^\varepsilon(n,w)\hat{\varphi}_n(w) \end{aligned} \tag{5-13}$$

最终得到原始信号的经验小波函数为：

$$f_0(t) = \omega_f^\varepsilon(0,t)\varphi_0(t)$$
$$f_k(t) = \omega_f^\varepsilon(k,t)\varphi_k(t)$$

(5-14)

式中，φ_1 为经验尺度函数，$\hat{\omega}_f^\varepsilon(0,w)$、$\hat{\omega}_f^\varepsilon(n,w)$ 分别为 $\omega_f^\varepsilon(n,t)$ 和 $\omega_f^\varepsilon(0,t)$ 的傅里叶变换。

5.1.5　奇异值分解

SVD 是矩阵运算中一个常用算法[163]，其在很多领域均有重要的应用，如电梯振动信号的降噪。SVD 基于矩阵的思想，分解包含信号信息的矩阵，然后送入一系列与奇异值和奇异值矢量对应的时频子空间中。SVD 采用非线性滤波方式，将原始信号分解成小波，形成时间频率矩阵后进行奇异值分解，最后进行信号还原即可。

任意一个秩为 r 的 $m \times n$ 维矩阵 A 都可以分解为 $m \times n, n \times m$ 的两个正交矩阵 U 和 V，可表示为：

$$A_{m \times n} = U \sum V$$

(5-15)

式中，$\sum = \mathrm{diag}(\sigma_1, \sigma_2, \cdots, \sigma_r, 0, \cdots, 0)$ 为对角矩阵，$\sum$ 的对角线元素 σ_i 为矩阵 A 的奇异值，其大小为协方差矩阵 $X^T X$ 或 XX^T，X 为一维随机序列或者信号的采样，X^T 代表 X 的转置序列，特征值（λ）的平方根 $\sigma_i = \sqrt{\lambda_i}$，$(i = 1, 2, \cdots, r-1, r)$，$r$ 为矩阵 A 的秩，$r = \mathrm{rank}(X)$，且满足条件 $\sigma_1 \geqslant \sigma_2 \geqslant \cdots \geqslant \sigma_r > 0$。求出的每个奇异值都一一对应于原始信号的一个特征，每个特征所占的权重越大，与之对应的奇异值就越大。

式（5-14）也可以表示为如下形式：

$$A_{m \times n} = \sum_{i=1}^{r} \sigma_i u_i v_i^T$$

(5-16)

式中，σ_i 为 X 的第 i 个特征值；u_i 为 XX^T 的第 i 个特征向量；v_i 为 $X^T X$ 的第 i 个特征向量；$u_i v_i^T$ 为 $m \times n$ 矩阵。

5.1.6　应用实例

为了说明不同信号分解算法对电梯关键物理信号进行预处理的作用，利用数值仿真信号进行模拟，其具体表达式如式（5-17）所示：

$$S_1(t) = 3\sin[\pi(30t + 5\sin 2t)]$$
$$S_2(t) = \cos(60\pi t + 100t)[3 + \sin(3\pi t)]$$
$$S_3(t) = \cos(80\pi t + 40t^2)[2 + \cos(2\pi t)]$$
$$S = S_1 + S_2 + S_3 + I(t)$$

(5-17)

式中，$S = S_1 + S_2 + S_3 + I(t)$ 是典型的具有调幅—调频性质的多分量信号。为了更符合实际情况，在原信号中增加高斯白噪声且设置信噪比（SNR）$= 10\text{dB}$。图 5-2(a) 为得到的仿真信号的时域，图 5-2(b) 为各模式的分量。

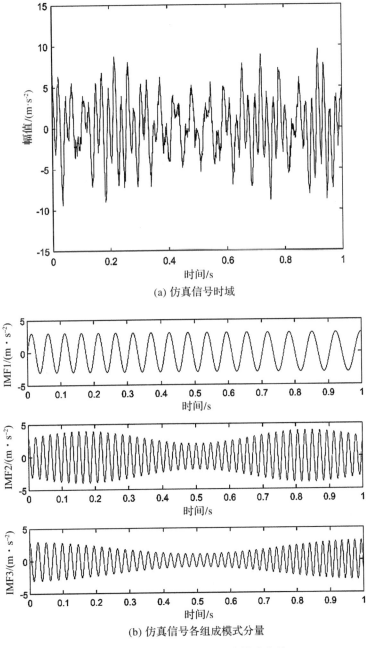

(a) 仿真信号时域

(b) 仿真信号各组成模式分量

图 5-2　仿真信号时域及组成模式分量

为了证明上文所提方法在信号分解上有更好的性能,对于同一仿真信号,分别利用 LMD、EMD 和 VMD 进行分解,分解结果如图 5-3 所示。

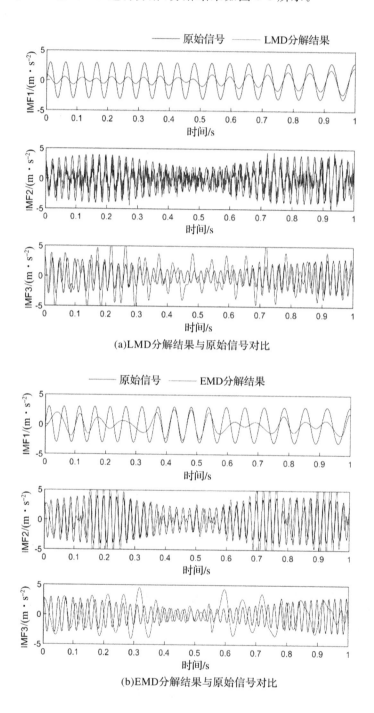

(a)LMD分解结果与原始信号对比

(b)EMD分解结果与原始信号对比

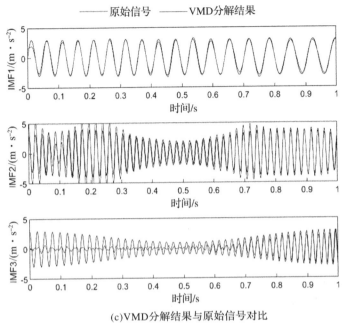

(c)VMD分解结果与原始信号对比

图 5-3   LMD、EMD 和 VMD 算法分解效果

为了更详细地说明本章所提方法的分解效果,计算上述 3 种模型分解算法的平均平方根误差(RMSE),结果如表 5-1 所示。由表 5-1 可知 VMD 分解后的信号与原始信号之间的误差最小,在对电梯时间序列信号预处理时一般将其作为首选。

表 5-1   各算法分解结果的 RMSE

分解算法	LMD	EMD	VMD
RMSE	0.8955	0.7288	0.6052

3 种分解算法总结如下。

(1)EMD 拥有良好的自适应性,能对信号进行合乎物理意义的分解,使得该算法在许多领域内得到了成功的应用。但 EMD 中还有一些问题需要解决,比如模态混叠现象等,而 EEMD 在 EMD 的基础上进行了优化,一定程度上解决了该问题。VMD 相比于 EMD 降低了时间序列非平稳性,适用于非平稳序列的分析。

(2)EWT 结合了 EMD 和小波变换 2 种方法,计算简便、适应性较强,因此广泛应用于各个领域,但是其参数设置对最终分析结果的精度影响较大。

(3)SVD 具有可以实现并行化和计算简单的优点,经常被嵌入机器学习的算法任务中,但其仍存在一些缺点,主要体现为它分解出的特征解释性和鲁棒性往往不强。

5.2 基于物理模型的电梯剩余使用寿命预测方法

　　对电梯中处于退化状态的重要零件的剩余使用寿命进行预测,对提升曳引系统运行安全和可靠性有着重要意义。通过探究元件内部损伤机制,找出零件性能的退化规律,然后对元件剩余使用寿命进行更精确的预测,是以物理模型为基础的剩余使用寿命预测方法的核心思路。

　　研究和解决物理学问题时,应舍弃次要因素,抓住主要因素,再建立对应的概念模型(即物理模型)。下面介绍几种主流的剩余使用寿命预测模型。

5.2.1 典型物理模型

(1)退化失效理论模型

　　电梯曳引传动系统在运行过程中,性能界限值 σ_L 为所承受的应力 σ 的最大值,当强度性能 $r(t)$ 下降到所承受应力时,电梯曳引系统失效。由于影响设备运行的因素不可控,根据式(5-18)可以得到电梯寿命 T 的分布规律 $F_T(t)$:

$$F_T(t)=P(T\leqslant t)=P[r(t)\leqslant\sigma_L]$$

$$F_T(t)=P[r(t)-\sigma_L\leqslant0]=1-\Phi\left[\frac{\mu_r(t)-\mu_\sigma}{\sqrt{s_r^2(t)+s_\sigma^2}}\right] \tag{5-18}$$

则强度性能可靠度函数可以表示为:

$$R(t)=1-F_T(t)=\Phi(\mu)=\Phi\left[\frac{\mu_r(t)-\mu_\sigma}{\sqrt{s_r^2(t)+s_\sigma^2}}\right] \tag{5-19}$$

式中,$\Phi(\mu)$ 为标准正态分布累积分布函数;T 为电梯寿命,t 为时间;μ_r、S_r 为持久强度均值、标准差;μ_σ、S_σ 为应力均值、标准差。

　　在进行曳引系统剩余使用寿命预测的过程中,提取电梯曳引轮位移、钢丝绳位移、响应时间等特征参数,用 $y(t)$ 表示电梯性能指标随时间的变化规律。大多数电梯的性能退化规律可以用以下数学模型表示:

$$y(t)=f(\alpha,\beta,t)+\delta(t) \tag{5-20}$$

式中,$f(\alpha,\beta,t)$ 为固定退化部分,随使用条件和环境的变化而变化,系数 α,β 服从正态分布;$\delta(t)$ 为随机偏差部分,是一个均值为零的正态随机过程,确定 $f(\alpha,\beta,t)$ 和 $\delta(t)$ 后即可得到性能退化过程。

　　式(5-20)中 $y(t)$ 为性能退化过程。若规定了性能下限 $y(t)\geqslant Y_L$,则根据电梯失效原理,当 $y(t)$ 随时间减小直到超过界限值 Y_L 时,电梯开始失效。因此,可以

通过 $y(t)$ 的演变规律推导电梯寿命 T 的分布规律 $F_T(t)$：

$$
\begin{aligned}
F_T(t) &= P(T \leqslant t) = P(y(t) \leqslant Y_L) \\
&= P\left[\frac{y(t) - \mu_{y(t)}}{s_{y(t)}} \leqslant \frac{Y_L - \mu_{y(t)}}{s_{y(t)}}\right] \\
&= \Phi\left[\frac{Y_L - \mu_{y(t)}}{s_{y(t)}}\right]
\end{aligned}
\tag{5-21}
$$

式中，$\Phi(\bullet)$ 为标准正态分布累积分布函数；$\mu_{y(t)}$、$s_{y(t)}$ 为性能参数均值、标准差。若规定性能上限，相应可以得到：

$$
\begin{aligned}
F_T(t) &= P(T \leqslant t) = P[r(t) \geqslant Y_U] \\
&= P\left[\frac{y(t) - \mu_{y(t)}}{s_{y(t)}} \geqslant \frac{Y_U - \mu_{y(t)}}{s_{y(t)}}\right] \\
&= 1 - \Phi\left(\frac{Y_U - \mu_{y(t)}}{s_{y(t)}}\right)
\end{aligned}
\tag{5-22}
$$

式中 Y_v 为性能上限。

若对性能指标同时规定上、下限，相应可有：

$$
\begin{aligned}
F_T(t) &= P(T \leqslant t) \\
&= P(y(t) \geqslant Y_U \text{ or } y(t) \leqslant Y_L) \\
&= P[y(t) \geqslant Y_U] + P[y(t) \leqslant Y_L] \\
&= \Phi\left(\frac{Y_L - \mu_{y(t)}}{\sigma_{y(t)}}\right) + 1 - \Phi\left(\frac{Y_U - \mu_{y(t)}}{\sigma_{y(t)}}\right)
\end{aligned}
\tag{5-23}
$$

则性能可靠度函数为：

$$
R(t) = 1 - F_T(t)
\tag{5-24}
$$

结合式(5-20)的退化模型，对分布参数 α、β 的估计即是对性能可靠性的评定。

通过对性能参数的测量并拟合曲线可以估计相应的退化部件的均值、方差等参数，进而得到电梯剩余使用寿命 T 的分布规律 $F_T(t)$，实现电梯剩余使用寿命预测。

（2）动态剪切应力轴承寿命理论

动态剪切应力轴承寿命理论（又称 Lundberg-Palmgren 失效理论模型，L-P 理论）假设了接触疲劳的裂纹是由承载表面下最大正交剪应力处产生的薄弱部分演化形成的[165]。根据这一假设，结合韦布尔概率强度理论可以较为容易地获得亚表面起始疲劳的体积存活率的概率分布。

（3）Paris-Erdogan 理论模型

工程结构的疲劳特征通常包括结构特征、应力应变历史、裂缝展开后的几何条件，以及所处环境条件等要素。按照裂缝的受力状态，一般可以将裂缝分成 3 个基本模式：张开裂缝（模式 I）、剪切裂缝（模式 II）和撕裂裂缝（模式 III）。裂缝扩张一般包括 3 个阶段,先形成核,再开始扩张阶段,继而进入稳定扩张阶段,然而一旦裂缝的扩张状态得不到有效控制,就会因失去平衡而步入不稳定状态扩张阶段,从而对材料使用性能产生不可逆的破坏,造成严重后果。工程断裂力学主要研究存在于初始裂缝中的物质、零件的结构在不同条件下的裂缝扩张状况和不稳定状态。在实际工况中通常将断裂宽度和裂缝扩张速度作为结构破坏的评价指标,用以评价疲劳断裂的寿命,例如 Paris-Erdogan 理论模型。

5.2.2 Lundberg-Palmgren 模型

20 世纪中叶,Lundberg 与 Palmgren 在韦布尔分布方程的基础上发表了多篇文章,他们的理论(L-P 理论)为后来发展轴承滚道和滚珠的剩余使用寿命预测理论起到很大的促进作用[166]。

基于 L-P 理论,以闭式 2RS 调心滚子轴承为例,对于滚子轴承的滚道,额定的动载荷为:

$$Q_{ck} = 552\lambda \frac{(1 \mp \gamma^*)^{\frac{29}{27}}}{(1 \pm \gamma^*)^{\frac{1}{4}} \left(\frac{\gamma^*}{\cos\alpha}\right)^{\frac{2}{9}}} \cdot D_{uc}^{\frac{29}{27}} L_c^{\frac{7}{9}} Z^{-\frac{1}{4}} \qquad (5-25)$$

式中,λ 为降档系数;"$\mp$"代表分别适合轴承的内滚道及外滚道;α 为圆锥滚子质心处的等效压力角;k 为接触面;γ^* 为结构特征参数,即 $\gamma^* = \frac{D_w}{D_{pw}}\cos\alpha$,$D_w$ 为滚动体中心所在直径,D_{pw} 轴承内圈直径。

轴承的内圈相对于外部的载荷在做旋转运动,则内圈的当量载荷可以表示为:

$$Q_{ci} = \left(\frac{1}{Z}\sum_{j=1}^{Z} Q_j^4\right)^{\frac{1}{4}} = \left(\frac{1}{2\pi}\int_0^{2\pi} Q_\varphi^4 \,\mathrm{d}\varphi\right)^{\frac{1}{4}} \qquad (5-26)$$

式中,Z 为单列滚子数;Q_j 为给定位移条件下轴承滚子与内圈接触处的载荷,φ 为轴承相对于惯性坐标系的角位移 Q_φ 为给定位移条件下轴承滚子与外圈接触处的载荷。

因此,轴承的内圈寿命为:

$$L_i = \left(\frac{Q_{ci}}{Q_{ck}}\right)^4 \qquad (5-27)$$

轴承的外圈相对于外部载荷处于静止状态,则外圈的当量载荷为:

$$Q_{c0} = \left(\frac{1}{Z}\sum_{j=1}^{Z} Q_j^{4.5}\right)^{\frac{1}{4.5}} = \left(\frac{1}{2\pi}\int_0^{2\pi} Q_\varphi^{4.5} \,\mathrm{d}\varphi\right)^{\frac{1}{4.5}} \qquad (5-28)$$

因此,轴承外圈的寿命为:

$$L_0 = \left(\frac{Q_{c0}}{Q_{ck}}\right)^4 \qquad (5-29)$$

综上,轴承的基本额定寿命为:

$$L_{10} = \left(L_i^{-\frac{9}{8}} + L_o^{-\frac{9}{8}} \right)^{-\frac{8}{9}} \tag{5-30}$$

修正之后的轴承额定寿命为:

$$L_{nm} = b_m^4 L_{10} \tag{5-31}$$

式中,i、o 分别为对应内外圈;修正系数 b_m 由轴承的类型决定。

双列圆锥滚子轴承的寿命计算为:

$$L_{nm} = \left(L_{nm1}^{-\frac{9}{8}} + L_{nm2}^{-\frac{9}{8}} \right)^{-\frac{8}{9}} \tag{5-32}$$

式中,L_{nm1}、L_{nm2} 分别为左侧轴承、右侧轴承修正之后的额定寿命。

为简化计算过程,Lundberg 和 Palmgren 提出了如下近似公式[167]:

$$Q_{ci} = Q_{\max} J_1$$

$$J_1 = \left\{ \frac{1}{2\pi} \int_{-\varphi_1}^{\varphi_1} \left[1 - \frac{1}{2\varepsilon}(1 - \cos\varphi) \right]^{4.4} d\varphi \right\}^{\frac{1}{4}} \tag{5-33}$$

$$J_2 = \left\{ \frac{1}{2\pi} \int_{-\varphi_1}^{\varphi_1} \left[1 - \frac{1}{2\varepsilon}(1 - \cos\varphi) \right]^{4.95} d\varphi \right\}^{\frac{2}{9}}$$

式中,J_1 和 J_2 分别为左侧轴承、右侧轴承的惯性矩;ε 为滚子的半锥角;Q_{ci}、Q_{co} 分别为内、外圈的当量载荷;$Q_{\max}$ 为滚子轴承最大当量载荷。

5.2.3 Paris-Erdogan 模型

由于不同设备发生故障的原理不同,因此,在根据物理模型进行剩余使用寿命预测时,选择不同的物理量来建立模型十分重要[168]。利用 P-E 模型(Paris-Erologan physical model)实现剩余使用寿命预测是最为典型的例子[169]。

P-E 模型[170]可以表示为如下:

$$\frac{da}{dN} = D\Delta K^m \tag{5-34}$$

式中,D、m 为材料常数;K 为强度因子 a 为裂纹长度;N 为应力循环次数;da/dN 为材料裂纹扩展率常数。由于当该模型下推至近门槛值 ΔK_{th} 区域时,其扩展率过高,不能描述物理上长裂纹扩展率向下趋于 ΔK_{th} 的行为,因而可采用双线性扩展率模型来修正:

$$\frac{da}{dN} = D_A \Delta K_A^{m_A} \tag{5-35}$$

$$\frac{da}{dN} = D_B \Delta K_B^{m_B} \tag{5-36}$$

式中,D_A、m_A、D_B、m_B 为材料常数;k_A 为裂纹深处 A 的应力强度因子,K_B 为裂纹

深处 B 的应力强度因子。这一模型已写入《金属结构裂纹验收评定方法指南》(BS 7910)[171]。

如果含有裂纹板的面积无限大,则 f 等于一个常数。在恒幅载荷作用下,由 Paris 模型有:

$$\int_{a_0}^{a_c} \frac{\mathrm{d}a}{C\left(f\Delta\sigma\sqrt{\pi a}\right)} = \int_0^{N_c}\mathrm{d}N \tag{5-37}$$

使用相似的形式来近似计算:

$$N = \frac{a_N - a_0}{c\left(\Delta k\right)^m} \cdot \frac{a_0}{a_N} \tag{5-38}$$

式(5-38)即目前《压力容器缺陷评定规范(CVDA—1984)》所使用的疲劳评价公式,它描述了裂纹宽度由 a_0 延伸至 a_N 所经历的应力循环次数 N。在预测裂纹寿命时,对初始裂纹宽度 a_0 的测量十分关键,因此需要精确且全面地检测设备出现裂纹的情况。

部分疲劳裂纹扩展速率方程需要考虑应力比的影响。同时材料的断裂韧性也应作为重要考虑因素:

$$\frac{\mathrm{d}a}{\mathrm{d}N} = \frac{c\left(\Delta k\right)^m}{(1-R)k_c - \Delta k} \tag{5-39}$$

式中,k_c 为断裂韧性,$k = K_{\min}/K_{\max}$。

式(5-39)描述了裂纹扩展速率和应力比的关系,考虑峰值载荷时的应力强度因子 $K_{\max}$ 的影响,关系为

$$\frac{\mathrm{d}a}{\mathrm{d}N} = C\left[(1-R)^m K_{\max}\right]^n \tag{5-40}$$

式中的 3 个材料参数 C、m、n 可通过实验数据拟合得到。通常情况下,疲劳裂纹扩展寿命会因负应力的增大而缩短。

虽然 L-P 理论被广泛接受,但它仍然受到某些限制,具体表现为该理论完全忽略了源自表面层的失效可能性和表面润滑的影响。P-E 模型虽然方法简单,但适用性较差,通常用于粗略计算。在此基础上,一些研究人员将影响材料裂纹扩展的因素(如应力比、温度、频率等)量化为具体的参数,使得裂纹扩展表达式,即 P-E 模型能更直观、更精确地反映裂纹扩展的情况。

5.2.4　应用实例(电梯制动器)

电梯制动器是保障电梯安全的重要装置之一,其性能的退化将直接影响电梯的运行安全,引发安全事故。当电梯即将到达对应楼层时,电磁线圈断电,曳引机

开始减速,曳引轮的转速降至极低,闸瓦片在弹簧压力的作用下收拢,紧紧抱住制动轮,利用摩擦力完成制动。闸瓦片磨损、制动力矩不足等原因都会导致制动失效。

电梯制动器结构复杂且紧凑。在工作速度下,由于电梯制动器的结构、材料、受到的载荷各有不同,因此实验得到的应力分布也不同。我们经过 15000 次抽样计算和应力分布拟合优度检验,可以确定电梯制动系统危险断面的应力分布类似于正态分布,其均值和标准差通过最大似然法计算分别为 524.481MPa 和 3.818MPa。

我们利用退化失效模型对电梯制动器可靠寿命进行了预测,电梯制动器可靠度的估算结果如图 5-4 所示。结果表明,在正常工作压力下,使用 3 年后电梯制动器可靠度为 0.9963,5 年后为 0.9957,10 年后为 0.9908。

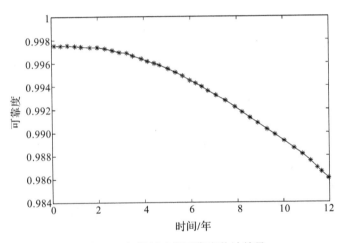

图 5-4　电梯制动器可靠度估计结果

通过电梯制动器加速寿命实验可构建因综合累积损伤而导致的强度退化失效模型。利用退化失效模型进行剩余使用寿命预测,可以有效提高电梯制动器可靠寿命的预测精度。

综上所述,在确定引发电梯退化的物理机制,并且能够准确建立物理模型的情况下,运用物理模型方法可以得到高置信度的预测结果。然而,实际情况下难以获得准确的物理模型,模型参数需要通过大量的实验估计得到,因此一般建立的模型与真实的失效机理存在一定偏差,基于物理模型的剩余使用寿命预测方法的研究难度较大,难以迁移至其他问题上。

5.3 基于统计模型的电梯剩余使用寿命预测方法

5.3.1 Wiener 模型

(1)方法原理

Wiener 模型也被称为布朗运动过程,其将非线性系统(如电梯运行过程)看作一个线性系统后接非线性增益所组成的模型。离散的 Wiener 模型描述如下:

$$A(q^{-1})x(k) = q^{-1}B(q^{-1})u(k) \tag{5-41}$$

$$y(k) = f[x(k)] + e(k) \tag{5-42}$$

式中,$f(k)$ 为非线性模型;$u(k)$ 为动态线性模块的输入而 $x(k)$ 是输出;$y(k)$ 为 Wiener 模型的输出;$e(k)$ 为白噪声;k 为采样时间;q 为扩散参数;A 为 Wiener 模型的值。

对于 Wiener 模型,传统的辨识方法是采用各种最小二乘法来分析系统的输入输出信号。然而近年来,也有研究人员出于研究目的采用特殊的辨识输入信号(如伪随机 M 序列、重复 M 序列以及各种不同的幅值的周期性脉冲信号)以获得对系统模型的估计。

Wiener 模型分为不同的种类,本章采用 Wiener 模型进行电梯寿命剩余使用预测分析,该模型具有漂移特性。假设 $\{B(t); t>0\}$ 是电梯剩余使用寿命预测中标准的 Wiener 模型,其中,模型中的漂移参数为 α,扩散参数为 β,则该 Wiener 模型具有以下性质:ⓐ$W(0)=0$;ⓑ$\{W(t); t>0\}$ 具有平稳独立增量,且增量为 $W(t+\Delta t) - W(t) \sim N(\alpha\Delta t, \beta\Delta t)$;ⓒ对 $\forall W(t)$ 服从方差为 $\beta^2 t$,均值为 αt 的正态分布。

因此,带漂移的 Wiener 模型可以表示成:

$$W(t) = \alpha t + \beta B(t) \tag{5-43}$$

式中,W 为 Wiener 模型的值;$B(t)$ 为标准布朗运动。

由于 $t \sim t+\Delta t$ 时刻之间的增量 ΔW 服从正态分布,因此增量 ΔW 的值既可以为正也可以为负,说明 Wiener 模型不是严格正则,由此可以准确表示出电梯的劣化过程。

(2)数据预处理与参数选择

由于测试过程存在各种误差,上文采用的带漂移的 Wiener 模型建模是一种理想的过程,因此假设在 t 时刻测得的钢丝绳性能实际退化量为 $X(t)$,而测量值为 $Y(t)$,测量误差为 δ,则有:

$$Y(t) = X(t) + \delta \tag{5-44}$$

为了简化运算，一般默认 δ 为 0，则有：

$$Y(t) = X(t) \tag{5-45}$$

由于钢丝绳的退化趋势具有随机性，用带漂移的 Wiener 过程进行描述，则有：

$$X_k(t) = \alpha t + \beta B(t) \tag{5-46}$$

式中，$X_k(t)$ 为钢丝绳在 t 时刻的耐久性退化量；k 取 1 或者 2，分别对应着腐蚀电流密度退化量和动弹性模量退化量；α 为耐久性漂移系数；β 为耐久性退化阶段的扩散系数，$B(t)$ 为标准 Wiener 模型函数，$E[B(t)] = 0$，$E[B(t_1)B(t_2)] = \min(t_1, t_2)$。

假设钢丝绳的失效阈值为 $D_{fk}(D_{fk} > 0)$，T 为随机过程中铜丝绳失效状态首次达到或超过 D_{fk} 的时刻，则有：

$$T = \inf\{t \mid X_k(t) > D_{fk}, t \geqslant 0\} \tag{5-47}$$

记 t 时刻 $X_k(t)$ 的概率密度函数为 $f(x_k, t)$，则钢丝绳试件在 t 时间内不失效的概率为：

$$P\{T > t\} = P\{X_k(t) < D_{fk}\} = \int_{-\infty}^{D_{fk}} f(x_k, t)\mathrm{d}x \tag{5-48}$$

式中，X_k 为概率。

由式(5-48)可以看出，只要求出 $f(x_k, t)$，就可以得到寿命 T 的分布规律。

利用 Fokker-Planck 方程便可得到密度函数的形式，为：

$$f(x, t) = \frac{1}{\beta \sqrt{2\pi t}} \left\{ \exp\left[-\frac{(x - \alpha t)^2}{2\beta^2 t} \right] - \exp\left(\frac{2\alpha D_{fk}}{\beta^2} \right) \times \exp\left[-\frac{(x - 2D_{fk} - \alpha t)^2}{2\beta^2 t} \right] \right\}$$

$$\tag{5-49}$$

将式(5-49)代入式(5-48)，最终得到分布函数：

$$F_T = \Phi\left(\frac{\alpha t - D_{fk}}{\beta \sqrt{t}} \right) + \exp\left(\frac{2\alpha D_{fk}}{\beta^2} \right) \Phi\left(\frac{-D_{fk} - \alpha t}{\beta \sqrt{t}} \right) \tag{5-50}$$

（3）基本算法流程

在工程实践中，电梯的退化过程是不固定的。为了使这类退化数据能被 Wiener 模型描述，应先将数据进行线性变换，然后使用 Wiener 模型的漂移系数随机化处理，从而完整描述电梯服役退化过程中的随机特性。

上述 Wiener 模型的漂移是时间的线性函数，考虑如下重复运行的 Wiener 非线性时变系统，其线性动态子系统描述为：

$$A(q^{-1}, t) r_k(t) = B(q^{-1}, t) u_k(t) \tag{5-51}$$

加入噪声量后，应为：

$$x_k(t) = r_k(t) + v_k(t) \tag{5-52}$$

进一步动态非线性系统可描述为：

$$y_k(t) = f[x_k(t), t] \tag{5-53}$$

式中，$u_k(t)$和$y_k(t)$分别为系统第k次运行的输入和输出；$f(\cdot)$为非线性函数；$r_k(t)$为线性系统第k次运行的输出；$x_k(t)$是未知的中间变量；$v_k(t)$为均值为0、方差为σ^2的白噪声序列。$A(q^{-1},t)$和$B(q^{-1},t)$为延迟算子为q^{-1}的时变多项式，具体形式为：

$$A(q^{-1},t)=1+a_1(q^{-1},t)+a_2(q^{-1},t)+\cdots+a_{n_a}(t)q^{-n_a} \tag{5-54}$$

$$B(q^{-1},t)=a_1(q^{-1},t)+b_2(q^{-1},t)+\cdots+b_{n_b}(t)q^{-n_b} \tag{5-55}$$

假设非线性函数$f(\cdot)$可逆，$A(q^{-1},t)$和$B(q^{-1},t)$的阶数已知，则反函数$x=f^{-1}(y)$用多项式展开表示为：

$$x_k(t)=f^{-1}[y_k(t),t]=\sum_{t=1}^{m}c_t(t)y^t(t) \tag{5-56}$$

由式(5-54)和式(5-55)可得：

$$A(q^{-1},t)x_k(t)=B(q^{-1},t)u_k(t)+A(q^{-1},t)v_k(t) \tag{5-57}$$

进一步推算，可得

$$
\begin{aligned}
x_k(t) &= [1-A(q^{-1},t)]x_k(t)+B(q^{-1},t)u_k(t)+A(q^{-1},t)v_k(t)\\
&= -\sum_{i=1}^{n_a}a_i(t)x_k(t-i)+\sum_{j=1}^{n_b}b_j(t)u_k(t-j)+\sum_{i=1}^{n_a}a_i(t)v_k(t-i)+v_k(t)\\
&= \sum_{i=1}^{n_a}a_i(t)[v_k(t-i)-x_k(t-i)]+\sum_{j=1}^{n_b}b_j(t)u_k(t-j)+v_k(t)
\end{aligned}
\tag{5-58}
$$

联立式(5-57)和式(5-58)可得

$$\sum_{i=1}^{n_a}a_i(t)[v_k(t-i)-x_k(t-i)]+\sum_{j=1}^{n_b}b_j(t)u_k(t-j)+v_k(t)=\sum_{t=1}^{m}c_t(t)y^t(t) \tag{5-59}$$

由于$x_k(t)[r_k(t)]$无法测量，因此式(5-59)也无法直接计算。这里将式(5-59)左边部分的系数分成2个部分，再假设非线性部分的第1项系数$c_1(t)=1$，则式(5-59)可以变换为：

$$y_k(t)=\sum_{i=1}^{n_a}a_i(t)[v_k(t-i)-x_k(t-i)]+\sum_{j=1}^{n_b}b_j(t)u_k(t-j)-\sum_{t=2}^{m}c_t(t)y_k^t(t)+v_k(t) \tag{5-60}$$

定义参数矢量：

$$\boldsymbol{\theta}_{1,k}(t)=[a_1(t),a_2(t),\cdots,a_{n_a}(t),b_1(t),b_2(t),\cdots,b_{n_b}(t)]^{\mathrm{T}}\in R^{n_1},$$
$$n_1=n_a+n_b,$$
$$\boldsymbol{\theta}_k(t)=[a_1(t),a_2(t),\cdots,a_{n_a}(t),b_1(t),b_2(t),\cdots,b_{n_b}(t),c_1(t),c_2(t),\cdots,c_m(t)]^{\mathrm{T}}\in R^n \tag{5-61}$$

信息矢量为：

$$\boldsymbol{\varphi}_{1,k}(t) = \big[v_k(t-1) - x_k(t-1), v_k(t-2) - x_k(t-2), \cdots, v_k(t-n_a)$$
$$- x_k(t-n_a), u_k(t-1), u_k(t-2), \cdots, u_k(t-n_b)\big]^{\mathrm{T}} \in R^{n_1} \quad (5\text{-}62)$$

$$\boldsymbol{\varphi}_k(t) = \big[\boldsymbol{\varphi}_{1,k}^{\mathrm{T}}(t), -y_k^2(t), -y_k^3(t), \cdots, -y_k^m(t)\big] \in R^n$$

根据式(5-58)~(5-60)，可以获得回归形式：

$$x_k(t) = \boldsymbol{\varphi}_{1,k}(t)\boldsymbol{\theta}_{1,k}(t) + v_k(t)$$
$$y_k(t) = \boldsymbol{\varphi}_k(t)\boldsymbol{\theta}_k(t) + v_k(t) \quad (5\text{-}63)$$

通过反复迭代可以简化非正常过程中的参数估计过程。动态系统在有限的时间间隔内反复运行时，其时变参数随时间变化，但变化规律相同，固定时间对应一个固定参数。

5.3.2　Gamma 模型

（1）方法原理

Gamma 过程是随机过程理论中一类重要过程——莱维过程的一种[172]，其增量服从独立的 Gamma 分布且具有独立、非负的特性，因此可以用于描述单调递增的变化过程。

变量服从 Gamma 分布，即 $Y \sim \mathrm{Gamma}(\alpha, \lambda)$，其概率公式如下：

$$\int y(x) = \begin{cases} \dfrac{\lambda^a x^{a-1} \mathrm{e}^{-\lambda x}}{\Gamma(a)}, & x > 0 \\ 0, & \text{其他} \end{cases} \quad (5\text{-}64)$$

式中，参数 a 为形状参数；λ 为逆尺度参数。

假设电梯退化服从 Gamma 过程，则任意 t 时刻产品的连续退化量 $x(t)$ 服从 Gamma 分布，即：

$$y(t) = \begin{cases} Ga(k_0 t, \lambda_0), & t < t_0 \\ Ga(k_1 t, \lambda_1), & t > t_0 \end{cases} \quad (5\text{-}65)$$

式中，k_t 为形状参数；λ 为尺度参数；Ga 为 Gamma 分布。

（2）数据预处理与参数选择

根据上述假设，电梯从正常状态开始退化，退化过程服从参数为 (k_0, λ_0) 的 Gamma 过程，则电梯性能退化量的均值和方差分别为

$$E = \mu_0 t, t < t_0 \quad (5\text{-}66)$$

$$\mathrm{Var} = \sigma_0^2 t, t < t_0 \quad (5\text{-}67)$$

式中，$\mu_0 = k_0/\lambda_0$；$\sigma_0 = \sqrt{k_0}/\lambda_0$；$E$、$\mathrm{Var}$ 分别为电梯性能退化量的均值和方差。

在加速退化状态下,电梯性能从 t_0 时刻的 $x(t_0)$ 开始退化。假设加速退化态下的退化过程服从参数为 (k_1,λ_1) 的 Gamma 过程,因此有:

$$E = \mu_0 t_0 + u_1(t - t_0) \quad t > t_0 \tag{5-68}$$

$$\mathrm{Var} = \sigma_0^2 t_0 + \sigma_1^2(t - t_0) \quad t > t_0 \tag{5-69}$$

式中,$\mu_1 = k_1/\lambda_1$;$\sigma_1 = \sqrt{k_1}/\lambda_1$。

假设电梯退化量的方差随时间呈线性变化,则电梯整个生命周期内产品退化量的均值和方差可以表示为:

$$E = \begin{cases} \mu_0 t, & t < t_0 \\ \mu_0 t_0 + \mu_1(t - t_0), & t > t_0 \end{cases} \tag{5-70}$$

$$\mathrm{Var} = \sigma^2 t \tag{5-71}$$

Gamma 过程适用于预测比较简单的概率问题,但电梯实际运行工况复杂,仅靠单一性能指标难以全面、准确地反映电梯或其他机械产品的磨损过程。

(3)基本算法流程

电梯制动器受到的物理损伤超过一定阈值后即会发生故障。Gamma 过程因为具有平稳、独立增量等优点,所以在描述设备退化过程时可作为首选方法。另外,电梯设备退化往往是不断加剧的(如磨损、腐蚀、裂纹增长等),因此采用 Wiener 模型描述退化过程不能保证状态变化的单调性。剩余使用寿命预测是电梯性能实时检测及维护的重要组成部分,在此,基于 Gamma 过程构建电梯关键零部件(如制动器)的退化状态空间模型进行剩余使用寿命预测。

基于 Gamma 过程的电梯制动器剩余使用寿命预测算法步骤如下。

①通过对融合后状态监测信息进行提取电梯制动器性能衰退程度的期望值和方差计算结果。

②利用均值和方差计算尺度参数 λ。

$$E[\omega(t)] = \frac{kt^v}{\lambda} \tag{5-72}$$

$$\mathrm{Var}[\omega(t)] = \frac{kt^v}{\lambda^2} \tag{5-73}$$

式中,$\omega(t) = y(t) - y(t_0)$,表示 t 时刻到 t_0 时刻的累计退化量;k 和 v 分别为形状参数 $\alpha(t)$ 的参数。

③计算形状参数 $\alpha(t)$ 的参数 k 和 v。$\alpha(t)$ 是随时间变化的参数,根据若干次监测信息的均值和采集监测信息的时间,对式(5-73)求对数后,可对此模型进行线性回归,计算得到 $\hat{k}$ 和 $\hat{v}$。

④计算性能可靠度即：

$$R(t) = \int_0^\varepsilon f_w(\xi)\mathrm{d}\xi = \int_0^\varepsilon \frac{\lambda^{kt^v}}{\Gamma(kt^v)}\xi^{kt^v-1}\,\mathrm{e}^{-\lambda\xi}\,\mathrm{d}\xi \tag{5-74}$$

式中，α 和 λ 分别为形状参数和尺度参数，α 随性能衰退过程的改变而改变，假设 α 的期望值与时间的幂成正比，即 $\alpha(t)=kt^v$。将计算得到的参数 $\hat{\lambda}$、$\hat{k}$ 和 $\hat{v}$ 代入式 (5-74)，即可计算出给定阈值下的性能可靠度。

⑤确定可靠度阈值和剩余使用寿命。可靠度相比性能参数，能够保证剩余使用寿命的准确性，因此在指定可靠度阈值（如 90%）预测剩余使用寿命更加可靠。计算过程中，如依据性能衰退监测结果计算出的可靠度低于规定的可靠度阈值，则计算停止；如依据性能参数衰退监测结果计算出的可靠度高于规定的可靠度阈值，则依据式(5-74)，采用 Monte-Carlo 仿真方法计算电梯的剩余使用寿命。

5.3.3　马尔可夫模型

(1)方法原理

马尔可夫(Markov)链是指时间、状态都是离散的马尔可夫过程。具体来说，在概率空间(Ω、F、P)内，以一维可数集为指数集的原始数据$\{X_n,n>0\}=\{X_n:n>0\}$，若随机变量的取值都在可数集内，$X=s_i,s_i\in S$，且随机变量的条件概率满足如下关系：

$$p(X_{t+1}\,|\,X_t\cdots X_{t+n})=p(X_{t+1}\,|\,X_t) \tag{5-75}$$

则 X 被称为马尔可夫链，可数集 $S\in\mathbb{Z}$ 被称为状态空间。

式(5-75)定义了马尔可夫链及其"无记忆性"的性质，该性质是指 $t+1$ 步的随机变量在第 t 步后与其余的随机变量条件独立，即 $X_{t+1}\perp(X_{t-1},X_0)\,|\,X_t$。在此基础上马尔可夫链对任意的停时前后的状态相互独立。

采用一种固定的方法研究复杂工况下的电梯运行过程是很困难的。马尔可夫链理论模型通过概率估计反映系统的不确定性，计算结果更加客观可靠，应用于电梯剩余使用寿命预测具有很大工程价值。

隐马尔可夫模型(HMM)是描述包含隐式未知参数(可通过观察确定)的马尔可夫过程的统计模型。在确定参数后可用于进一步分析，例如模式识别等。

隐马尔可夫模型可以用 5 个元素来描述，包括 2 个状态集合和 3 个概率矩阵。

1)隐含状态 S

这些状态满足马尔可夫性质，是模型中实际所隐含的状态，通常无法直接观测得到。

2)可观测状态 O

在模型中与 S 相关联,可通过直接观测而得到(如 O_1、O_2、O_3 等),值得注意的是,S 和 O 的数量不一定相等。

3)初始状态概率矩阵 $\boldsymbol{\Pi}$

表示隐含状态在初始时刻 $t=1$ 的概率矩阵。

4)隐含状态转移概率矩阵 $\boldsymbol{A}$

描述了 HMM 模型中各个状态之间的转移概率。矩阵 $\boldsymbol{A}$ 中 $A_{ij}=P(S_j|S_i)$,$1 \leqslant i,j \leqslant N$,表示在 t 时刻、状态为 S_i 的条件下,在 $t+1$ 时刻状态是 S_j 的概率。

5)观测状态转移概率矩阵 $\boldsymbol{B}$

令 N 代表隐含状态数目,M 代表可观测状态数目,则有:

$$B_{ij}=P(O_i|S_i),1 \leqslant i \leqslant M,1 \leqslant j \leqslant N \tag{5-76}$$

式(5-76)表示在 t 时刻、隐含状态为 S_j 条件下,观察状态为 O_i 的概率。

通常情况下,以 $\lambda=(A,B,\Pi)$ 三元组来简洁地表示一个隐马尔可夫模型,相比于原模型,在马尔可夫链理论模型基础上增加了可观测状态集合和状态与隐含状态之间的概率关系,其中的难点是如何找出实际情况中隐含的参数,当实际情况较为复杂时,该模型也很难适用。

(2)数据预处理与参数选择

如果记 $\boldsymbol{P}(n)=[p_1(n),p_2(n)]$,$i \in E$ 为一行矩阵,且 $\boldsymbol{P}(0)=[p_1(0),p_2(0),\cdots,p_i(0)]$,$i \in E$,为初始分布构成的行矩阵,则有:

$$\boldsymbol{P}(n)=\boldsymbol{P}(0)p^{(n)}=\boldsymbol{P}(0)p^n \tag{5-77}$$

式中,$p^{(n)}$ 为马尔可夫链的 n 步转移概率矩阵,$\boldsymbol{P}$ 为一步转移概率矩阵。

式(5-77)说明了 $p^{(n)}$ 由 $\boldsymbol{P}$ 唯一确定,即一个马尔可夫链的概率分布完全由它的一步概率矩阵与初始分布决定。

(3)基本算法流程

假设现在有一台电梯,它每一天可能的状态有 2 种:正常工作状态和磨损工作状态。如果要知道该电梯第 n 天后的状态是磨损工作还是正常工作,这些状态发生的概率分别是多少,首先需要知道每一天的状态转移的概率。

如表 5-2 所示,矩阵中的列为当前状态,行为第 2 天状态,以此建立一个固定不变的转移概率矩阵 $\boldsymbol{P}$,通过该矩阵和前一天的状态分布,就可以推出第 n 天的状态分布了,假设第一天的状态概率为:

正常 $=0.9$,磨损 $=0.1$

记为 $\boldsymbol{S}_1=(0.9,0.1)$

则第 2 天的状态为：

$$S_2 = S_1 \times P \tag{5-78}$$

式中，P 为转移概率矩阵，计算得到 $S_2 = (0.75, 0.25)$。

第 3 天的状态为：

$$S_3 = S_2 \times P \tag{5-79}$$

以此类推即可得到第 n 天的状态 S_n。

表 5-2　电梯工作状态概率

工作状态	正常	磨损
正常	0.8	0.2
磨损	0.3	0.7

5.3.4　应用实例

（1）数据收集

实验通过收集电梯制动器的历史数据并加以分析，验证上述 Gamma 磨损退化模型的正确性。对制动器的全寿命磨损退化数据进行了分析，发现制动器摩擦片的累积磨损失效临界值为 $3000\mu m$，制动器运行引起的磨损平均为 $0.1786\mu m/$次，方差为 $0.2949\mu m/$次，每一次制动的磨损增加量可用图 5-5 表示。

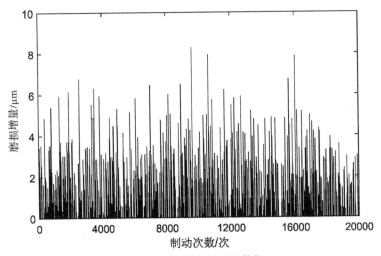

图 5-5　制动器磨损增量数据

16398 次制动的累积磨损量是 $3000.09\mu m$，此时制动器摩擦片的磨损寿命已达最大值，如图 5-6 所示。

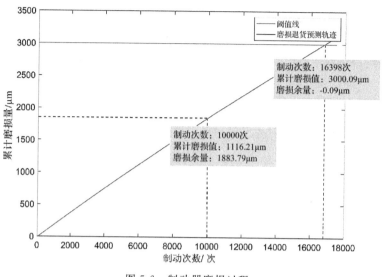

图 5-6　制动器磨损过程

（2）剩余使用寿命预测

基于图 5-6，我们对电梯制动器进行剩余使用寿命预估，当制动次数到达 6000 次时，累积的磨损量约为 $1116.21\mu m$，再不断进行制动直至磨损量到达阈值 X_{ceil}（$3000\mu m$），并预测这段过程内的剩余使用寿命。由于 Gamma 过程具有单调性和增量独立性，可使用 MATLAB 中的 gam-pdf 函数求出制动时刻相应的概率密度函数值，进而绘制 RUL-pdf（概率密度函数）分布曲线，如图 5-7 所示。

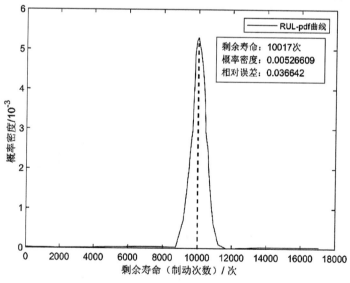

图 5-7　累计制动次数为 6000 次时的 RUL-pdf 曲线

通过模拟计算得出,制动次数为 6000 次时,用磨损寿命最大值时的总制动次数(16398)减去已制动次数(6000)得到实际剩余使用寿命为 10398 次。通过图 5-7 中的函数曲线分析制动器的工作可靠性后,得到制动的剩余使用寿命分布,如图 5-8 所示。

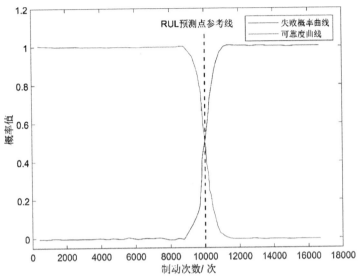

图 5-8　累计制动次数为 6000 次时的剩余使用寿命分布

(3)结果对比

每个观察时间的 RUL 预测曲线如图 5-9 所示,预测值和实际值相差不大。结果表明,该 Gamma 模型对电梯制动器的磨损过程有着较好的预测效果。

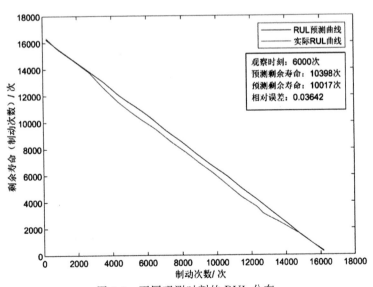

图 5-9　不同观测时刻的 RUL 分布

5.4 基于人工智能/深度学习的电梯 剩余使用寿命预测方法

5.4.1 健康因子分析

(1)物理健康指标

1)无量纲指标

一般可以简单判断物理量是否与单位有关来确定是否为量纲。电梯关键零部件剩余使用寿命预测用到的无量纲指标主要包括峭度、波形、脉冲以及裕度等。无量纲指标能直接从信号中获取,基本不需要处理和变换数据,且不受转速、负载等因素的影响[173]。此外,无量纲指标对振动信号的幅值等变化不敏感,能够用来较好地对故障部位进行区分和有效地诊断。

①峭度

峭度是反映随机分布特征的数值统计量,峭度指标是一种具有时域特征的无量纲指标,与电梯关键零件(如轴承)的尺寸、转速等无关。此外,峭度对强冲击信号非常敏感,常用于判断冲击损伤等问题,特别是对零件早期失效的判断比较适用。

一般认为峭度平均值接近 3 时,符合规格的零件处于正常运转状态,基本不会发生故障。随着时间的推移,振动信号幅值有偏离正态分布的趋势,峭度指标值也随之增大,整体幅值也不再符合正态分布[174]。当峭度指标值大于 8 时,认为电梯关键零部件发生较大故障。其表达式如下:

$$k = \frac{\dfrac{1}{n\sum\limits_{i=1}^{n}(x_i-\overline{x})^4}}{\left(\dfrac{1}{nn\sum\limits_{i=1}^{n}(x_i-\overline{x})^2}\right)^2} \tag{5-80}$$

式中,$\overline{x}$ 为信号均值;x_i 为离散信号幅值;n 为采集的信号数量。

②波形

波形指标反映电梯振动信号与正弦波相比偏移的距离或变形的程度,对故障信号的敏感性较差,但随着故障次数的增多其稳定性不会发生较大改变。与另外无量纲指标相比,波形指标稳定性最好,对低频故障信号有着较好的敏感性。表达式如下:

$$S_f = X_{rms}/\overline{X} \tag{5-81}$$

式中，$\overline{X}$ 为信号均值；X_{rms} 为均方根值。

③脉冲

脉冲指标通常用来检测是否有电梯冲击故障信号，其能较好地反映冲击信号幅值的大小。当冲击源较多时，脉冲值也会受到影响。与峭度指标一样，脉冲指标对早期故障比较敏感。其表达式如下：

$$C_f = \frac{X_{peak}}{\overline{X}} \tag{5-82}$$

式中，X_{peak} 为峰值；$\overline{X}$ 为信号均值。

④裕度

裕度指标对局部冲击造成的电梯故障比较敏感，随着故障次数的增加和故障范围的扩大，裕度指标值会下降，导致无法对故障进行有效判断[175]。裕度指标稳定性较差，但相对峭度指标仍更稳定。与峭度指标一样，裕度指标同样适用于对电梯早期故障的判断，其表达式如下：

$$C_e = \frac{X_{peak}}{X_r} \tag{5-83}$$

式中，X_{peak} 为峰值；X_r 为方根幅值。

$$X_r = \left(\frac{1}{n} \sum_{i=1}^{n} \sqrt{|x_i|} \right)^2 \tag{5-84}$$

式中，x_i 为离散信号幅值；n 为采集的信号数量。

上述 4 种指标由于自身特性的不同，在对电梯关键零部件的故障诊断过程中所起到的作用也不尽相同。裕度指标、脉冲指标在对低频和中频故障的判断上相对敏感，峭度指标次之，波形指标最差[176]。除波形指标外，其余指标都能较为敏感地判别冲击类故障。波形指标虽然对故障诊断的能力较差，但其稳定性较好。进行早期故障诊断时峭度指标和脉冲指标较为敏感，但两者稳定性均较差[177]。

2)有量纲指标

有量纲指标主要包括最大值、最小值、均值、均方根与标准差等。有量纲指标通常会受到负载、转速等条件的影响，在实际情况中应用存在一定困难。

①最大值

最大值反映振动信号的瞬时最大幅值，对电梯冲击类故障比较敏感，也适用于早期故障诊断。其表达式如下：

$$X_{max} = \max\{|X_i|\} \tag{5-85}$$

②最小值

最小值反映振动信号的瞬时最小幅值，与最大值相同，对电梯冲击类故障比较

敏感,适用于早期故障诊断。其表达式如下:

$$X_{\min} = \min\{|X_i|\} \tag{5-86}$$

③均值

均值指标一般用来判断电梯振动信号的稳定性,反映特定区间内信号整体趋势和离散程度。其表达式如下:

$$\mu_x = \lim_{T \to \infty} \frac{1}{T} \int_0^T x(t) \, dx \tag{5-87}$$

其离散形式为:

$$\overline{X} = \frac{1}{N} \sum_{i=1}^{N} x_i \tag{5-88}$$

式中,x_i 为离散信号幅值;$\overline{X}$ 为信号均值;T 为时间;N 为 X_i 的个数。

④均方根

均方根也被称为有效值,常用于判断电梯运行状态是否稳定,其对早期故障的幅值不够敏感,但由于较为稳定的特性,均方根值能反映振动信号的能量,所以当实际情况下的有效值超出正常水平时,可判断电梯存在故障。其表达式如下:

$$X_{\mathrm{rms}} = \sqrt{\frac{1}{N} \sum_{i=1}^{N} x_i^2} \tag{5-89}$$

⑤标准差

标准差是方差的算术平方根,能用于反映一个数据集的离散程度。

$$X_{\sigma} = \sqrt{\frac{1}{N-1} \sum_{i=1}^{N} (x_i - \overline{X})^2} \tag{5-90}$$

式中,$\overline{X}$ 为信号均值;x_i 为离散信号幅值 T 为时间;N 为 x_i 的个数。

⑥频谱熵

频谱熵是一种信号分析方法,可以用于描述电梯信号的复杂性和规律性,对于一些故障比较敏感。频谱能量为时频分析技术处理得出的结果,相应地,每一个时间点的频谱熵的定义为:

$$H = -\sum_{k=1}^{N} p_k \log_2 p_k \tag{5-91}$$

式中,p_k 为子帧的频谱能量。

⑦Renyi 熵

Renyi(雷尼)熵是描述电梯信号所代表的信息的一种方法,可以有效反映信号的特征和复杂程度。如不同设备的运行状态不同,其内在的复杂性越大,相应的Renyi 熵就越大[178]。在面对某些具体的故障信号时,时频带内振动信号也会发生较大的变化,Renyi 熵对信号的变化比较敏感,且能识别信号的细微变化。因此,Renyi 熵对于信号的特征识别以及复杂故障的变化判断较准。其定义式如下:

$$R = \frac{1}{1-\alpha} \sum_{i=1}^{n} \lg k^a \tag{5-92}$$

式中,k^a 为 $X=x_i$ 的概率密度 $\sum k_i = 1$;$\alpha \geqslant 0$ 且 $\alpha \neq 1$。

一般而言,最大值和最小值指标适用于瞬时冲击的故障诊断,但稳定性和敏感性较差,在实际电梯故障诊断中应用较少。均方根用于衡量振动强度,稳定性较好,适用于均匀磨损类等振动能量强烈且无冲击的故障。标准差适用范围与均方根相同,但其敏感度较差。有量纲特征幅值均会随着故障的程度严重而改变,现实环境和设备的工作条件对有量纲指标的影响较大[179]。

(2)虚拟健康指标

1)马氏距离

马氏距离可用于反映 2 个样本集之间的相似度,并能有效计算样本集间的最近距离[180]。与其他指标不同,其独立于测量尺度外,能考虑各个特性的影响,排除量纲相关性的干扰[181]。总的来说,马氏距离适合观测和计算样本集间的距离,适用于电梯的故障诊断。

例如 $\boldsymbol{X}=(\boldsymbol{X}_1,\boldsymbol{X}_2,\cdots,\boldsymbol{X}_n)$ 是 n 维随机向量,多维向量 $\boldsymbol{X}$ 的马氏距离如下:

$$D(\boldsymbol{X}) = \sqrt{(\boldsymbol{X}-\boldsymbol{\sigma})^{\mathrm{T}} \boldsymbol{\gamma}^{-1} (\boldsymbol{X}-\boldsymbol{\sigma})^{\mathrm{T}}} \tag{5-93}$$

式中,$\boldsymbol{\sigma}$ 为马氏距离均值向量;$\boldsymbol{\gamma}$ 为 $\boldsymbol{X}$ 与 $\boldsymbol{\delta}$ 的协方差矩阵。

$$\boldsymbol{\sigma} = \frac{1}{n} \sum_{i=1}^{n} \boldsymbol{X}_i \tag{5-94}$$

$$\boldsymbol{\gamma} = \frac{1}{n} \sum_{i=1}^{n} (\boldsymbol{X}_i - \boldsymbol{\sigma})(\boldsymbol{X}_i - \boldsymbol{\sigma})^{\mathrm{T}} \tag{5-95}$$

式中,$\boldsymbol{X}_i$ 为离散信号幅值;n 为采集的信号数量。

2)KL 散度

KL 散度也被称作 KL 距离,用于判别 2 个样本集分布之间的差距,差距越小,KL 散度越小。利用 KL 散度能有效避免不同时刻变量故障诊断结果的影响,且能排除随机因素的干扰,提高监测的可靠性[182]。KL 散度定义式如下:

$$D_{kl}(p \parallel q) = \sum_{i=1}^{N} p(x_i) \lg \left[\frac{p(x_i)}{q(x_i)} \right] \tag{5-96}$$

式中,$p(x_i)$ 和 $q(x_i)$ 为随机变量 x 上的 2 个不同概率分布。

3)Wasserstein 距离

Wasserstein 距离一般用于测量 2 个不同概率分布之间的距离,若 2 种概率分布出现较大差异，Wasserstein 距离就会变大。Wasserstein 距离的使用能对信号预处理获得更好的数据结果，有较好的识别能力，降低噪声或其余干扰量对故障诊断结果的影响。Wasserstein 距离定义如下：

$$w(p_1, p_2) = \inf_{\gamma \sim \Pi(p_1, p_2)} IE_{(x,y)} \big[\| x - y \| \big] \tag{5-97}$$

式中，$\Pi(p_1, p_2)$ 为 p_1 和 p_2 分布组合起来所有可能的联合分布的集合，从联合分布 γ 中采样 $(x,y) \sim \gamma$，得到样本 x 和 y，计算出 $\| x - y \|$，$IE_{(x,y)\sim\gamma} \big[\| x - y \| \big]$ 为样本对距离的期望值。

综上，马氏距离能反映出各维度的互相关信息，包括不同维度差值关联及其线性组合等；而 Wasserstein 距离在此基础上还能反映向量的方向信息。

KL 散度存在问题，即当 2 个样本集分布距离较远，完全没有重合时，梯度消失，KL 散度失去意义，而 Wasserstein 距离不会出现这样的问题。总的来说，Wasserstein 距离的适应性和信号预处理能力较马氏距离和 KL 散度更强。

5.4.2　神经网络模型

(1)BP 神经网络理论模型

1)BP 神经网络介绍

BP 神经网络于 1986 年由以 Rumelhart 和 McClelland 为首的研究团队提出[183]，主要是为弥补当时已经提出的单层感知器网络存在的分类与识别能力差、非线性问题难以处理等不足，其本质上是利用误差反向传播算法去训练的多层前馈神经网络。BP 神经网络计算输入输出间误差后，通过反向传播算法的训练，获得模型结果最优的神经网络权值，使得输出信号逼近于期望输出。BP 神经网络可以克服单层感知器存在的问题并已成功应用于识别分类、复杂系统仿真等领域，其容错性较好，算法较为成熟。

2)BP 神经网络原理及构成

BP 神经网络的学习原理主要为：输入通过隐藏层权值计算得到正向传递的特征输出；通过输出计算得到的误差引入，模型计算各隐藏层误差并调整权值，即反向传播。BP 神经网络经多次调整后使得表征误差的目标函数符合某一要求。根据误差信息调整模型参数的过程即为训练[184]。

经典 BP 神经网络主要由输入层、隐藏层和输出层组成。每一层结构内分布着一定数量的神经元，相邻层的神经元间由连接权值相互连接而形成网络（如图 5-10 所示）。其中，第 0 层为输入层，第 L 层为输出层，其余为隐藏层。

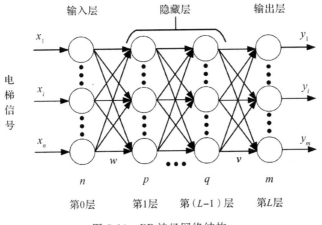

图 5-10　BP 神经网络结构

　　BP 算法流程为:对网络结构及相关参数进行初始化;随后由输入层输入特征,再经过隐藏层传输至输出层,计算模型的实际输出值与期望值之间的误差,并基于误差值决定是否进行反向传播;BP 算法一旦进入误差信息的反向传播,将会调整各个神经元权值以使目标函数值逐步符合要求;最终得到一个训练好的 BP 神经网络,如图 5-11 所示。

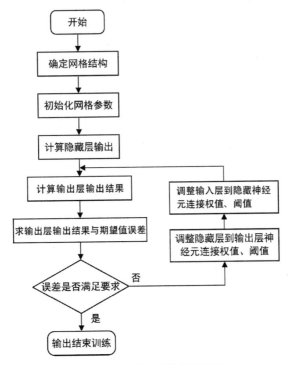

图 5-11　BP 神经网络训练过程

输出层中第 j 个神经元输出值在不经过激活函数处理前为：

$$z_j^{(L)} = b_j^{(L)} + \sum_{i=0}^{q} w_{ji}^{(L)} a_i^{(L-1)} \tag{5-98}$$

式中，$j=0,1,2,3,\cdots,m$；$b_j^{(L)}$ 为输出层第 i 个神经元的输出偏值，可以调整激活神经元的阈值；$w_{ji}^{(L)}$ 为输出层第 j 个神经元与隐藏层中第 $(L-1)$ 层第 i 个神经元之间连接权值。

输出层的第 j 个神经元的输出值 $a_j^{(L)}$ 为：

$$a_j^{(L)} = \sigma[z_j^{(L)}] \tag{5-99}$$

式中，$\sigma(\cdot)$ 为激活函数，可以根据情况选用 Sigmoid 函数、tanh 函数、ReLU 函数，使得 $(-\infty, +\infty)$ 范围内的数字映射到范围 $(0,1)$，从而简化梯度下降法。

隐藏层的第 d 个神经元的输出值 $a_d^{(1)}$ 为：

$$a_d^{(1)} = \sigma[z_d^{(1)}] = \sigma[b_d^{(1)} + \sum_{i=0}^{n} w_{di}^{(1)} a_i^{(0)}] \tag{5-100}$$

式中，$i=0,1,2,3,\cdots,p$；$w_{di}^{(1)}$ 为隐藏层第 d 个神经元与输入层中第 i 个神经元之间连接权值。

1）误差函数

当网络输出值不在目标阈值范围之内时，就会产生输出误差。假设共有 k 个样本，$k=\{x^1, x^2, x^3, \cdots, x^k\}$，则第 k 个样本的误差函数 E_k 为：

$$E_k = \frac{1}{2} \sum_{j=0}^{m} [a_j^{(L)} - y_j]^2 \tag{5-101}$$

式中，y_j 为期望输出值；$a_j^{(L)}$ 为输出层第 j 个神经元的输出值。

2）输出层权值变化

通过调整隐藏层和输出层的连接权值 $w_{ji}^{(L)}$，使误差 E 取最小值。需要使用链式计算得到

$$\frac{\partial E}{\partial w_{ji}^{(L)}} = \frac{\partial z_j^{(L)}}{\partial w_{ji}^{(L)}} \frac{\partial a_j^{(L)}}{\partial z_j^{(L)}} \frac{\partial \partial E}{\partial a_j^{(L)}} \tag{5-102}$$

分别计算

$$\frac{\partial z_j^{(L)}}{\partial w_{ji}^{(L)}} = a_k^{(L-1)} \tag{5-103}$$

$$\frac{\partial a_j^{(L)}}{\partial z_j^{(L)}} = \sigma'[z_j^{(L)}] \tag{5-104}$$

$$\frac{\partial E}{\partial a_j^{(L)}} = 2[a_j^{(L)} - y_j] \tag{5-105}$$

最后得到权值修正量表达式为：

$$\frac{\partial E}{\partial w_{ji}^{(L)}} = \frac{\partial z_j^{(L)}}{\partial w_{ji}^{(L)}} \frac{\partial a_j^{(L)}}{\partial z_j^{(L)}} \frac{\partial \partial E}{\partial a_j^{(L)}} = \sum_{j=0}^{n} a_k^{(L-1)} \sigma'[z_j^{(L)}][a_j^{(L)} - y_j] \qquad (5\text{-}106)$$

式中，E 为误差；y_j 为期望输出值；$a_j^{(L)}$ 为输出层的第 j 个神经元的输出值；$w_{ji}^{(L)}$ 为隐藏层和输出层的连接权值。

依次类推，不断对前一层神经元权值进行修改，直到第 1 层与输入层连接权值也被修改完毕，然后输入另一组样本对 BP 神经网络进行训练，当误差函数值达到期望要求时结束训练，得到训练完成的 BP 神经网络。

对于 BP 神经网络，如果没有隐藏层，即单层感知器，则它对于事件的判决域为一个半平面；当它存在一层隐藏层时，它的判决域为一凸域；当隐藏层层数大于等于 2 时，它的判决域为任何复杂区域。因此可以说，一个含有 2 层隐藏层的神经网络几乎可以表示任意的非线性决策边界，并且可以处理任意复杂的分类问题。但是隐藏层层数不能太多，过多的隐藏层会增加模型复杂度，进而引起一系列的学习问题，其分类效果不会更好，因此一般在构建 BP 神经网络时选择 1~2 层作为隐藏层。

3）BP 神经网络特点

①非线性映射能力：BP 神经网络通过权值的变换与组合，可以实现大量不同的映射关系，且不需要给出具体的映射方程；这使得许多具有大量数据却难以表述的复杂任务得以解决。

②泛化能力：BP 神经网络在其训练过程中，会将非线性映射关联储存在权值矩阵中；之后，在面对非经过学习的样本数据时，网络也可以调用权值矩阵进行正确映射。

③容错能力：BP 神经网络同时允许学习样本中存在一定的噪声与错误；因为网络的学习针对的是全样本，误差不大且错误不多时难以对模型的整体学习产生严重影响。这使得 BP 神经网络能够避开部分突变与误差处理现实工业问题。

（2）　LSTM 网络理论模型及预测流程

LSTM 网络理论模型是由 Schmidhuber 和 Hochreater 提出[185]的一种网络模型，为循环神经网络的一种改进版本。在 RNN 中，隐藏层的每一次输出都会传递至下一层作为输入，因此认为 RNN 模型具备短时记忆能力。但在处理长序列的问题时，容易出现梯度问题。

LSTM 模型又称为长短期记忆网络，其特点是加入了复杂的门结构，可对神经单元的输入信息进行处理，从而解决 RNN 中存在的梯度问题，使模型获得长期信息学习的能力。

LSTM 作为 RNN 的改进算法，其重要改进是通过增加遗忘门（forget gate）、输入门(output gate)、输出门(input gate)获得变化的自循环权重,缓解 RNN 结构的梯度问题。这使得 LSTM 可以在 RNN 效果的基础上记忆更长的时序信息,提高预测精度。LSTM 的单元结构如图 5-12 所示,每个 LSTM 单元中同时中存在着 3 类控制门,即用于控制输入的输入门、控制数据输出的输出门及控制单元状态的遗忘门[186]。

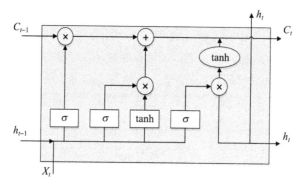

图 5-12　LSTM 单元结构

遗忘门、输入门、输出门方程分别如下:

$$f_t = \sigma(\boldsymbol{W}_f \cdot [h_{t-1}, x_t] + b_f) \tag{5-107}$$

$$i_t = \sigma(\boldsymbol{W}_i \cdot [h_{t-1}, x_t] + b_i) \tag{5-108}$$

$$o_t = \sigma(\boldsymbol{W}_o \cdot [h_{t-1}, x_t] + b_o) \tag{5-109}$$

式中,b_f、b_i、b_o 分别为遗忘门、输入门、输出门的偏置;$\boldsymbol{W}_f$、$\boldsymbol{W}_i$、$\boldsymbol{W}_o$ 分别为遗忘门、输入门、输出门的权矩阵,σ 为 sigmoid 激活函数。当前输入的单元状态 $\tilde{c}_t$ 的计算公式为:

$$\tilde{c}_t = \tanh(\boldsymbol{W}_c \cdot [h_{t-1}, x_t] + b_c) \tag{5-110}$$

$$c_t = f_t \cdot c_{t-1} + i_t \cdot \tilde{c}_t \tag{5-114}$$

式中,tanh 为激活函数;$\boldsymbol{W}_c$、b_c 分别是单元状态的权值矩阵和偏置。当前网络的输出值 h_t 由如下公式计算:

$$h_t = o_t \cdot \tanh(c_t) \tag{5-112}$$

(3)GRU 网络的理论及算法流程

与 LSTM 类似,门控循环单元(gated recurrent unit,GRU)同样是为解决 RNN 梯度问题而产生的改进模型,其通过门系统对信息进行判别处理,以此建立大间隔数据间的依赖关系[187]。GRU 与 LSTM 结构类似,但 GRU 可以利用更小的计算量获得相似甚至更优的效果。

为解决梯度问题,GRU 引入重置门(reset gate)和更新门(update gate)对 RNN 进行改进。其输入均为当前的时间步输入 X_t 与前一时间步的隐藏状态 H_{t-1}。GRU 基本结构如图 5-13 所示。

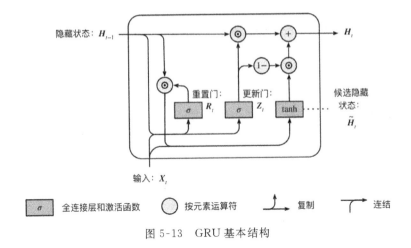

图 5-13 GRU 基本结构

重置门 R_t 和更新门 Z_t 的计算公式分别为：

$$R_t = \sigma(\boldsymbol{X}_t \boldsymbol{W}_{xr} + \boldsymbol{H}_{t-1} \boldsymbol{W}_{hr} + \boldsymbol{b}_r) \qquad (5\text{-}113)$$

$$Z_t = \sigma(\boldsymbol{X}_t \boldsymbol{W}_{xz} + \boldsymbol{H}_{t-1} \boldsymbol{W}_{hz} + \boldsymbol{b}_z) \qquad (5\text{-}114)$$

式中，$\boldsymbol{W}_{xr}, \boldsymbol{W}_{xz} \in R^{d \times h}$ 和 $\boldsymbol{W}_{hr}, \boldsymbol{W}_{hz} \in R^{h \times h}$ 为权重参数；$b_z, b_r \in R^{1 \times h}$ 为偏差参数；σ 为 sigmoid 函数。上述参数不断训练进行优化，在训练完成后形成稳定映射。

GRU 单元的输出 H_t：

$$\widetilde{H}_t = \sigma(\boldsymbol{W} \cdot [R_t \times H_{t-1}, X_t]) \qquad (5\text{-}115)$$

$$H_t = (1 - Z_t) \times H_{t-1} + Z_t \times \widetilde{H}_t \qquad (5\text{-}116)$$

式中，X_t 为当前状态输入；$\boldsymbol{W}$ 为可训练的权值矩阵；H_{t-1} 为上一时刻的隐藏状态输出；$\widetilde{H}_t$ 为包含当前输入信息的中间变量。

GRU 模型通过重置门来控制上一神经元输出数据特征的值，并通过更新门控制当前神经元输入数据信息的权值，通过反向传播训练更新，并在训练完成后保存参数。

（4）应用实例（电梯滑移量预测）

通过专业曳引系统检测装置，可将位移传感器安装在试验机的钢丝绳与曳引轮上进行位移采集，以此获得电梯的滑移量参数。本章采集的电梯轿厢质量为 1300kg，额定载重为 2000kg，曳引轮直径为 640mm，平衡系数为 0.48，传动系统减速比为 3∶2，曳引比为 2，试验速度为额定速度 1m·s⁻¹，工况为空载上行紧急制动。此处使用采集的 50 组数据用于实验分析，并分别使用 LSTM、RNN 及 GRU 模型对电梯的滑移数据进行预测，最后对比 3 种模型的预测结果，获得各方法在电梯滑移数据预测上的准确性。

1）实验数据

通过对某区域使用时长不同的多台同型号货梯进行空载上行制动实验,采集制动时电梯曳引轮位移、钢丝绳位移等数据,获得相同工况下每年 5 组,跨度 10 年,共 50 组的电梯制动滑移数据,每年 5 组数据中,前 4 组为各季度测得的滑移数据,最后一组为常规维护后的滑移数据,如图 5-14 所示。本章将 50 组数据分为 2 个部分,对前 44 组数据对模型进行训练,使用最后 6 组进行模型有效性的验证。

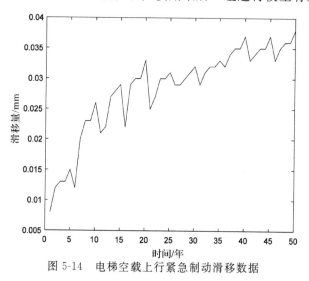

图 5-14　电梯空载上行紧急制动滑移数据

2）参数设置及指标选取

为公平对比各模型的预测效果,统一设置模型初始学习率为 0.005,并在 150 轮训练后降至 0.0001,到第 500 轮结束训练。为防止训练中出现梯度爆炸,影响预测结果,将梯度阈值设置为 1。

为了能对各模型的预测结果准确性进行客观评价,本章计算了各模型预测结果的均方根误差(RMSE)与平均绝对误差(MAE),并通过比对 RMSE 与 MAE 进行评判,RMSE 与 MAE 越小,预测效果越好。

3）电梯紧急制动滑移量预测

基于 RNN 模型的电梯滑移量预测结果如图 5-15 所示,从图中可以看出,RNN 模型计算得到的预测结果与实际数据趋势基本一致,但整体误差较大,拟合效果一般。这是由于 RNN 模型难以学习到数据前后联系,输出信息仅包含短时的信息,在面对存在噪声干扰、预测困难的实际电梯任务时,难以取得很好的效果。RNN 模型预测结果的 RMSE＝0.0018,MAE＝0.0016。

基于 LSTM 模型的电梯滑移量预测结果如图 5-16 所示,从图中可以看出,

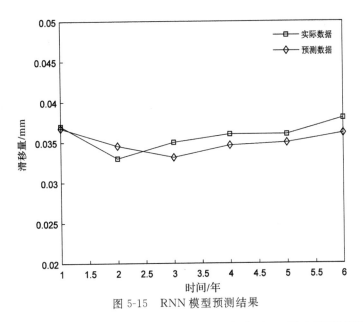

图 5-15　RNN 模型预测结果

LSTM 模型整体预测效果好于 RNN 模型的预测,但由于单步预测导致的误差累积,整体效果仍然不理想。虽然计算的统计误差值与 RNN 模型相比较小,但随着预测任务的延长,误差逐渐变大,说明 LSTM 模型未能很好地拟合出滑移数据中的波动与细节信息,因而出现误差的累积现象。LSTM 模型预测结果的 RMSE=0.00095272,MAE=0.0011。

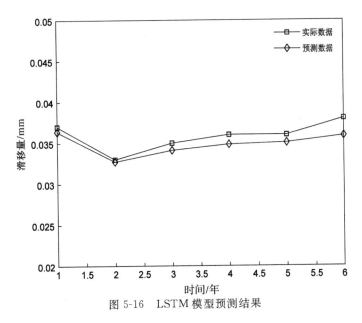

图 5-16　LSTM 模型预测结果

基于 GRU 模型的电梯滑移量预测结果如图 5-17 所示。用前 44 组数据训练模型后,对后 6 组数据进行预测,发现 GRU 模型预测的结果都明显优于上述 2 种模型,GRU 模型成功地从历史数据中模拟出滑移量变化趋势。经过理论计算,GRU 模型预测结果的 REMS=0.00071124,MAE=0.00077641。

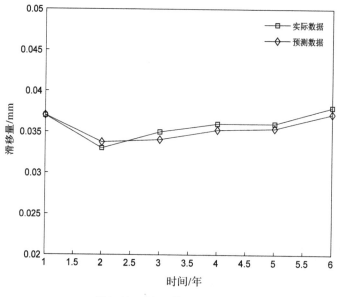

图 5-17　GRU 模型预测结果

最后,不同时间序列预测方法对滑移量数据分析的效果如表 5-3 所示。由表 5-3 可以看出,GRU 模型对电梯制动滑移量的预测效果明显优于 RNN 模型及 LSTM 模型,其中 LSTM 模型的效果优于 RNN 模型。通过对各模型 RMSE 及 MAE 的比较可知,在该问题上 GRU 模型相较于 LSTM 模型的预测效果分别提高了 25.4% 和 29.6%。由此可以说明,在单变量多步预测问题上,GRU 模型有着优于其他模型的效果,能较好地解决电梯紧急制动滑移量的预测问题。

表 5-3　3 种模型预测结果评价指标

参数	RNN 模型	LSTM 模型	GRU 模型
RMSE	1.8×10^{-3}	0.953×10^{-3}	0.711×10^{-3}
MAE	1.6×10^{-3}	1.1×10^{-3}	0.776×10^{-3}

5.4.3　机器学习模型

(1)支持向量机理论模型及预测流程

支持向量机(support vector machine,SVM),于 1995 年由 Cortes 和 Vapnik

提出[188],是应用广泛的广义线性分类器,其在小样本、非线性的模式识别问题上具有优势,且易于扩展,已被证明可有效用于回归拟合等问题。

SVM 基于统计学习理论,能够依据有限样本在模型复杂度与学习能力上取得良好平衡。其依据区间最大化原则在多维空间建立了超平面分割样本,本质为二元分类模型。

1)线性可分支持向量机

①间隔最大化和支持向量

若样本可被线性函数分离,则一般认为其线性可分。在不同维度中,线性函数可能是线或平面甚至更高维度表达,因此不考虑样本维数时,统一将其称为超平面。如二维平面上的一个简单例子(如图 5-18 所示),数据样本分割得很明显,样本之间的间隔最大化,相当于无数条线将样本分隔开,即所谓的线性辅助向量机,线性辅助向量机对应一条线,能正确分割数据并使样本间隔最大化[189]。

如图所示,w 为在特征空间中确定超平面方向的权值向量;b 为从原点到超平面的偏移量;x 代表特征向量。

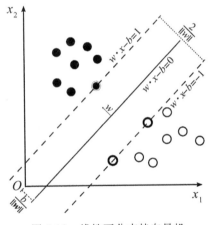

图 5-18　线性可分支持向量机

2 个异类支持向量之间的差在超平面 W 上的投影等于间隔,计算方法为

$$\gamma = \frac{(\boldsymbol{x}_+ - \boldsymbol{x}_-) \cdot \boldsymbol{x}^{\mathrm{T}}}{\| \boldsymbol{w} \|} = \frac{\boldsymbol{x}_+ \cdot \boldsymbol{w}^{\mathrm{T}} - \boldsymbol{x}_- \cdot \boldsymbol{w}^{\mathrm{T}}}{\| \boldsymbol{w} \|} \tag{5-117}$$

式中,$\boldsymbol{x}_+$ 和 $\boldsymbol{x}_-$ 分别表示正支持向量和负支持向量,因为 $\boldsymbol{x}_+$ 和 $\boldsymbol{x}_-$ 满足 $\boldsymbol{y}_i(\boldsymbol{w}^{\mathrm{T}} \boldsymbol{x}_i + b) = 1$,即:

$$\begin{cases} 1 \times (\boldsymbol{w}^{\mathrm{T}} \boldsymbol{x}_+ + b) = 1, \boldsymbol{y}_i = +1 \\ -1 \times (\boldsymbol{w}^{\mathrm{T}} \boldsymbol{x}_- + b) = 1, \boldsymbol{y}_i = -1 \end{cases} \tag{5-118}$$

式中，w 为权重；b 为偏置。

推出：

$$\begin{cases} \boldsymbol{w}^{\mathrm{T}} \boldsymbol{x}_+ = 1-b \\ \boldsymbol{w}^{\mathrm{T}} \boldsymbol{x}_- = -1-b \end{cases} \tag{5-119}$$

把式(5-119)代入式(5-117)，能够得到：

$$\gamma = \frac{1-b+(1+b)}{\| \boldsymbol{w} \|} = \frac{2}{\| \boldsymbol{w} \|} \tag{5-120}$$

支持向量机的思想是最大化间隔，即：

$$\max_{w,b} \frac{2}{\| \boldsymbol{w} \|}, \text{s. t. } y_t(\boldsymbol{w}^{\mathrm{T}} \boldsymbol{x}_t + b) \geqslant 1 (i = 1,2,\cdots,m) \tag{5-121}$$

$\dfrac{2}{\| \boldsymbol{w} \|}$ 的最大值就是 $\| \boldsymbol{w} \|$ 的最小值，把式(5-121)转换为：

$$\max_{w,b} \frac{1}{2} \| \boldsymbol{w} \|^2, \text{s. t. } y_t(\boldsymbol{w}^{\mathrm{T}} \boldsymbol{x}_t + b) \geqslant 1 (i = 1,2,\cdots,m) \tag{5-122}$$

式(5-122)为支持向量机的基本形式[45]。

②对偶问题

式(5-122)同样是一个凸二次规划问题。拉格朗日乘子法是求解该式对偶问题的最有效方法。

该问题的拉格朗日函数为：

$$L(w,b,a) = \frac{1}{2} \| w \|^2 + \sum_{i=1}^{m} \boldsymbol{\alpha}_i (1 - y_i(\boldsymbol{w}^{\mathrm{T}} \boldsymbol{x}_i + b)) \tag{5-123}$$

分别计算式(5-123)中 w 和 b 的偏导：

$$\begin{cases} \dfrac{\partial L}{\partial w} = w - \sum_{i=1}^{m} \boldsymbol{\alpha}_i \boldsymbol{y}_i \boldsymbol{x}_i \\ \dfrac{\partial L}{\partial b} = \sum_{i=1}^{m} \boldsymbol{\alpha}_i \boldsymbol{y}_i \end{cases} \tag{5-124}$$

将获得的偏导数设为 0，以获得：

$$\begin{cases} w = \sum_{i=1}^{m} \boldsymbol{\alpha}_i \boldsymbol{y}_i \boldsymbol{x}_i \\ \sum_{i=1}^{m} \boldsymbol{\alpha}_i \boldsymbol{y}_i = 0 \end{cases} \tag{5-125}$$

把式(5-125)代入式(5-123)中，可得：

$$L(w,b,a) = \sum_{i=1}^{m} \boldsymbol{\alpha}_i - \frac{1}{2} \sum_{i=1}^{m} \sum_{j=1}^{m} \boldsymbol{\alpha}_i \boldsymbol{\alpha}_j \boldsymbol{y}_i \boldsymbol{y}_j \boldsymbol{x}_i \boldsymbol{x}_j$$

$$\text{s. t. } \sum_{i=1}^{m} \boldsymbol{\alpha}_i \boldsymbol{y}_i = 0, \quad \boldsymbol{\alpha}_i \geqslant 0, \quad i = 1,2,\cdots,m \tag{5-126}$$

这个问题变成了一个关于 α 的问题：

$$\max_{\alpha} \sum_{i=1}^{m} \boldsymbol{\alpha}_i - \frac{1}{2} \sum_{i=1}^{m} \sum_{j=1}^{m} \boldsymbol{\alpha}_i \boldsymbol{\alpha}_j \, y_i \, y_j \, \boldsymbol{x}_i \, \boldsymbol{x}_j \tag{5-127}$$

$$\text{s.t.} \sum_{j=1}^{m} \boldsymbol{\alpha}_i \, \boldsymbol{y}_i = 0, \quad \boldsymbol{\alpha}_i \geqslant 0, \quad i = 1, 2, \cdots, m$$

解出 α 后，根据公式(5-125)求得 w 和 b，可以得到模型：

$$f(x) = \boldsymbol{w}^{\mathrm{T}} \boldsymbol{x} + b = \sum_{i=1}^{m} \boldsymbol{\alpha}_i \, y_i \, \boldsymbol{x}_i^{\mathrm{T}} \boldsymbol{x} + b \tag{5-128}$$

上述过程的卡罗需—库思—塔克(Karush-Kuhn-Tucker，KKT)条件为[46]：

$$\begin{cases} \boldsymbol{\alpha}_i \geqslant 0 \\ y_i f(x_i) - 1 \geqslant 0 \\ \boldsymbol{\alpha}_i (y_i f(x_i) + 1) = 0 \end{cases} \tag{5-129}$$

支持向量机的重要特点：经过训练后，大多数样本不需要保留，最终的模型只与支持向量相关。

2)非线性支持向量机和核函数

非线性数据样本如图 5-19 所示。非线性问题往往很难解决，因此基本思路是将其转化为线性问题。

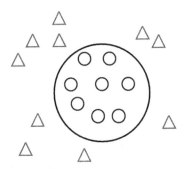

图 5-19　非线性数据样本

解决方法是将样本向高维映射，直至线性可分，当样本有限时，必有一个可分的高维特征空间[190]。用 $\boldsymbol{\varphi}(\boldsymbol{x})$ 表示样本 x 向高位空间中映射的特征向量，则用于划分样本的超平面模型为：

$$f(x) = \boldsymbol{w}^{\mathrm{T}} \boldsymbol{\varphi}(\boldsymbol{x}) + b \tag{5-130}$$

然后最小化函数：

$$\min_{w,b} \frac{1}{2} \| \boldsymbol{w} \|^2, \text{s.t.} \, y_i [\boldsymbol{w}^{\mathrm{T}} \boldsymbol{\varphi}(\boldsymbol{x}_i) + b] \geqslant 1 (i = 1, 2, \cdots, m) \tag{5-131}$$

它的对偶问题：

$$\max_{\alpha} \sum_{i=1}^{m} \boldsymbol{\alpha}_i - \frac{1}{2} \sum_{i=1}^{m} \sum_{j=1}^{m} \boldsymbol{\alpha}_i \boldsymbol{\alpha}_j \boldsymbol{y}_i \boldsymbol{y}_j \boldsymbol{\varphi}(\boldsymbol{x}_i)^{\mathrm{T}} \boldsymbol{\varphi}(\boldsymbol{x}_i)$$

$$\mathrm{s.t.} \sum_{i=1}^{m} \boldsymbol{\alpha}_i \boldsymbol{y}_i = 0, \boldsymbol{\alpha}_i \geqslant 0, i = 1, 2, \cdots, m \tag{5-132}$$

求解式(5-132)。由于向量 $\boldsymbol{x}_i$ 和 $\boldsymbol{x}_j$ 映射至特征空间的和的内积涉及大维数问题[191]，因此引入了一个函数，即核函数。

于是式(5-132)可以变成：

$$\max_{\alpha} \sum_{i=1}^{m} \boldsymbol{\alpha}_i - \frac{1}{2} \sum_{i=1}^{m} \sum_{j=1}^{m} \boldsymbol{\alpha}_i \boldsymbol{\alpha}_j \boldsymbol{y}_i \boldsymbol{y}_j \kappa(\boldsymbol{x}_i, \boldsymbol{x}_j)$$

$$\mathrm{s.t.} \sum_{i=1}^{m} \boldsymbol{\alpha}_i \boldsymbol{y}_i = 0, \boldsymbol{\alpha}_i \geqslant 0, i = 1, 2, \cdots, m \tag{5-133}$$

对式(5-130)进行求解，得到：

$$\boldsymbol{f}(\boldsymbol{x}) = \boldsymbol{w}^{\mathrm{T}} \boldsymbol{\varphi}(\boldsymbol{x}) + \boldsymbol{b} = \sum_{i=1}^{m} \boldsymbol{\alpha}_i \boldsymbol{y}_i \boldsymbol{\varphi}(\boldsymbol{x}_i)^{\mathrm{T}} \boldsymbol{\varphi}(\boldsymbol{x}_i) + \boldsymbol{b} = \sum_{i=1}^{m} \boldsymbol{\alpha}_i \boldsymbol{y}_i \kappa(\boldsymbol{x}_i, \boldsymbol{x}_j) + \boldsymbol{b}$$

$$\tag{5-134}$$

式中，κ 为核函数。

核函数有很多种，如线性核、高斯核、sigmiod 核等，我们可以根据实际情况进行选择。核函数可以通过组合得到。

在实际应用中，电梯剩余使用寿命可以被认为是典型的线性不可分样例。此时首先需将其映射至高维空间，可若持续向高维映射，最终的特征空间维度将极高以至于不可计算。此时便可使用核函数计算来避免直接在高维空间计算时的复杂度，以更好地实现电梯剩余使用寿命的预测。在分类任务的基础上，SVM 模型可以实现拟合任务，具有优秀设计的 SVM 模型可以根据输入样本类型自行进行相应的任务，若输入为连续值则回归，若为离散值则分类。非线性支持向量机和核函数通过最小化结构风险提高泛化能力，能使模型在小样本上也具有较好的效果[192]。

3）最小二乘支持向量机(LS-SVM)

LS-SVM 是一种新型 SVM 模型，其特点是采用了最小二乘线性系统，简化了原模型的计算复杂度[193]。对于电梯剩余使用寿命预测问题，LS-SVM 主要依据给定的样本估计输入与输出的依赖关系，获得可靠的权值矩阵用于预测未知输出，即利用训练集形成稳定的映射函数，从而获得区域内未知样本值。

设训练样本集为 $S = \{(\boldsymbol{x}_i, \boldsymbol{y}_i) \mid i = 1, 2, \cdots, l\}$，$\boldsymbol{x}_i \in R^n$，$\boldsymbol{y}_i \in R$，其中 $\boldsymbol{x}_i$ 为第 i 个输入向量，$\boldsymbol{y}_i$ 为样本 $\boldsymbol{x}_i$ 的输出向量，l 为样本的数量，n 为输入向量的维数。通常样

本表现为非线性关系,则使用非线性回归进行估计,此时估计函数为:

$$y = f(x) = [w, \varphi(x)] + b \tag{5-135}$$

式中,w 为权值向量;b 为偏置。为估计出的未知系数的值,构造泛函的极小化问题,公式为:

$$\Gamma(w) = \frac{1}{2} \parallel w \parallel^2 + C \sum_{i=1}^{l} \zeta(f(x_i) - y_i, x_i) \tag{5-136}$$

用误差平方 e^2 代替为松弛因子 ε_i 和 ε_i^*,同时将不等式约束改为等式约束[194],可将 LS-SVM 回归问题转为对应的优化问题:

$$\min_{w,b,e} J(w,e) = \frac{1}{2} \parallel w \parallel^2 + \frac{\gamma}{2} \sum_{i=1}^{l} e_i^2 \tag{5-137}$$

约束条件:$y_i = w^{\mathrm{T}} \varphi(x_i) + b + e_i, i = 1, 2, \cdots, l$。式中第一项表示模型泛化能力,第二项为模型精度。非线性映射 $\Phi: R^n \to R^{n^h}$ 为核空间映射函数;误差变量 $e_i \in R$;b 为偏置;γ 为模型泛化能力和精度一个可调参数,用于控制误差的惩罚程度[195]。

引入拉格朗日乘子,则拉格朗日函数为:

$$L(w, b, e, \alpha) = J(w, e) - \sum_{i=1}^{l} \alpha_i [w^{\mathrm{T}} \varphi(x_i) + b + e_i - y_i] \tag{5-138}$$

式中,α_i 为拉格朗日乘子。

优化上述公式,对 w, b, e_i, α_i 求 L 的偏导数:

$$\frac{\partial L}{\partial b} = \sum_{i=1}^{l} \alpha_i = 0$$

$$\frac{\partial L}{\partial e_i} = C e_i - \alpha_i = 0 \tag{5-139}$$

$$\frac{\partial L}{\partial \alpha_i} = w^{\mathrm{T}} \varphi(x_i) + b + e_i - y_i = 0$$

式中,C 为常数因子。

消去变量 w 和 e_i,得到方程:

$$\begin{bmatrix} I^{\mathrm{T}} \\ I\Omega + \gamma^{-1} I \end{bmatrix} \begin{bmatrix} b \\ \alpha \end{bmatrix} = \begin{bmatrix} 0 \\ y \end{bmatrix}, \Omega_{ij} = K(x_i, x_j) \tag{5-140}$$

式中,$\Omega \in R^{N \times N}$,且 $\Omega_{ij} = \varphi(x_i)^{\mathrm{T}} \varphi(x_j) = k(x_i, x_j)$　$i, j = 1, 2, \cdots, N$。

通过求解该方程,可以得到非线性预测模型的表达式:

$$f(x) = \sum_{i=1}^{l} (\alpha_i) K(x, x_i) + b \tag{5-141}$$

式中,α_i 对应的样本为支持向量;$K(x, x_i)$ 为核函数。LS-SVM 的目的是将低维特征映射为高维向量,以解决原始空间线性不可分问题。

（2）相关向量机预测模型

著名学者迈克尔·蒂平（Michael E. Tipping）于 2000 年提出了相关向量机（relevance vector machine，RVM），在处理非线性复杂系统问题方面，RVM 具有一定的优势[196]。SVM 与 RVM 的相同之处为均有稀疏解，因此新数据的预测只依赖于在训练数据子集上计算的核函数，对于 SVM 来说，这个子集是支持向量（support vector），而对于 RVM 来说，这个子集是相关向量（relevance vector）。

SVM 的重要性质是其参数依靠凸优化问题求解，许多局部解被认为是最优解，且不提供后验概率。与之不同的是，RVM 引入贝叶斯方法生成后验概率，且可以得到更稀疏的解，同时也降低了 SVM 中交叉验证确定超参数带来的复杂度[197]。然而，由于需要求矩阵的逆运算，RVM 的训练时间相较于 SVM 往往更久。RVM 核函数的选择是任意的，不受任何 Mercer 条件约束，其具体计算步骤如下。

类似于 SVM，RVM 的假设模型为：

$$t_n = \Phi(x_n)w_n + \varepsilon_n \tag{5-142}$$

式中，t_n 为 RVM 假设模型；w_n 为权重；ε_n 为噪声；$\Phi(x_n) = K(\boldsymbol{x}, x_n)$ 表示核函数，假设噪声服从零均值、σ^2 的高斯分布。该数据服从：

$$p(t \mid w, \sigma^2) = (2\pi\sigma^2)^{-N/2} \exp{-\frac{1}{2\sigma^2}} \| t - \Phi w' \|^2 \tag{5-143}$$

对于超参数 w 和 $\beta = \sigma^{-2}$ 取先验分布[198]：

$$p(w \mid \alpha) = \prod_{i=0}^{N} N(w_i \mid 0, \alpha_i^{-1}) \tag{5-144}$$

$$p(\alpha) = \prod_{i=0}^{N} Ga(\alpha \mid a, b) \tag{5-145}$$

$$p(\beta) = Ga(\beta \mid c, d) \tag{5-146}$$

根据分层概率分布：

$$p(w \mid t, \alpha, \sigma^2) = \frac{p(t \mid w, \sigma^2)p(w \mid \alpha)}{p(t \mid \alpha, \sigma^2)} = N(\mu, \textstyle\sum) \tag{5-147}$$

式中，$\sum = (\sigma^{-2}\boldsymbol{\Phi}^{\mathrm{T}}\boldsymbol{\Phi} + \boldsymbol{A})^{-1}$，$\mu = \sigma^{-2}\sum\boldsymbol{\Phi}^{\mathrm{T}}t$。

对于新样本，相应的预测输出为：

$$p(t_a \mid t, \alpha_M P, \sigma_{MP}^2) = \int p(t_* \mid w, \sigma_{MP}^2)p(wt, \alpha_M P, \sigma_{MP}^2)\mathrm{d}w \tag{5-148}$$

式中，t_x 为某一点的 RVM 值。

对于超参数 α 和 σ^2 的迭代计算方法：

$$\alpha_i^{\mathrm{new}} = \frac{r_i}{\mu_i^2} \tag{5-149}$$

$$r_i = 1 - \alpha_i \sum_{ii} \tag{5-150}$$

$$(\sigma^2)^{\text{new}} = \frac{\| t - \boldsymbol{\Phi}_\mu \|^2}{N - \sum_{i-n} {}_i \gamma_i} \tag{5-151}$$

RVM 基于贝叶斯框架,在传统 SVM 之上,还能得到二值输出外的概率输出,同时由于不受 Mercer 条件限制,核函数的选择更多[199]。此外,由于 SVM 的支持向量与训练样本数线性相关,难以处理大样本数据,而 RVM 内置的计算矩阵数据增长,因此无论是在回归预测还是在分类中,RVM 的精度都高于 SVM,但 RVM 的训练时间更长。

（3）应用实例（电梯交通流预测）

现将某大厦采集的一个月的交通流数据作为 RVM 回归的电梯交通流数据,每天交通流统计时间为上午 7∶00～9∶00,数据收集周期为 5min,每日 144 个流量数据,某天的电梯交通流数据如图 5-20 所示。系列 1 为单位时间内的乘客总人数;系列 2 为单位时间进入大厅的人数;系列 3 为单位时间离开大厅的人数。

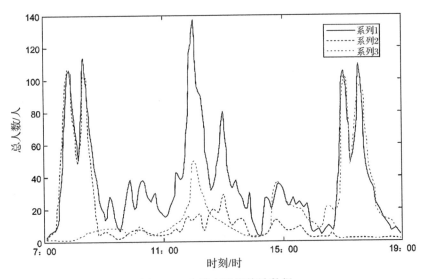

图 5-20　电梯交通流统计数据

假设现在的时间为 t,分别考虑交通流的周期性长期变化趋势和现时交通流的新变化信息,即利用过去前 n_1 个工作日内同一时间段的交通流量和同一天内前 n_2 个时间段的交通流量作（$n_1 + n_2$）时刻的历史数据,以预测未来（$t+k$）时该的值 $x(t+k)$,其预测函数可写成:

$$x(t+k) = g \left[\begin{array}{c} x(t+1) - 144 \times 1, \cdots 0 x(t+1) - 144 \times n_1 \\ x(t), x(t-1), \cdots 0 x(t-n_2) \end{array} \right] \tag{5-152}$$

271

采用一步预测方法,取 $n_1=2, n_2=3, y=50\times10^4$,对不同的核函数进行了检验,最终确定了径向基函数:

$$k(x,y)=\exp\left[-\frac{\parallel x-y\parallel^2}{\sigma^2}\right] \tag{5-153}$$

式中,$\sigma^2=0.65, \sigma^2$ 为标准化参数。为能客观评定预测的优劣,选用均方根误差

$RMSE=\sqrt{\sum_{i=1}^{N}(\hat{x}_i-x_i)}$ 来评价预测的精度。其中,$\hat{x}_i$ 为序列的第 i 个实际值,x_i 为第 i 个预测值,N 为测试样本数量。用这种方法可以得出一周内总交通流量预测误差 $RMSE=0.4397$。

1)数据采集

将每月前 3 个星期的交通流量数据作为学习样本训练 RVM,并对训练后的时间序列 RVM 进行测试,从而实现对模型的预测能力的控制。本章利用第一个星期后的数据对预测结果进行评估,并将其与实测值进行对比,提高目前的客流量对最终客流量的预测的准确度。

2)结果分析

本节所预测的一天内总的电梯流量和实际流量的对比如图 5-21 所示,而当天的预测出门厅总人数和实际流量的对比如图 5-22 所示。利用 RVM 时间序列预测法可以对流量的变化进行实时跟踪。

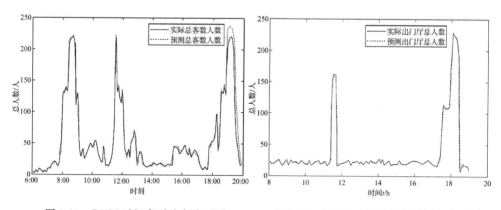

图 5-21 RVM 时间序列总客流预测　　图 5-22 RVM 时间序列出门厅客流预测

3)结论

正确地预测电梯的流量,对于选择正确的电梯群控系统控制策略有着重要的参考价值。本章利用 RVM 模型对电梯流量进行了预测,得到了较好的效果,证明了该方法的有效性和准确性。

5.4.4　深度学习模型

(1)回声状态网络(ESN)的理论模型及预测流程

1)网络介绍

递归神经网络一般被用来解决时间序列相关的任务,但是其在具体应用时,会出现一些问题,如网络结构难以确定、计算量过大和记忆消减等。为了降低使用难度,有相关学者提出了 ESN。ESN 是一种非常强大的动态神经网络,其对传统递归神经网络中的训练过程进行了简化,并提高了收敛速度。由于强大的计算性能,目前 ESN 已被成功应用于多个领域。

2)ESN 构成

ESN 由 3 个部分构成,即输入层、中间层、输出层,如图 5-23 所示。假定图中的输入层有 D 个神经元,储备池内部有 N 个神经元,输出层有 L 个神经元,则在 t 时刻各个部分的状态为:$u(t) \in R^D$,$x(t) \in R^N$,$f(t) \in R^L$,分别表示 t 时刻的输入、储备池的状态和输出。

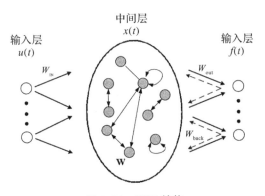

图 5-23　ESN 结构

$V \in R^{N \times D}$表示大小为 $N \times D$ 的输入层与储备池间输入权重矩阵,$R \in R^{N \times N}$表示大小为 $N \times N$ 的储备池内部权重矩阵,$W \in R^{L \times N}$表示大小为 $L \times N$ 的输出层与储备池间输出权重矩阵。V 和 R 均为随机生成的,保持固定不变,只有 W 是在训练过程中得到的,使得储备池的生成与网络训练相互独立,极大降低了训练计算量,同时缓解了梯度下降的优化算法中出现局部极小的情况。

每一次输入 $u(t)$,储备池状态都会更新,更新方程为:

$$x(t) = \tanh[R \cdot x(t-1) + V \cdot u(t)] \tag{5-154}$$

式中,$\tanh$ 为激活函数;$x(t-1)$ 为上一时刻储备池状态。

网络输出状态方程为：

$$f(t) = Wx(t) \tag{5-155}$$

即：

$$f(t) = W \cdot \tanh[R \cdot x(t-1) + V \cdot u(t)] \tag{5-156}$$

3）ESN 的重要参数

①储备池的规模：ESN 内部神经元用 N 表示。储备池规模是影响模型性能的超参数，通常依据样本数量进行选择。样本数量越大，网络越复杂，其能够拟合的系统复杂度也越高，描述越精确。但是样本数量过大会导致过拟合，并且训练时的复杂程度越高，训练的时间也会相对变长。

②储备池内部不完全连接权值矩阵的谱半径 SR：一般将矩阵 W 的特征值模的最大值定义为它的 SR；对 ESN 来说，SR 是一个很重要的参数，它决定了整个网络是否具有回声特性。如果其 SR 小于 1，那么此网络的初始状态经过一定时间后会减弱甚至消失，这种特性被认为是储备池的"回声"特性。在具体的预测应用中，应根据建模对象的特征来选取适合的矩阵。

③储备池的稀疏连接度 SD：在建立 ESN 时，储备池内部神经元数量众多，但许多神经元并未参与连接。这种稀疏连接的矩阵相比于完全连接的矩阵在计算时速度更快。SD 为储备池中相互连接的神经元总数占总的神经元 N 的百分比，其值越大，非线性拟合的能力越强，一般取 $1\% \sim 5\%$。SD 可以用以下公式表示：

$$SD = \frac{n}{N} \tag{5-157}$$

式中，N 为储备池内部的神经元总数；n 为相互连接的神经元的个数。

4）ESN 训练过程

首先，对 ESN 进行初始化，随机生成矩阵 V，R 和 W。V 和 R 的取值没有特殊要求，但 W 的谱半径必须小于 1，从而保证初始化后的网络具有回声特性。除此之外还要对储备池的状态进行初始化，可以用零矩阵作为初始状态，记为 $x(0)$。

其次，开始用样本对该网络进行训练，通过式(5-154)和式(5-156)用训练样本 $u(t)$，$t=1,2,\cdots,S$ 来不断更新储备池的状态和输出结果。接下来进行数据采集，由于初始网络状态对结果影响较大，需要持续对网络进行训练以减少影响。在采集数据时需要抛弃刚开始训练得到的结果，假设从某时刻 m_o 开始收集各状态结果，共收集 $S-m_o$ 组结果：

$$\begin{aligned} x(t), t &= m_o, m_o+1, \cdots, S \\ f(t), t &= m_o, m_o+1, \cdots, S \end{aligned} \tag{5-158}$$

最后,开始计算 $\boldsymbol{W}$ 权重矩阵,ESN 训练的目的就是使得预测值 $\hat{\boldsymbol{f}}(t)$ 逼近期望输出 $\boldsymbol{f}(t)$,即:

$$\hat{\boldsymbol{f}}(t) \approx \boldsymbol{f}(t) = \sum_{i=m_0}^{S} \boldsymbol{W} \cdot \boldsymbol{x}(i) \tag{5-159}$$

从而将问题转换为计算权重矩阵,使得系统均方差误差最小:

$$\min \frac{1}{S-m_0+1} \sum_{i=m_0}^{S} \left[\boldsymbol{f}(i) - \boldsymbol{W} - \boldsymbol{x}(i)\right]^2 \tag{5-160}$$

进一步化简得到:

$$\boldsymbol{W} = (\boldsymbol{M}^{-1} \cdot \boldsymbol{E})^{\mathrm{T}} \tag{5-161}$$

式中,$\boldsymbol{M}$ 为 $\boldsymbol{x}_1(t), \boldsymbol{x}_2(t), \cdots, \boldsymbol{x}_N(t), t=m_0, m_0+1, \cdots, S$ 构成的 $(S-m_0+1) \times N$ 矩阵;$\boldsymbol{E}$ 为输出 $\boldsymbol{f}(t)$ 构成的矩阵。

5)改进 ESN

储备池的参数对 ESN 的性能有着关键影响,在构建 ESN 时这些参数往往是人为依赖经验决定或者随机生成的,也就使得构造的 ESN 性能参差不齐,因此,我们提出改进 ESN,通过算法对储备池参数设置进行计算。这里使用一种三维变异的果蝇优化算法(IFOA):

果蝇的飞行距离为:

$$\begin{cases} X_i = X_0 + \alpha \cdot X_0 \cdot R \\ Y_i = Y_0 + \alpha \cdot Y_0 \cdot R \\ Z_i = Z_0 + \alpha \cdot Z_0 \cdot R \end{cases} \tag{5-162}$$

式中,(X_0, Y_0, Z_0) 为果蝇最初的位置;(X_i, Y_i, Z_i) 为第 i 只果蝇的更新位置;α 为一个可调参数用来控制果蝇的飞行距离;R 为 $0 \sim 1$ 范围内的随机数。因此,第 i 只果蝇到原点的距离 D_i 可以被计算如下:

$$D_i = \sqrt{X_i^2 + Y_i^2 + Z_i^2} \tag{5-163}$$

另外,当计算味道浓度判定值 S 时,添加扰动因子 β,从而提高 IFOA 的局部搜索能力。第 i 只果蝇的 β 和 S 的计算如下:

$$\beta = \gamma \cdot D_i \cdot (0.5 - R) \tag{5-164}$$

$$S_i = \frac{1}{D_i} + \beta \tag{5-165}$$

式中,γ 为实数。因为 γ 仅反映一个很小的干扰,所以 γ 的值非常小。

通过将气味浓度值 S_i 加载到气味浓度判断函数 F,即适应度函数中来计算第 i 个果蝇的气味浓度 C_i,如下:

$$C_i = F(S_i) \tag{5-166}$$

接下来计算气味浓度,果蝇飞向最佳气味浓度位置,这个过程可以被描述为:

$$[b_s, b_i] = \min(C) \tag{5-167}$$

$$\begin{cases} X_o = X(b_i) \\ Y_o = Y(b_i) \\ Z_o = Z(b_i) \end{cases} \tag{5-168}$$

式中,b_s 为种群中的最佳味道浓度;b_i 为拥有最佳味道浓度值的果蝇的索引;X_o、Y_o、Z_o 为迭代后得到最佳气味浓度的果蝇的位置。

将 ESN 的参数(即储层大小、稀疏度、谱半径和输入尺度)作为果蝇的气味浓度判断值,分别计算果蝇个体的气味浓度并确定最佳个体。果蝇保持最佳判断值及其个体的坐标,并依靠视觉飞到这个位置。接下来执行迭代优化,改进后的果蝇算法将重复更新和调整这些果蝇的气味浓度判断值和位置,以便接近目标值。当满足条件(如达到最大迭代次数或目标精度)时,优化过程停止,获得当前的最佳气味浓度判断值,并将其应用于 ESN。

6)ESN 特点

与其他神经网络不同,ESN 具有以下 2 个特点。

①储备池中的神经元随机连接,不需要人工设计。

②神经元权值固定,不需要利用梯度下降法更新,从而减小了训练计算量,避免了局部极小。

ESN 的基本思想是生成随输入而变化的储备池空间,在时间上回响输入信号并具有记忆性,通过训练输出层权重来完成学习和预测任务,即能线性组合出所有需要的对应输出,也即具有强大的拟合能力。与 RNN 相比,ESN 的稳定性更好,学习效率更高,不易陷入局部最优解。但其仍存在很大的进步空间。

当精度到达一定程度时,很难再有提高,为提高精度,研究者们根据研究目标,将 ESN 与其他方法进行组合,但这无形中提高了计算复杂度,与 ESN 求解过程简单快速的特点相矛盾。因此,在提高精度与简化计算之间取得平衡是一个难点。

总结:ESN 学习速度快,但是精度的提高容易陷入瓶颈,适合对学习速度要求高而精度要求不太高的对象。

(2)卷积神经网络(CNN)的理论模型及预测流程

1)CNN 介绍

CNN 是应用广泛的深度学习方法,其特点是通过局部连接与权值共享自监督提取特征,与其他模型相比能大量减少所需参数量,降低复杂度。典型的 CNN 至少包括卷积层、池化层和全连接层。CNN 凭借优异性能,能很好地完成包括电梯剩余使用寿命预测在内的预测任务。

2)卷积

卷积运算是 CNN 的核心,其通过局部卷积操作提取特征,能较全连接神经网络,且具有更少的参数量,更快的效率与更低的复杂度,且得到的结果近似甚至更好。

卷积核通常为类似 3×3 的权值矩阵,权值自动更新,卷积核大小属于模型的超参数。更大尺寸的卷积核其感受野更大,特征提取能力也更强,但与此同时计算量也会成倍增加。卷积核与感受野内特征元素进行卷积,卷积核为 $u \in R^{md}$,感受野的范围为 $\boldsymbol{x}_{i,i+T-1}$,则运算结果为:

$$c_i = \sigma(u \cdot \boldsymbol{x}_{i,i+T-1} + b) \tag{5-169}$$

式中,σ 为激活函数,为使网络具有较好的拟合性,一般选用非线性;b 为偏置量;$\boldsymbol{x}_{i,i+T-1}$ 为长度为 $\boldsymbol{T}$ 的感受区域矩阵,其定义为:

$$\boldsymbol{x}_{i,i+T-1} = \boldsymbol{x}_i \oplus \boldsymbol{x}_{i+1} \oplus \cdots \oplus \boldsymbol{x}_{i+T-1} \tag{5-170}$$

式中,$\oplus$ 为矩阵按照某一维度进行的连接运算,输出是卷积核作用在相应区域产生的结果,通过不断的卷积运算即可得到映射结果:$c_j = [c_1, c_2, \cdots, c_{l-T+1}]$,$j$ 为第 j 个卷积核参与计算。

3)激活层

简单的卷积计算几乎等于线性运算,为了提高模型的非线性建模能力,通常会加入激活层,利用激活函数对特征进行映射,再在计算完成后逆向转换,即可使模型实现非线性操作。

激活函数几乎可以在任何地方求导,并且它是一种函数映射关系 $h:R \to R$;在实际问题中,数据往往呈现非线性,激活函数能使模型学习非线性映射关系,极大地提高模型的性能,并扩大其应用场景,对于 CNN 来说,激活函数必不可少,如下为几种常见激活函数。

1)sigmoid 函数

sigmoid 函数见式是 CNN 最早使用的一类激活函数,因其图像形状也被称为 S 形函数,函数图像如图 5-24 所示。其表达式为:

$$g(z) = \frac{1}{1+e^{-z}} \tag{5-171}$$

sigmoid 函数关于 $(0,0.5)$ 中心对称,$g(z)$ 的取值范围为 $[0,1]$,具体的求导如下:

$$\frac{dg(z)}{dz} = \frac{1}{1+e^{-z}}\left(1 - \frac{1}{1+e^{-z}}\right) = g(z)[1-g(z)] \tag{5-172}$$

sigmoid 函数在 $z \to -\infty$ 时,$g(z) \to 0$,这时函数的导数值趋近于 0,易造成梯度消失。

2)tanh 函数

tanh 函数见式为双曲正切曲线,返回以弧度为单位的 z 为输入参数的双曲正

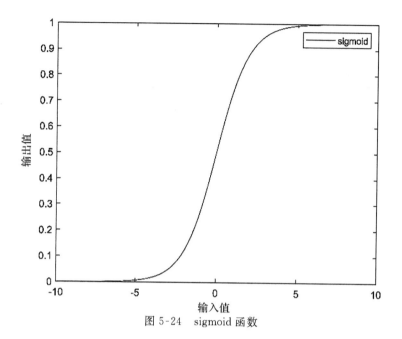

图 5-24　sigmoid 函数

切值,函数图像如图 5-25 所示。其表达式为:

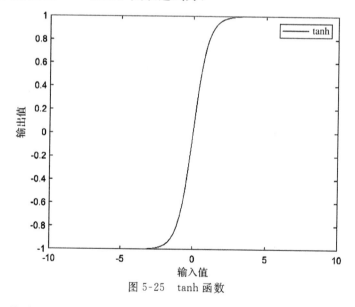

图 5-25　tanh 函数

tanh 函数关于(0,0)中心对称,$g(z)$ 的取值范围为$[-1,1]$,具体的求导如下:

$$g(z) = \tanh(z) = \frac{e^z - e^{-z}}{e^z + e^{-z}} \tag{5-173}$$

$$\frac{\mathrm{d}g(z)}{\mathrm{d}z} = 1 - [\tanh(z)]^2 \tag{5-174}$$

tanh 函数的缺点是该函数位于饱和区域,并且无论 z 大小,梯度都接近于 0。应用于神经网络时,梯度趋于消失。

3）ReLU 函数

ReLU 函数是目前应用最广泛的激活函数,函数图像如图 5-26 所示。其表达式为:

$$g(z) = \begin{cases} z, & z \geqslant 0 \\ 0, & z < 0 \end{cases} \tag{5-175}$$

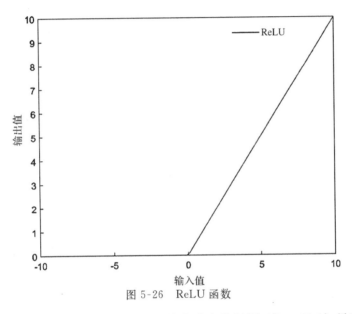

图 5-26　ReLU 函数

通常,当 $z \geqslant 0$ 时,导数为 1,解决了梯度消失的问题;当 $z < 0$ 时,导数为 0 且对应的梯度也为 0,所在的神经元不会被训练,这使得激活的神经元变得稀疏,并减弱了神经元之间的相互联系,从而有助于筛选数据的本质特征。

ReLU 函数的缺点是当 $z < 0$ 时,函数值为 0,导数为 0。由于在正饱和和负饱和区域中的 sigmoid 函数和 tanh 函数的导数接近 0,因此灰度分散,但是 ReLU 函数不会出现这个问题,因为 ReLU 函数大于 0 的部分是一个常数。尽管对于负饱和部分,ReLU 函数的 z 梯度为 0,但是在大多数情况下,ReLU 函数的学习速度很快,因为存在足够的隐藏层使 z 的值大于 0。

4）池化层

池化层用于对输入的特征进行降采样,减少特征的维数,从而减少模型计算量并提升鲁棒性。目前常用的池化有最大池化和平均池化,两者分别保留相邻矩形区域内的最大值和平均值。这种运算能在保留重要特征的前提下减少模型的参数

量,去除冗余信息。池化运算得到的新序列为:

$$h = [h_1, h_2, \cdots, h_{\frac{l-T}{s}+1}] \tag{5-176}$$

式中, $h_j = \dfrac{1}{s}\sum\limits_{k=0}^{s-1} c_{(j-1)s+k}$,为池化层输出图像在坐标 j 处的值; j 表示与第 j 个卷积核作用; $(j-1)s+k$ 为坐标; s 为池化层区域的面积; c 为输入特征图中的特征值。

5)全连接层

在卷积神经网络结构中,全连接层的作用是将特征信息与位于卷积层和池化层之后的已识别类别进行集成,并完全连接上一层中的所有神经元。为了使网络性能更加优越,卷积神经网络通常使用结合激活函数的全连接层整合特征,并在后一层进行分类或回归。

卷积神经网络的输出层常使用线性分类器 softmax,该分类器由得分函数和损失函数组成。得分函数主要计算给定学习集 $[(x_i, y_i), i=1, 2, \cdots, N]$ 的每个样本的得分概率值。其中, N 表示学习样本,每个样本是 D 维向量,并且每一个维度表示一个特征值; y_i 表示训练样本 x_i 的类别标签, $y_i = 1, 2, \cdots$; K 是类别的总数。如果每个类别 $j(j=1, 2, \cdots, K)$ 的输出概率值为 $p(y=j|x)$,则 K 个输出概率值可以用 K 个向量表示:

$$h_{ub}(x_i) = \begin{bmatrix} p(y_i=1 \mid x_i, w, b) \\ p(y_i=2 \mid x_i, w, b) \\ \vdots \\ p(y_i=K \mid x_i, w, b) \end{bmatrix} = \frac{1}{\sum\limits_{j=1}^{K} e^{w_j^{\mathrm{T}} x_i + b_j}} \begin{bmatrix} e^{w_j^{\mathrm{T}} x_i + b_1} \\ e^{w_j^{\mathrm{T}} x_i + b_2} \\ \vdots \\ e^{w_j^{\mathrm{T}} x_i + b_K} \end{bmatrix} \tag{5-177}$$

式中, w、b 为模型的参数; $\dfrac{1}{\sum\limits_{j=1}^{K} e^{w_j^{\mathrm{T}} x_i + b_j}}$ 表示概率归一化。然后将 x 分为 j,类别的概率 $p(y_i=j \mid x_i, w, b) = \dfrac{e^{w_j^{\mathrm{T}} x_i + b_j}}{\sum\limits_{j=1}^{K} e^{w_j^{\mathrm{T}} x_i + b_j}}$,并且概率越高,越可能属于该类别。

6)CNN 预测模型

电梯的剩余使用寿命预测是十分困难且复杂的任务。基于模型驱动的方法在实际工况下进行预测时,如果没有专用于特定情况的精确失效数学模型,就很难直接根据机械设备的情况推算出其剩余使用寿命。而基于数据驱动的预测无须考虑设备的物理特性等,只需目标的寿命周期数据,即可对其进行预测。

电梯的性能表现参数存在阈值,当对电梯剩余使用寿命进行预测时,以各性能指标抵达阈值为最终目标,设定其为 1;以电梯的出场参数为初始参数,设定其为 0。电梯的剩余使用寿命总是单向递减的,仅在维修时会出现少量的回升,因此可以认为高速电梯的剩余寿命预测是具有突变的非线性拟合过程。本章根据给定的生命周期数据计算出各状态的剩余使用寿命,作为各样本的拟合目标。

　　CNN 模型包括 2 层一维卷积层、2 层池化层与 2 层全连接,如图 5-27 所示。一维卷积层用于提取序列中的时间维度信息;池化层对特征进行降采样以减少冗余信息;全连接层对特征进行整合并通过回归进行预测。前一层卷积层使用(5,1)的大卷积核提高模型的感受野,使模型可以捕捉更长距离数据间的关联,后一层使用较小的标准(3,1)尺寸,提取局部特征。CNN 剩余使用寿命预测流程如图 5-28 所示。

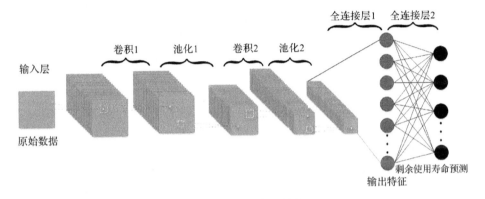

图 5-27　CNN 模型结构

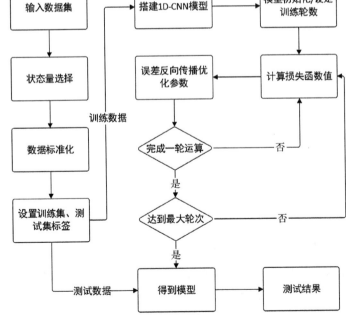

图 5-28　预测流程

281

（3）应用实例（电梯钢丝绳张力）

1）数据来源

电梯钢丝绳张力的数据来源于额定速度为 $3m \cdot s^{-1}$、额定载重量为 1600kg 的电梯,该电梯钢丝绳根数为 6 根,直径为 13mm,曳引比为 2∶1。通过张拉力传感器及数据显示装置实现数据的采集及读取,其中张拉力传感器的量程为 0～1250kg,采集速度为 60 次 $\cdot min^{-1}$,张拉力的测量精度为 0.1kg,数据的平均采集误差为 0.1%。

为准确记录钢丝绳张力,将压力传感器安装在轿厢侧绳头以记录张力变化。本章收集了 38 组动态张力数据,前 32 组作为训练样本,后 6 组作为测试样本,如图 5-29 所示。

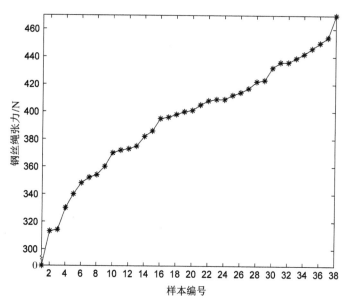

图 5-29　实测电梯钢丝绳动态张力数据

2）评估指标

为量化模型预测效果,采用均方根误差（RMSE）和平均绝对百分比误差（MAPE）作为评价标准,误差值越小表示精度越高。

3）CNN 模型预测

提取设定特征的 CNN 网络包含 3 个卷积层、2 个池化层;使用一维卷积核进行计算,长度为 3;将 ReLU 作为激活函数,迭代次数为 300 次,学习率为 0.0001。预测结果如图 5-30 所示,由图可知,CNN 对张力的预测可以达到较好的效果,与其他模型的对比结果如表 5-4 所示。

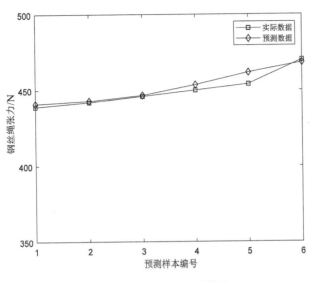

图 5-30　CNN 模型预测结果

表 5-4　对比预测结果评价指标

模型	CNN	LSTM	ESN
RMSE	3.6197	6.2401	11.7711
MAPE	0.19%	0.33%	2.42%

从表中可以看出,CNN 的性能与传统时序模型相比也有很大的优势,其具有强大的特征提取能力,能很好地拟合样本的非线性特性。与精度较高的 LSTM 相比,CNN 模型的均方根误差减少了 8%,平均绝对百分比减少了 42%。这表明在钢丝绳张力预测上,CNN 具有更高的精度和可靠性。

参考文献

[1] 许诺,陈鹏.电梯历史回眸与发展展望[J].工程建设与设计,2004(1):21-22.

[2] 段燕晓.高速电梯在超高层建筑应用中的技术难题及方案探讨[D].天津:天津大学,2015.

[3] 贺德明,肖伟平.电梯结构与原理[M].广州:中山大学出版社,2009.

[4] Munakala T, Kohara H, Takai K. The world's fastest elevators[J]. Elevator World, 2002, 51(9):97-101.

[5] 陶思憬.电梯安全管理研究[D].天津:天津大学,2012.

[6] 张雍.高速电梯的机械安全件的分析与研究[D].杭州:浙江工业大学,2016.

[7] 张树志.影响电梯安全运行的主要因素与对策[J].设备管理与维修,2003(11):9-10.

[8] 顾徐毅.基于风险的电梯安全评价方法研究[D].上海:上海交通大学,2009.

[9] 郑祥盘.福建省老旧电梯缺陷与故障统计分析[J].质量技术监督研究,2014,35(5):43-47.

[10] 段颖,申功炘,张永刚,等.高速电梯气动特性实验模拟设备研制[J].北京航空航天大学学报,2004,30(5):444-447.

[11] Bai H, Shen G, So A. Experimental-based study of the aerodynamics of super-high-speed elevators[J]. Building Services Engineering Research and Technology,2005, 26(2):129-143.

[12] Pierucci M, Frederick M. Ride quality and noise in high speed elevators[J]. Journal of the Acoustical Society of America,2008,123(5):3247.

[13] 唐萍,凌张伟,王学斌,等.高速电梯动态气动特性研究及井道结构优化[J].机电工程,2019,36(3):293-297.

[14] Takahashi S, Kita H, Suzuki H, et al. Simulation-based optimization of a controller for multi-car elevators using a genetic algorithm for noisy fitness function [C]//The 2003 Congress on Evolutionary Computation, 2003. CEC'03. IEEE, 2003, 3:1582-1587.

285

[15] Wang X,Lin Z,Tang P,et al. Research of the blockage ratio on the aerodynamic performancesof high speed elevator［C］// 4th International Conference on Mechatronics,Materials,Chemistry and Computer Engineering,Xi'an,PRC,Dec: 12-13,2015.

[16] 刘志仁,杨犇.基于二维模型的电梯井道空气流动分析[J].计算机辅助工程, 2015,24(4):68-71,76.

[17] Qiao S,Zhang R,He Q,et al. Theoretical modeling and sensitivity analysis of the car-induced unsteady airflow in super high-speed elevator［J］. Journal of Wind Engineering and Industrial Aerodynamics,2019,188:280-293.

[18] 陈李桃,刘亚俊,余昆,等.轿厢框架结构对高速电梯运动过程气动特性影响研究 [J].液压与气动,2020(2):151-154.

[19] 郑有木.高速电梯轿厢动力学参数对平稳性的影响分析及设计优化[D].杭州:浙 江大学,2015.

[20] 崔瀚文.高速电梯轿厢交会过程气动特性及参数影响研究[D].济南:山东建筑大 学,2021.

[21] 包继虎.高速电梯提升系统动力学建模及振动控制方法研究[D].上海:上海交通 大学,2014.

[22] Ma X,Chen B,Department M. Dynamic simulation of ultra-high-speed elevator system[J]. Journal of Graphics,2015,36(3):397.

[23] Santo D R,Balthaza J M,Tusset A M,et al. On nonlinear horizontal dynamics and vibrations control for high-speed elevators[J]. Journal of Vibration and Control, 2018,24(5):825-838.

[24] Zhang S,Zhang R, He Q, et al. The analysis of the structural parameters on dynamic characteristics of the guide rail-guide shoe-car coupling system［J］. Archive of Applied Mechanics,2018, 88(11):2071-2080.

[25] 刘杰.高速电梯提升系统气固耦合振动特性研究[D].济南:山东建筑大学,2019.

[26] Hisashi M. Cause and modification of the aerodynamic noise on high speed elevator [J]. The Journal of the INCE of Japan, 1994, 18(1):32-36.

[27] 周皓阳,吴亚锋,艾志伟,等.高速电梯轿厢噪声主动控制系统的优化设计[J].噪 声与振动控制,2019,39(6):133-139,186.

[28] 马英博,吴亚锋,杨鑫博.变步长 CFxLMS 算法及其在电梯噪声主动控制中的仿 真[J].噪声与振动控制,2018,38(5):57-61.

[29] 陈继文,王磊,甄涛,等.高速电梯轿厢整流罩气动噪声研究[J].中国工程机械学 报,2021,19(3):260-267.

［30］Qiao S,Zhang R,Zhang L. Sensitivity analysis of piston wind in hoistway of super high-speed elevator[J]. IOP Conference Series:Materials Science and Engineering,2019,538(1):012030(7pp).

［31］余明,陈新会,付西伟,等.高速电梯井道气动力优化设计方案探讨[J].中国电梯,2019,30(7):10-14,17.

［32］李晓冬,王凯.高速电梯气动特性研究与优化[J].哈尔滨工业大学学报,2009,41(6):82-86.

［33］马烨.高速电梯气动特性研究[J].装备机械,2013(2):46-48.

［34］Cai W, Ling Z, Tang P, et al. Optimization design on dome shape of high-speed elevator［C］//2015 4th International Conference on Mechatronics, Materials, Chemistry and Computer Engineering. Atlantis Press, 2015:1076-1079.

［35］曾天.通井道高速电梯多运行工况气动特性优化设计及其应用研究[D].杭州:浙江大学,2018.

［36］于梦阁,潘振宽,蒋荣超,等.基于近似模型的高速列车头型多目标优化设计[J].机械工程学报,2019,55(24):178-186.

［37］Qiu L,Wang Z,Zhang S,et al. A vibration-related design parameter optimization method for high-speed elevator horizontal vibration reduction［J］. Shock and Vibration,2020(4):1-20.

［38］朱金成.高速电梯轿厢结构及气动性优化设计[D].苏州:苏州大学,2017.

［39］王绪鹏.高速电梯气动特性优化与乘运性能评价方法研究[D].杭州:浙江大学,2019.

［40］杨哲.空气扰动下超高速电梯动力学响应及其气动外形优化设计[D].济南:山东建筑大学,2020.

［41］Wang R B, Zhang J J, Bian S J, et al. A survey of parametric modelling methods for designing the head of a high-speed train[J]. Proceedings of the Institution of Mechanical Engineers, Part F:Journal of Rail and Rapid Transit, 2018, 232(7):1965-1983.

［42］Lorriaux E, Bourabaa N, Monnoyer F. Aerodynamic optimization of railway motor coaches[C]// The Seventh World Congress on Railway Research,2006(6):1-10.

［43］Hicks R M, Henne P A. Wing design by numerical optimization[J]. Journal of Aircraft, 1978, 15(7):407-412.

［44］Paniagua J M, García J G, Martínez, A C. Aerodynamic optimization of high-speed trains nose using a genetic algorithm and artificial neural network[C]// CFD & Optimization 2011, An ECCOMAS Thematic Conference, 2011, 13104:1-19.

[45] Lida M,Matsumura T, Fukuda T, et al. Optimization of train nose shape for reducing impulsive pressure wave from tunnel exit[J]. Transactions of the Japan Society of Mechanical Engineers Series B, 1996, 62:1428-1435.

[46] Xiong J, Li T, Zhang J Y. Shape optimization of high-speed trains under multi-running conditions[J]. 2016, 46: 313-322.

[47] Ku Y C, Park H I, Kwak M H, et al. Multi-objective optimization of high-speed train nose shape using the vehicle modelling function[C] // AIAA Aerospace Sciences Meeting Including the New Horizons Forum & Aerospace Exposition, 2010, 1501:1-9.

[48] Yao S B, Guo D L, Sun Z X, et al. Parametric design and optimization of high speed train nose. Optimization and Engineering, 2016, 17(3): 605-630.

[49] Yu M G. Multi-objective aerodynamic optimization design of the streamlined head of high-speed trains under crosswinds[J]. Journal of Mechanical Engineering, 2014, 50(24):122.

[50] Samareh J A. Aerodynamic shape optimization based on free-form deformation [C] // Proceedings of 10th AIAA/ISSMO Multidisciplinary Analyses and Optimization Conference. New York: AIAA, 2004: 3672-3683.

[51] Yao S B, Guo D L, Sun Z, et al. Optimization design for aerodynamic elements of high speed trains[J]. Computers & Fluids, 2014, 95:56-73.

[52] 赵选民. 实验设计方法[M]. 北京:科学出版社,1998.

[53] 方开泰. 均匀试验设计的理论、方法和应用:历史回顾[J]. 数理统计与管理,2004, 23(3):69-80.

[54] 杨德. 实验设计与分析[M]. 北京:中国农业出版社,2002.

[55] 安治国. 径向基函数模型在板料成形工艺多目标优化设计中的应用[D]. 重庆:重庆大学,2009.

[56] Schruben L W, Cogliano V J. An experimental procedure for simulation response surface modelidentification [J]. Communications of the ACM, 1987, 30 (8): 716-730.

[57] Yegnanarayana B. Artificial neural networks[M]. New Delhi: PHI Learning Pvt. Ltd. , 2009.

[58] Jeong S, Murayama M, Yamamoto K. Efficient optimization design method using kriging model[J]. Journal of aircraft, 2005, 42(2): 413-420.

[59] Buhmann M D. Radial basis functions[J]. Acta numerica, 2000, 9: 1-38.

[60] Wang N. A generalized ellipsoidal basis function based online self-constructing

fuzzy neural network[J]. Neural processing letters, 2011, 34(1): 13-37.

[61] McCulloch W S, Pitts W. A logical calculus of the ideas immanent in nervous activity[J]. The bulletin of mathematical biophysics, 1943, 5(4):115-133.

[62] Metheron G. Theory of regionalized variables and its applications[J]. Cah Centre Morrphol Math,1971,5:211.

[63] Gutmann H M. A radial basis function method for global optimization[J]. Journal of Global Optimization, 2001, 19(3): 201-227.

[64] 刘晓津.基于支持向量机和油中溶解气体分析的变压器故障诊断[D].天津:天津大学,2007.

[65] Jin R C, Simpson T W. Comparative studies of metamodelling techniques under multiple modelling criteria[J]. Structural & Multidisciplinary Optimization, 2001, 23(1):1-13.

[66] 崔龙飞,薛新宇,秦维彩.基于EBF神经网络模型的喷雾机吊喷分禾器参数优化[J].农业机械学报,2016,47(5):62-69.

[67] Fonseca C M, Fleming P J. Genetic algorithms for multiobjective optimization: formulation, discussion and generation[C]// Proceedings of the 5th International Conference on Genetic Algorithms, 1993, 416-423.

[68] Horn J, Nafpliotis N, Goldberg D E. Multiobjective optimization using the niched Pareto Genetic algorithm[R]. USA: Technical Report, University of Illinois at Urbana-Chanpaign,Urbana, Illinois, IlliGAL Report 93005, 1993.

[69] Srinivas N, Deb K. Multi-Objective function optimizadon using non-dominated sorting genetic algorithms[J]. Evolutionary Computation, 1994, 2(3):221-248.

[70] Deb K,Agrawal S, Pratap A, et al. A Fast Elitist Non-dominated Sorting Genetic Algorithm for Multi-objective Optimization: NSGA-Ⅱ[C]// Lecture Notes in Computer Science, 2002, 849-858.

[71] Zitzler E, Thiele L. An Evolutionary Algorithm for Multiobjective Optimization: The Strength Pareto Approach[J]. TIK Report,1998,43.

[72] Knowles, J., Corne, D. The Pareto Archived Evolution Strategy: A New Baseline Algorithm for Pareto Multiobjective Optimisation [C] // Proc. Congress on Evolutionary Computation,1999.

[73] 金建峰.曳引式电梯的能耗建模及节能研究[D].上海:上海交通大学,2009.

[74] 李常磊.曳引电梯能效评价方法研究[D].西安:长安大学,2014.

[75] 刘印.基于网络的煤矿机械设备选型设计平台开发[D].太原:太原理工大学,2015.

[76] 李江波.船舶主机选型与设计[D].辽宁:大连海事大学,2014-08-14.

[77] 吴昊.永磁同步电机驱动曳引电梯的能耗模型及影响因素研究[D].南昌:南昌大学,2020-09-22.

[78] 叶孟军.无齿轮永磁同步曳引机系统设计及优化研究[D].武汉:湖北工业大学,2018.

[79] 李国龙.基于能效设计指数的船舶主动力装置选型研究[D].大连:大连海事大学,2014.

[80] 姜玉莲.多智能体理论及其在电梯群控中的应用研究[D].沈阳:东北大学,2009.

[81] 魏利剑.面向 Agent 的电梯群控仿真系统建模研究与实现[D].天津:天津大学,2005.

[82] 蒋美云.面向 Agent 的分析和建模及在智能电梯系统中的应用[D].镇江:江苏大学,2004.

[83] 刘园园.基于多 Agent 的电梯群控系统的研究与设计[D].沈阳:东北大学,2008.

[84] 钟德山.缓冲器选型与限速器速度的关系[J].中国特种设备安全,2019,25(8):7-9.

[85] 徐青.超高速电梯安全钳制动材料摩擦性能实验与仿真研究[D].上海:上海交通大学,2017.

[86] 梁鑫旺,曹兆根,柴海萍.电梯安全钳选型计算分析[J].中国电梯,2019,30(19):29-30,36.

[87] 金川.电梯安全钳摩擦温升的数值模拟与试验方法研究[D].上海:上海交通大学,2015.

[88] 向长生.电梯安全钳的选型和其关联零部件的设计[J].中国电梯,2016,31(16):23-26,33.

[89] 郑杰,熊光荣.高速电梯限速器的机械设计[J].机电工程技术,2019,49(3):133-136,199.

[90] 张建.高速电梯限速器的现场校验系统研究[D].天津:天津大学,2016.

[91] 惠林虎,王义.高速梯的限速器研究与改进[J].电子设计工程,2015,23(17):87-90.

[92] 苏万斌,江叶峰,徐峰,等.高速电梯主轴组件失效分析及检测方法研究[J].机械工程与自动化,2021(6):132-134

[93] 王维善.电梯曳引轮有关问题的探讨[J].设备管理与维修,2020(9):72-74.

[94] 周晓林.曳引式电梯轮槽磨损及其检验检测探析[J].中国高新科技,2021(21):155-156.

[95] GB/T 24478—2009,电梯曳引机[S].北京:中国标准出版社,2009.

[96] 浙江巨人控股有限公司.一种电梯主轴测试装置:2014104029047[P].2014.

[97] 施启明.一种通过惯性冲击测试电梯主轴抗扭矩性能的测试装置:2020110039376[P].2020.

[98] 李殿柱.永磁同步电梯的检验方法及电机性能分析[D].沈阳:东北大学,2011.

[99] 电梯制造与安装安全规范第一部分:乘客电梯和载货电梯:GB/T 7588.1—2020[S].北京:中国标准出版社,2020.

[100] 电梯监督检验和定期检验规则——曳引与强制驱动电梯:GB/T T7001—2009[S].北京:中国标准出版社,2017.

[101] 谢小鹏,牛高产,浦汉军,等.电梯制动器性能检测方法的研究[J].中国机械工程,2011,22(22):2667-2671.

[102] 王寅凯,高常进,赵秋洪,等.一种电梯曳引机综合制停能力的数字化评价方法:201711278222X[P].2017-12-06.

[103] 陈建勋,陈英红,崔大光,等.一种电梯曳引轮轮槽磨损状况非接触检测装置和检测方法:2017114847939[P].2017-12-29.

[104] 电梯主要部件报废技术条件:GB/T 31821—2015[S].北京:中国标准出版社,2015.

[105] 郑昆明.基于全生命周期的电梯安装项目风险评估机制研究[D].济南:山东大学,2011.

[106] 江叶峰,苏万斌,张国斌.适于检测高速电梯运行轿厢内气压的检测方法:2021108132795[P].2021-07-19.

[107] 苏万斌,江叶峰,陈伟刚,等.用于检测高速电梯轿厢内气压的检测装置和检测系统:2021102799860[P].2021-03-16.

[108] 电梯主参数及轿厢、井道、机房的型式与尺寸第一部分:Ⅰ、Ⅱ、Ⅲ、Ⅵ类电梯:GB/T 7025.1—2008[S].北京:中国标准出版社,2008.

[109] 曾俊峰.超高速电梯关键部件气动特性分析与优化设计[D].杭州:浙江大学,2014.

[110] 电梯技术条件:GB/T 10058—2009[S].北京:中国标准出版社,2009.

[111] 乘运质量测量第一部分:电梯 GB/T 24474.1—2020[S].北京:中国标准出版社,2020.

[112] 冯斌,林建杰,金来生.高速电梯液压张紧装置的设计及研究[J].液压与气动,2017(4):77-81.

[113] 金琪安.高速电梯补偿绳张紧装置技术要求和设计要点[J].中国电梯,2015,26(17):31-47.

[114] 翟得水.高速电梯曳引绳时变单元模型及其在减振设计中的应用[D].杭州:浙江

大学,2018.

[115] 傅武军.超高速电梯轿厢横向控制研究[D].上海:上海交通大学,2007.

[116] 冯永慧,张建武,张鑫,等.高速电梯水平振动主动控制研究[J].机械科学与技术,2007,26(8):1076-1079.

[117] 王磊.高速电梯液压主动导靴自适应模糊控制[J].机械设计与制造,2011(11):178-180.

[118] 梅德庆,杜小强,陈子辰.基于滚动导靴—导轨接触模型的高速曳引电梯振动分析[J].机械工程学报,2009,45(5):264-270.

[119] 杨娇娇.基于多探头扫描法的直线度测量方法研究[D].上海:上海交通大学,2013.

[120] 王顿.电梯导轨多参数嵌入式在线测量系统的研究[D].天津:天津大学,2003.

[121] 陈密.多功能电梯限速器自动检测设备的研发[D].上海:上海交通大学,2007.

[122] 温冬宝.电梯安全钳楔块用 SiC/Al 复合材料的性能研究[D].广州:华南理工大学,2020.

[123] 胡正国,李雄伟.金属陶瓷复合涂层在电梯渐进式安全钳的应用研究[J].起重运输机械,2013,(8):6-9.

[124] 黄松檀.电梯安全钳钳块表面设计及制动温升研究[D].杭州:浙江工业大学,2018.

[125] 陈序,李向东.基于 Android 平台的便携式高速电梯限速器校验系统[J].起重运输机械,2016(7):88-91.

[126] 王志平.基于高速电梯运行特征大数据分析的急停故障诊断技术及应用[D].杭州:浙江大学,2016.

[127] 质检总局特种设备局.在用电梯安全评估导则—曳引驱动电梯(试行).2015

[128] 山东省市场监督管理局.老旧电梯及其主要部件安全评估导则:DB37/T 3888—2020.2020

[129] 王昌荣.基于层次分析法的老旧电梯安全评估方法[J].机械工程与自动化,2014(2):119-120.

[130] 陈文荣.电梯故障分析与改造措施[J].技术与市场,2018(2):93-94.

[131] 阮海雷,王齐刚.上海中心大厦超高速电梯监督检验技术探讨[J].中国电梯,2017(9):30-34,37.

[132] 韩园园.高速电梯的一些关键技术以及检验的侧重点[J].中国标准化,2017(4):24.

[133] 周传勇.电梯用减行程缓冲器的设计及其注意事项[J].中国电梯,2016(1):26-27.

[134] 李洪.电梯制动器的结构型式与检验方法论述[J].电气开关,2012(3):100-102,105.

[135] 苏万斌,江叶峰,陈启锐,等.基于纳维—斯托克斯动力学理论的高速电梯轿厢气压数值分析[J].起重运输机械,2022(4):60-67.

[136] 叶陈勇.电梯振动失效的原因及检验方法[J].中国科技信息,2013(24):150-152.

[137] 胡远全.电梯驱动主机减速监控装置的原理和试验方法[J].中国电梯,2020(21):30-32.

[138] 黄凯东.浅谈减行程缓冲器之开关位置及速度计算[J].数字化用户,2017(19):38-39.

[139] 曾杰,王向阳.浅谈高速电梯顶部空间的检验[J].中国电梯,2014(7):61-63.

[140] 王平,陆向军,张岳明.基于振动频率测量的曳引驱动电梯钢丝绳张力偏差检测方法[J].中国电梯,2020(9):10-13,19.

[141] 郭凌宇,邓贵智,张国亮.电梯钢丝绳磨损问题解决措施思考[J].中国化工贸易,2015(33):197.

[142] 劳立标.电梯起重机械钢丝绳的检测及其维护措施[J].中国设备工程,2017(9):88-89.

[143] 张建龙.一种电梯钢丝绳张力的监测装置及监测方法[J].中国电梯,2018,(15):44-45.

[144] 何仲康,梅尚先.浅析电梯曳引钢丝绳张力差的检测方法[J].科技资讯,2007,(22):46.

[145] 蔡少林,孙学礼.拉力检测装置在电梯安全检验中的应用分析[J].中国电梯,2019(7):124-126.

[146] 傅其凤,李松,路贵兰.改进阈值去噪方法在电梯钢丝绳断丝检测中的应用[J].机床与液压,2019,47(15):194-196,138.

[147] 陈述,汪宏,刘延雷,等.电梯用曳引媒介检验检测技术研究[J].自动化仪,2022,43(1):15-18,28.

[148] 刘章旭,刘绍洲,潘艳,等.一则电梯制动器失效导致事故的案例分析[J].中国电梯,2021,32(21):52-53.

[149] 赵勇,马吉,王坚.老旧电梯故障频发浅析[J]中国设备工程,2021(8):68-69

[150] 佚名.中国首部电梯主要部件报废国家标准出台[J].标准生活,2015(7):11.

[151] 佚名.设备诊断的专家机械故障的"克星":专访中国工程院院士高金吉[J].表面工程与再制造,2015,15(5):5-11.

[152] Liu Q,Dong M,Chen F F. Single-machine-based joint optimization of predictive maintenance planning and production scheduling[J]. Robotics and Computer-Integrated Manufacturing,2018(51):238-247.

[153] 潘乐真,张焰,俞国勤,等.状态检修决策中的电气设备故障率推算[J].电力自动化设备,2010,30(2):91-94.

[154] 梁锦强,孙炯,刘凯.可修复系统的役龄回退机理及其新模型研究[J].武汉理工大学学报(交通科学与工程版),2014,(2):454-457.

[155] Caesarendra W,Widodo A, Yang B S. Combination of probability approach and support vector machine towards machine health prognostics[J]. Probabilistic Engineering Mechanics, 2011, 26(2):165-173

[156] Durodola J F, Ramachandra S, Gerguri S, et al. Artificial neural network for random fatigue loading analysis including the effect of mean stress [J]. International Journalof Fatigue, 2018, 111：321-332.

[157] Li X, Ding Q, Sun J Q. Remaining useful life estimation in prognostics using deep convolution neural networks[J]. Reliability Engineering and System Safety, 2018,172.

[158] 孙斌,钟金山,李超.基于经验模式分解三相流型信号去噪方法研究[J].化学工程,2010,38(3):30-33.

[159] 卢俊,吴建星.基于 EEMD 方法的地下矿山微震信号去噪研究[J].有色金属(矿山部分),2019,71(4):12-18.

[160] 马丽华,朱春梅,赵西伟.基于 IFM-VMD 与 WTD-Hilbert 结合的滚动轴承故障诊断[J].机床与液压,2020,48(16):182-187,211.

[161] 王茜,田慕琴,宋建成,等.基于经验小波变换的振动信号特征量提取[J].振动与冲击,2021,40(16):261-266.

[162] 周玉辉,康锐.基于退化失效模型的旋转机械寿命预测方法[J].核科学与工程,2009,29(2):146-151.

[163] 胡耿,陈志刚.基于 Lundberg-Palmgren 理论的行星轮系齿轮点蚀疲劳寿命计算[J].机械工程师,2021(6):128-129,132.

[164] 刘小勇.基于深度学习的机械设备退化状态建模及剩余寿命预测研究[D].哈尔滨:哈尔滨工业大学,2018.

[165] Kacprzynski G J, Sarlashkar A, Roemer M J, et al. Predicting remaining life by fusing the physics of failure modeling with diagnostics[J]. JOM：The Journal of The Minerals, Metals & Materials Society (TM), 2004, 56(3)：29-35.

[166] Paris P, Erdogan F. A critical analysis of crack growth laws[J]. Journal of Basic Engineering,1963,85(3):528-534.

[167] 赵永翔,杨冰,张卫华.一种疲劳长裂纹扩展率新模型[J].机械工程学报,2006,42(11):5.

［168］Hu Y，Liu B，Zhou Q，et al. Recursive extended least squares parameter estimation for wiener nonlinear systems with moving average noises[J]. Circuits, Systems，and Signal Processing，2014，33(2)：655-664.

［169］Mzyk G，Wachel P. Wiener system identification by input injection method[J]. International Journal of Adaptive Control and Signal Processing，2020，34(8)：1105-1119.

［170］Bai E. A blind approach to the Hammerstein-Wiener model identification[J]. Automatica，2002，38(6)：967-979

［171］姜洋.基于两阶段 Gamma 过程的机械产品剩余寿命预测研究[J].机电工程，2021,38(6):802-806.

［172］陈仁祥,吴昊年,韩彦峰,等.融合无量纲指标与信息熵的不同转速下旋转机械故障诊断[J].振动与冲击,2019,38(11):219-227.

［173］石文杰,黄鑫,温广瑞,等.基于 DS-VMD 及相关峭度的滚动轴承故障诊断[J].振动、测试与诊断,2021,41(1):133-141.

［174］胥永刚,马伟峰,马朝永,等.基于遗传编程的无量纲指标在行星齿轮箱故障诊断中的应用[J].噪声与振动控制,2017,37(4):175-179.

［175］覃爱淞,张清华,李铁鹰,等.复合无量纲指标在旋转机械故障分类中的应用[J].现代制造工程,2013(4):10-14,121.

［176］顾煜炯,贾子文,尹传涛,等.无量纲指标趋势分析法在风电机组齿轮箱故障预警诊断中的应用[J].振动与冲击,2017,36(19):213-220.

［177］张龙,宋成洋,邹友军,等.基于 Renyi 熵和 K-medoids 聚类的轴承性能退化评估[J].振动与冲击,2020,39(20):24-31,46.

［178］吕明珠,苏晓明,刘世勋,等.风力机轴承实时剩余寿命预测新方法[J].振动、测试与诊断,2021,41(1):157-163.

［179］胡启国,杜春超,罗棚.基于 t-SNE 和核马氏距离的滚动轴承健康状态评估[J].组合机床与自动化加工技术,2021(8):57-61.

［180］郑小霞,钱轶群,王帅.基于优选小波包与马氏距离的滚动轴承性能退化 GRU 预测[J].振动与冲击,2020,39(17):39-46,63.

［181］杨锡运,吕微,王灿,等.基于滑动窗口—KL 散度和改进堆叠自编码的轴承故障诊断[J].机床与液压,2021,49(17):179-184.

［182］孙宇航,刘洋.利用 GRU 神经网络预测横波速度[J].石油地球物理勘探,2020,55(3):484-492,503.

［183］宁育才.基于遗传神经网络的高速铁路桥梁变形预测与控制[D].长沙:中南大学,2013.

［184］罗宇,罗林艳,范嘉智,等.基于深度 GRU 神经网络的逐小时气温预报模型［J］.湖北农业科学,2021,60(6):119-122,126.

［185］滕建丽,容芷君,许莹,等.基于 GRU 网络的血糖预测方法研究［J］.计算机应用与软件,2020,37(10):107-112.

［186］庞维庆,何宁,罗燕华,等.基于数据融合的 ABC-SVM 社区疾病预测方法［J］.浙江大学学报(工学版),2021,55(7):1253-1260,1326.

［187］颜晓娟,龚仁喜,张千锋.优化遗传算法寻优的 SVM 在短期风速预测中的应用［J］.电力系统保护与控制,2016,44(9):38-42.

［188］韩创益,王恩德,夏建明,等.基于贝叶斯推理的 LS-SVM 矿产资源定量预测［J］.东北大学学报(自然科学版),2017,38(11):1633-1636.

［189］杨红,罗飞,许玉格,等.基于混沌优化的 LS-SVM 非线性预测控制方法［J］.计算机工程与应用,2010,46(5):229-232.

［190］张哲铭,李晓瑜,姬建.基于 LS-SVM 的 TBM 掘进参数预测模型［J］.河海大学学报(自然科学版),2021,49(4):373-379.

［191］邵良杉,白媛,邱云飞,等.露天采矿爆破振动对民房破坏的 LS-SVM 预测模型［J］.煤炭学报,2012,37(10):1637-1642.

［192］许玉格,刘莉,曹涛.基于 Fast-RVM 的在线软测量预测模型［J］.化工学报,2015,66(11):4540-4545.

［193］孙国强,卫志农,翟玮星.基于 RVM 与 ARMA 误差校正的短期风速预测［J］.电工技术学报,2012,27(8):187-193.

［194］吴帅,李艳军,曹愈远,等.基于 BAS_RVM 的 APU 涡轮剩余寿命预测［J］.南京航空航天大学学报,2021,53(6):965-971.

［195］孙铁凝.回声状态网络优化及其应用研究［D］.桂林:广西师范大学,2019.

［196］李红梅.深度回声状态网络的优化算法研究［D］.成都:电子科技大学,2019.